原 康夫・近 桂一郎・丸山瑛一・松下 貢 編集

裳華房フィジックスライブラリー

場の量子論

東京工業大学名誉教授
理学博士
坂 井 典 佑 著

裳 華 房

QUANTUM THEORY OF FIELDS

by

Norisuke SAKAI, DR. SC.

SHOKABO

TOKYO

編 集 趣 旨

「裳華房フィジックスライブラリー」の刊行に当り，その編集趣旨を説明します．

最近の科学技術の進歩とそれにともなう社会の変化は著しいものがあります．このように新しい知識が急増し，また新しい状況に対応することが必要な時代に求められるのは，個々の細かい知識よりは，知識を実地に応用して問題を発見し解決する能力と，生涯にわたって新しい知識を自分のものとする能力です．このためには，基礎になる，しかも精選された知識，抽象的に物事を考える能力，合わせて数理的な推論の能力が必要です．このときに重要になるのが物理学の学習です．物理学は科学技術の基礎にあって，力，エネルギー，電場，磁場，エントロピーなどの概念を生み出し，日常体験する現象を定性的に，さらには定量的に理解する体系を築いてきました．

たとえば，ヨーヨーの糸の端を持って落下させるとゆっくり落ちて行きます．その理由がわかると，それを糸口にしていろいろなことを理解でき，物理の面白さがわかるようになってきます．

しかし，物理はむずかしいので敬遠したくなる人が多いのも事実です．物理がむずかしいと思われる理由にはいくつかあります．そのひとつは数学です．数学では $48 \div 6 = 8$ ですが，物理の速さの計算では $48\,\mathrm{m} \div 6\,\mathrm{s} = 8\,\mathrm{m/s}$ となります．実用になる数学を身につけるには，物理の学習の中で数学を学ぶのが有効な方法なのです．この"メートル"を"秒"で割るという一見不可能なようなことの理解が，実は，数理的推論能力養成の第 1 歩なのです．

一見，むずかしそうなハードルを越す体験を重ねて理解を深めていくところに物理学の学習の有用さがあり，大学の理工系学部の基礎科目として物理

が最も重要である理由があると思います．

　受験勉強では暗記が有効なように思われ，必ずしもそれを否定できません．ただ暗記したことは忘れやすいことも事実です．大学の勉強でも，解く前に問題の答を見ると，それで多くの事柄がわかったような気持になるかもしれません．しかし，それでは，考えたり理解を深めたりする機会を失います．20世紀を代表する物理学者の1人であるファインマン博士は，「問題を解いて行き詰まった場合には，答をチラッと見て，ヒントを得たらまた自分で考える」という方法を薦めています．皆さんも参考にしてみてください．

　将来の科学技術を支えるであろう学生諸君が，日常体験する自然現象や科学技術の基礎に物理があることを理解し，物理的な考え方の有効性と物理の面白さを体験して興味を深め，さらに物理を応用する能力を養成することを目指して企画したのが本シリーズであります．

　裳華房ではこれまでも，その時代の要求を満たす物理学の教科書・参考書を刊行してきましたが，物理学を深く理解し，平易に興味深く表現する力量を具えた執筆者の方々の協力を得て，ここに新たに，現代にふさわしい基礎的参考書のシリーズを学生諸君に贈ります．

　本シリーズは以下の点を特徴としています．

- 基礎的事項を精選した構成
- ポイントとなる事項の核心をついた解説
- ビジュアルで豊富な図
- 豊富な［例題］，［演習問題］とくわしい［解答］
- 主題にマッチした興味深い話題の"コラム"

　このような特徴を具えたこのシリーズが，理工系学部で最も大切な物理の学習に役立ち，学生諸君のよき友となることを確信いたします．

編 集 委 員 会

ま　え　が　き

　本書は，場の量子論を簡明，かつ平易に解説することを試みている．場の量子論とは，粒子の生成と消滅を記述する道具であり，現代の自然科学の柱となっている量子論と相対性理論を融合するときに，避けて通れない論理体系である．その一方で，相対性理論が事実上必要でないような，低い速度の現象しか現れない場合にも，粒子の生成と消滅を記述する道具として大変有用である．

　場の量子論は，素粒子物理学，原子核物理学はもちろん，物性物理学など，現代の物理学の多くの分野で用いられている．このように応用範囲の広い道具ではあるが，身に付けるのはなかなか簡単ではない．この原因の一つは，あらゆる分野に応用され，さまざまの技術的洗練が施された結果，場の量子論の内容は今や膨大なものとなっていることが挙げられる．実際，比較的新しい大学院レベルの教科書では，数百ページの本3巻で構成されているものもある．こうした大部の教科書はもちろんのこと，他の場の理論の教科書でも，1学期や1年程度の時間内で読み切ることができないものが多いように思われる．

　そこで本書では，この場の量子論の中で，最も重要と思われる事項に絞って，簡潔に記述することを試みた．特に実際的な有用性の面で，一つの頂点を成しているファインマン図形の方法を身に付けられるように，簡単なスカラー場の理論を中心的な例にとって解説した．本書では，量子力学から場の量子論へのいくつかの道筋のうちで，最もしっかりした基礎付けを与える道具として，正準量子化に基づく演算子と状態空間での記述から始めている．また，相互作用する量子場の場合に，相対論的不変性や確率の保存などの原理的な仮定だけから導かれる一般的帰結も与えている．一方，ファインマン

図形を与えるためには，経路積分量子化を用いた．この方法は，理論の対称性が見やすくなるという大変大きな利点をもち，ゲージ理論では特に有用である．ゲージ理論のファインマン規則も具体的に与え，くり込みの原理の簡明な記述と，くり込み群の考え方の最も基本的な部分も述べた．しかし，応用面で重要なゲージ理論では，くり込み可能性やユニタリー性（確率の保存）を明確にするために，今日では深い理論的考察が行われている．これらのくわしい内容は，より高度な教科書に譲ることにした．

部分的に本書の素材となったのは，著者が東京工業大学での学部・大学院学生に対して行った，場の量子論の講義録である．今回これを大幅に書き改め，意欲的な学部学生も，場の量子論に取り付けるように本書を工夫したつもりである．予備知識としては，量子力学は学んであるものと仮定しているが，場の量子論に特に役立つ事項をごく簡単にまとめることは，本文中で必要に応じて行った．一方，簡単な（特殊）相対性理論は既知のものと考えているが，具体的に用いる範囲の事項は最低限のまとめとして最初に簡単に与えてあるので，他に多くの予備知識を必要とすることはないであろう．特に，相対論的な量子力学を学んでいない人も想定して，付録の形でまとめたので，予備知識として相対論的量子力学は必要でない．

自分で具体的に手を動かして計算して欲しい点などは，演習問題として挙げてある．本文の理解の助けになるものもあるので，解くことを試みて欲しい．本書が，若い人たちの場の量子論への入門の助けになれば幸いである．

本シリーズの編者である原 康夫先生，松下 貢先生には原稿を通読して頂いて貴重なご意見を頂いた．厚く感謝したい．最後になるが，裳華房編集部の小野達也，染谷和美の両氏には，本書完成に至るまでの各段階でお世話になった．お礼を申し上げたい．

2002 年 10 月

坂 井 典 佑

目 次

1. 場の量子論と場の古典論

§1.1 場の理論・場の量子論とは・1
§1.2 (特殊)相対性理論の記法・・3
§1.3 自然単位系・・・・・・・・5
§1.4 最小作用の原理と作用汎関数
・・・・・・・・・・6
§1.5 対称性と保存則・・・・・10
§1.6 さまざまな相互作用ラグランジアン密度・・・・・・13
演習問題・・・・・・・・・・15

2. 正 準 量 子 化

§2.1 有限自由度の正準量子化とハイゼンベルク描像・・18
§2.2 正準交換関係・・・・・・22
§2.3 生成消滅演算子・・・・・24
§2.4 正 規 積・・・・・・・・27
§2.5 4次元交換関係と伝播関数 28
§2.6 ディラック場の量子化・・32
§2.7 1粒子状態とポアンカレ群の表現・・・・・・・・・36
演習問題・・・・・・・・・・40

3. 相互作用場の一般的性質

§3.1 スペクトル表示・・・・・42
§3.2 漸近場と漸近条件・・・・48
§3.3 LSZの簡約公式・・・・・50
演習問題・・・・・・・・・・54

4. 経路積分量子化

§4.1 量子力学での経路積分・・56 §4.2 場の量子論での経路積分・63

§4.3 生成汎関数 ・・・・・・64
§4.4 グラスマン数 ・・・・・67
演習問題 ・・・・・・・・・69

5. 摂動論のファインマン則

§5.1 自由場の場合のグリーン関数の生成汎関数 ・・・・71
§5.2 相互作用場のグリーン関数の生成汎関数 ・・・・・74
§5.3 生成汎関数を場の汎関数微分で表示する ・・・・・76
§5.4 ディラック場の経路積分 ・79
§5.5 連結グリーン関数のファインマン則 ・・・・83
§5.6 遷移確率と散乱断面積 ・・86
§5.7 有効作用と1粒子既約グラフ ・・・・・・・・・91
演習問題 ・・・・・・・・・98

6. くり込み

§6.1 1粒子既約図形の例 ・・・100
§6.2 次元正則化 ・・・・・・106
§6.3 くり込み ・・・・・・・109
§6.4 くり込まれた結合定数での摂動論 ・・・・・・・111
§6.5 くり込み可能性 ・・・・114
§6.6 くり込み条件 ・・・・・117
§6.7 くり込み群 ・・・・・・119
演習問題 ・・・・・・・・・126

7. ゲージ場の経路積分量子化

§7.1 局所ゲージ変換 ・・・・・127
§7.2 ゲージ不変なラグランジアン密度と拘束条件 ・・・132
§7.3 量子力学で拘束条件がある場合の経路積分量子化 ・137
§7.4 ゲージ場のゲージ固定と経路積分量子化 ・・・・140
§7.5 ファデーエフ-ポポフ行列式 ・・・・・・・・・・144
§7.6 ファデーエフ-ポポフのゴースト場 ・・・・・147
§7.7 共変的ゲージでのファインマン則 ・・・150
演習問題 ・・・・・・・・・155

8. BRS対称性と演算子形式

§8.1 BRS対称性 ・・・・・・157
§8.2 共変ゲージ固定でのゲージ場の正準量子化 ・・・・・161
§8.3 物理的状態を指定する補助条件 ・・・・・・・166
演習問題 ・・・・・・・・・・167

9. 自発的対称性の破れとヒッグス機構

§9.1 対称性の自発的な破れ ・・169
§9.2 ヒッグス機構 ・・・・・・172
§9.3 $SU(2) \times U(1)$ ゲージ理論 175
§9.4 中性カレントと荷電カレント ・・・・・・・・・・178
§9.5 アノマリー，閉じ込め，超対称性 ・・・・・・・187

付 録

A.1 ローレンツ変換 ・・・・・190
  A.1.1 3次元空間回転 ・・・190
  A.1.2 ローレンツ・ブースト 191
  A.1.3 空間反転，時間反転 ・192
A.2 ディラック場 ・・・・・193
  A.2.1 ディラック行列と方程式 ・・・・・・・・・・193
  A.2.2 静止系での解 ・・・・197
  A.2.3 ディラック波動関数の共変性 ・・・・・・198
  A.2.4 平面波解 ・・・・・・200
  A.2.5 射影演算子 ・・・・・201
  A.2.6 γ^5 と擬スカラー，擬ベクトル ・・・203
  A.2.7 ディラック波動関数の荷電共役変換 ・・・205
A.3 拘束条件のある場合の量子化 ・・・・・・・・・・207
  A.3.1 第1類拘束条件と第2類拘束条件 ・207
  A.3.2 第1類拘束条件とゲージ固定 ・・・211
  A.3.3 第2類拘束条件とディラック括弧 ・・211
  A.3.4 拘束条件がある場合の経路積分量子化 ・・212
演習問題 ・・・・・・・・・・214

目次

演習問題解答 ・・・・・・・・・・・・・・・・・・・・・・・・・・215
参 考 書 ・・・・・・・・・・・・・・・・・・・・・・・・・・・・229
索 引 ・・・・・・・・・・・・・・・・・・・・・・・・・・・・・231

コ ラ ム

相対論的量子力学と場の量子論をめぐって ・・・55
グラスマン数と超対称量子力学 ・・・・・・・・70
公理論的場の量子論 ・・・・・・・・・・・・・99
湯川理論と力を媒介する粒子 ・・・・・・・・・168

1 場の量子論と場の古典論

　場の量子論の準備として，場の古典論をまとめる．まず，(特殊)相対性理論の記法のまとめを行う．相対論的な記述と量子論とを合せた場合に便利な単位系として，光速度とプランク定数を基本にとる"自然単位系"を導入する．さらに，場の古典論に最小作用の原理を適用する．これにともない，さまざまの不変性とその帰結としての保存則を導く．また，相対論的に不変な相互作用の例を挙げる．

§1.1　場の理論・場の量子論とは

　電磁現象でよく知られている通り，電荷があるとその周りに電気力をおよぼす．これが電場である．電流が流れると，その周りには磁気力がはたらく．これを磁場とよぶ．これらの電場や磁場は，空間的に分布しており，時間的にも変動する．このように，時間・空間の関数として何らかの量が与えられているとき，それを一般に**場**とよぶ．たとえば空間の座標 $\bm{x}$，時間 t の関数として実数 $\phi(t, \bm{x})$ が与えられたときには**実数場**，略して**実場**という．相対性理論では，異なる座標系で見ても同じに見えるものをスカラーとよぶ．本書では相対性理論を取り入れて考えるので，この点を強調して，$\phi(t, \bm{x})$ を**実スカラー場**とよぶ．

　質点や粒子にはたらく外力を与えると，その位置がどのように時間変化するか，力学の原理に従って決まる．その意味で，位置座標は力学変数であ

る．同様に場にはたらく源を与えると，力学に従って時間変化が決まる．この場の時間変化を記述することが**場の理論**の目標である．量子力学に基づく場の理論を**場の量子論**とよぶ．量子力学を取り入れない理論は一般に古典論とよばれるので，量子力学を用いない場の理論を**場の古典論**とよぶ．

　原子・分子のようなミクロの現象は，量子力学を用いて初めて正確に記述できる．このように，量子力学が基本で，古典力学や古典電磁気学は近似的に成り立っているに過ぎないと考えることができる．量子力学では，すべての現象は確率的に記述される．そのために，2乗して確率を与える波動関数が量子論の中心的な概念となる．さまざまの観測量は波動関数に作用する演算子となる．しかし，通常の波動関数では，決まった数の粒子について，それらの波動性と粒子性を記述することができるだけである．実際に起こる現象では，粒子は生成されたり，消滅したりする．量子力学に基づいて，このような**粒子の生成・消滅現象**を記述する道具が場の量子論である．

　相対性理論によれば，光子は光の速度で動く．光の速度に近い時間変化をともなう現象の記述には，相対性理論が不可欠である．そのため，量子力学と相対性理論を融合させる**相対論的量子力学**の建設が試みられた．その結果，粒子にともなう反粒子という概念が現れ，粒子や反粒子の生成・消滅を記述しなければ，理論が論理的に完結しないことがわかった．その意味で，相対論的量子力学は論理的に不十分で，場の量子論で初めて量子力学と相対性理論に基づく首尾一貫した論理体系ができた．一方，物質中の電子の振舞など，相対性理論をほとんど必要としない現象の記述でも，粒子の生成消滅を記述するために，場の量子論は欠くことのできない道具として用いられている．

　このような場の量子論の本質的な部分を簡明に述べることが本書の目標である．第6章まではスカラー場を主として場の量子論の基本的な部分を解説し，ファインマン図形の方法を身に付ける．第7章以後は，ゲージ場の量子論を主として述べる．量子力学の知識は前提とするが，相対論的量子力学

は，それを学んでいない人のために付録 A.2 にまとめてある．

§1.2 （特殊）相対性理論の記法

光速度 c はどの慣性系でも同一で，（特殊）相対性理論の基本量であり，
$$c = 2.99792458 \times 10^{10}\,\text{cm/s} \tag{1.1}$$
と定義される．

相対速度 v で等速直線運動している 2 つの慣性系では，光速度が同じであるだけでなく，一般に同じ物理法則が成り立つ．2 つの異なる慣性系にいる観測者が粒子の運動量やエネルギーを観測すると，異なる値が観測される．しかし，エネルギー E の 2 乗と運動量 p（に光速度 c を掛けたもの）の 2 乗との差は，どの慣性系で観測しても同じになる．
$$E^2 - (pc)^2 = m^2 c^4 \tag{1.2}$$
ここに現れる量 m は粒子の静止系でのエネルギーを光速度の 2 乗で割ったもので，質量とよばれる．エネルギーと運動量は観測者によって見え方が異なるので，むしろひとまとまりの量と見なす方がよい．したがって，相対性理論ではエネルギーを光速度で割ったものを第 0 成分 p^0 とし，運動量とまとめて 4 成分ベクトルと考え，**4 元運動量**とよぶ．
$$p^\mu = (p^0, \boldsymbol{p}) \equiv \left(\frac{E}{c}, \boldsymbol{p}\right) \tag{1.3}$$

時間座標と空間座標などもまとめて **4 元ベクトル**と考える．次元が同じになるように，時間座標に光速度 c を掛けた量を 4 元座標の第 0 成分とする．
$$x^\mu = (x^0, \boldsymbol{x}) \equiv (ct, \boldsymbol{x}) \tag{1.4}$$
一般に，時間方向を 0，空間方向をローマ数字 $i = 1, 2, 3$ で表し，ひとまとめにして 4 元ベクトルと考えるとき，添字はギリシャ文字 $\mu, \nu, \cdots = 0, 1, 2, 3$ で表す．4 元ベクトル $A^\mu = (A^0, A^i)$ と $B^\mu = (B^0, B^i)$ の内積を
$$A \cdot B = A^0 B^0 - A^1 B^1 - A^2 B^2 - A^3 B^3 \tag{1.5}$$
と定義すると，この内積はどの慣性系で観測しても同じ値となる．このよう

な量を**スカラー**という．A^μ のように添字がある場合は上付きの添字が基本で，これに対して $A_\mu = (A_0, A_i) \equiv (A^0, -A^i)$ と，空間成分の符号を変えたものを下付きの添字をもった4元ベクトルと定義する．したがって，内積は

$$AB = A \cdot B = \sum_{\mu=0}^{3} A^\mu B_\mu = A^0 B_0 + A^1 B_1 + A^2 B_2 + A^3 B_3 \tag{1.6}$$

となる．また行列の記法を用いれば，4行4列の**計量行列** $\eta_{\mu\nu}$

$$\eta_{\mu\nu} = \begin{pmatrix} 1 & 0 & 0 & 0 \\ 0 & -1 & 0 & 0 \\ 0 & 0 & -1 & 0 \\ 0 & 0 & 0 & -1 \end{pmatrix} \tag{1.7}$$

を導入して，同じ添字をもつ量の積は添字についての和を省略することにすると（**アインシュタインの規約**），内積は次のように書くこともできる．

$$A \cdot B = A^\mu \eta_{\mu\nu} B^\nu \tag{1.8}$$

以下では特に断わらない限り，この規約に従う．(1.7) の計量を**ミンコフスキー (H. Minkowski) 計量**，それを用いて内積が与えられる空間を**ミンコフスキー空間**とよぶことにしよう．

ある慣性系で観測した4元運動量 p^μ などの4元ベクトル A^μ を，その慣性系に対して x 方向に速度 v で走っている別の慣性系の観測者が見たときに，4元ベクトル A'^μ として見えたとする．この両者の関係を与えるのが**ローレンツ変換**であり，付録の (A.13) に導いたように，

$$\begin{pmatrix} A'^0 \\ A'^1 \\ A'^2 \\ A'^3 \end{pmatrix} = \begin{pmatrix} \gamma & -\gamma\beta & 0 & 0 \\ -\gamma\beta & \gamma & 0 & 0 \\ 0 & 0 & 1 & 0 \\ 0 & 0 & 0 & 1 \end{pmatrix} \begin{pmatrix} A^0 \\ A^1 \\ A^2 \\ A^3 \end{pmatrix} \tag{1.9}$$

で与えられる．ここでローレンツ変換のパラメターは，($c=1$ とした場合に）付録の (A.14) に与えたように

$$\beta = \frac{v}{c}, \qquad \gamma = \sqrt{\frac{1}{1-\beta^2}} \qquad (1.10)$$

である．この変換のもとで4元ベクトルの内積 (1.5) が不変となる．

特に，4元運動量 p^μ の2乗はローレンツ変換のもとで不変である．これが正である場合には，エネルギーの絶対値の方が運動量の絶対値よりも大きいので，4元運動量が**時間的**であるという．負である場合は，エネルギーの絶対値よりも運動量の絶対値の方が大きいので，4元運動量が**空間的**であるという．ゼロである場合には，エネルギーの絶対値と運動量の絶対値が同じであり，光のように質量ゼロの粒子の場合に相当するので，4元運動量が**光的**であるという．

$$\begin{aligned} p^\mu p_\mu \equiv (p^0)^2 - \bm{p}^2 > 0 & \quad (\text{時間的}) \\ p^\mu p_\mu \equiv (p^0)^2 - \bm{p}^2 = 0 & \quad (\text{光的}) \\ p^\mu p_\mu \equiv (p^0)^2 - \bm{p}^2 < 0 & \quad (\text{空間的}) \end{aligned} \qquad (1.11)$$

§1.3 自然単位系

粒子の速度は人為的に決めた通常の単位よりも，相対性理論の基本定数である光速度を単位として測った方が簡単になる．すなわち，光速度を1ととる．

$$c = 1 \qquad (1.12)$$

こうすると，時間 t は光の速度 c でその時間の間に走る長さ ct で表される．したがって，時間の次元をもつ量は長さの次元をもつ量に帰着することになる．

同様に，量子力学での基本的な自然定数は**プランク（M. Planck）定数**で，これを単位としてすべての"作用"は量子化される．精密な実験から，プランク定数は

$$\hbar \equiv \frac{h}{2\pi} \approx 1.054571596(82) \times 10^{-34}\,\text{J}\cdot\text{s}$$

$$\approx 6.58211889(26) \times 10^{-22} \,\text{MeV·s} \tag{1.13}$$
$$\hbar c \approx 197.3269602(77) \times 10^{-13} \,\text{MeV·cm} \tag{1.14}$$

と与えられている．我々の日常経験する世界ではこのプランク定数は大変小さいが，ミクロな世界ではこのプランク定数を単位とする離散的な性質が直接顔を出してくる．そこで，このプランク定数も基本単位の一つにとって，

$$\hbar = 1 \tag{1.15}$$

とする．すなわち，プランク定数を単位として作用を測る．長さの次元を L，質量を M，時間を T で表すと，作用の次元は ML^2/T だから，プランク定数と光速度を 1 にとることによって，長さも時間も質量の逆数の次元をもつことになる．したがって，次元をもった量はすべて質量の次元で表せる．

$$\frac{1}{T} = \frac{1}{L} = M \tag{1.16}$$

このような単位系は，自然界に現れる基本的な量を単位として用いた単位系なので，**自然単位系**という．逆に，時間と長さを質量と区別して，もとの正確な単位系を再現するためには，考える量の正しい物理的な次元を知りさえすれば，光速度とプランク定数のベキをどれだけ掛けるとよいかが一意的に定まる．以下では，自然単位系を用いて表記を簡単化する．

§1.4 最小作用の原理と作用汎関数

古典力学では，力学変数の関数として**作用**が与えられ，その作用が最小になるように，運動の軌跡が決まる．場の古典論でも，作用が最小になるように場の時空での振舞が決まる．これを**最小作用の原理**という．場の 1 つの座標点での値ではなく，場が全体としてどのような関数形であるかによって，作用は決まる．このような"関数形の関数"を**汎関数**とよぶ．**ラグランジアン L** を時間積分したものが作用 S であり，空間積分してラグランジアンに

なるものを**ラグランジアン密度** $\mathcal{L}$ とよぶ．

$$S[\phi] = \int_{t_1}^{t_2} dt\, L = \int_{t_1}^{t_2} dt \int d^3x\, \mathcal{L} = \int d^4x\, \mathcal{L} \qquad (1.17)$$

ラグランジアン密度に対する一般的要請は以下のようになる．

(1) ラグランジアン密度は実数でなければならない（実数性）．これは量子論ではラグランジアン密度という演算子の**エルミート性**となり，**確率の保存**を保証する．

(2) ラグランジアン密度は同一時空点での場の値 $\phi(x)$ とその有限次の微係数 $\partial_\mu \phi(x)$ だけから成る（**局所性**）．これは，事象の影響が光速度以上で伝わらないという，**因果律**を保証する．

(3) 運動方程式がたかだか 2 階の微分方程式になるように，微分は 2 階までしか含まない．

(4) 相対論的に不変である．

もしもその他に不変性が必要な場合には，それに対応する条件を課す．

微分の 2 次を含む項を**運動項**とよび，微分を含まない項の逆符号を**ポテンシャル** V とよぶと，実スカラー場が 1 つある場合の最も一般的なラグランジアン密度は，運動項の非線形性を表す関数 f を用いて

$$\mathcal{L} = \frac{1}{2} f(\phi)\, \partial_\mu \phi(x)\, \partial^\mu \phi(x) - V(\phi(x)) \qquad (1.18)$$

となり，このような場の理論は**非線形シグマ模型**とよばれる．†

最小作用の原理によれば，作用が最小値をとるように場の時空座標依存性が決まる．いくつかの場 $\phi_i(x)$ がある一般の場合を考えて，実現する場の配位 $\phi_i(x)$ を決めるために，その周りに微小な変分をしてみると，

$$\delta S = \int d^4x \left(\frac{\partial \mathcal{L}}{\partial\, \partial_\mu \phi_i} \partial_\mu \delta\phi_i + \frac{\partial \mathcal{L}}{\partial \phi_i} \delta\phi_i \right)$$

---

† 歴史的にスカラー場をギリシャ文字のシグマという記号を使って表すことが多かったので，シグマ模型という名前が使われる．一般に，運動項が場の微分の 2 次だけである場合を線形模型とよび，場についてそれ以外のベキを含む場合を非線形模型とよぶ．

$$= \int d^4x \left(- \partial_\mu \frac{\partial \mathcal{L}}{\partial \, \partial_\mu \phi_i} + \frac{\partial \mathcal{L}}{\partial \phi_i} \right) \delta \phi_i + \int d\sigma_\mu \left(\frac{\partial \mathcal{L}}{\partial \, \partial_\mu \phi_i} \delta \phi_i \right) \quad (1.19)$$

となる．

ここで1行目の第1項目を部分積分した．その結果2行目に現れた最後の項で，$d\sigma_\mu$ は積分領域の時空間での境界面上の積分要素である．この最小作用の原理が成り立つためには，この表面項が消えるように，表面上で適切な**境界条件**を課す必要がある．たとえば，表面上で場の変分をしない ($\delta\phi_i = 0$) ことによって この表面積分は消え，その結果，**オイラー - ラグランジュ方程式**が成り立つ．

$$- \partial_\mu \frac{\partial \mathcal{L}}{\partial \, \partial_\mu \phi_i} + \frac{\partial \mathcal{L}}{\partial \phi_i} = 0 \quad (1.20)$$

非線形シグマ模型では場の運動項の形に任意性がある．1成分の場合には新しい場 ϕ' として $(d\phi')^2 = f(\phi)(d\phi)^2$ で定義される場 ϕ' を用いると運動項を標準形 $(1/2)(\partial_\mu \phi')^2$ にすることができる．ϕ' のことを ϕ と書き直すと

$$\mathcal{L} = \frac{1}{2} \partial_\mu \phi(x) \, \partial^\mu \phi(x) - V(\phi(x)) \quad (1.21)$$

となる．このように新しい場の変数を用いて場の理論を書き直すことを**場の再定義**という．離散的な対称性 $\phi \to -\phi$ を課すと，ポテンシャルは偶数ベキだけになる．さらに，ポテンシャルとして最低次の2次の項だけをとり，係数を $(1/2)\, m^2$ とよぶと

$$\mathcal{L} = \frac{1}{2} \partial_\mu \phi(x) \, \partial^\mu \phi(x) - \frac{1}{2} m^2 (\phi(x))^2 \quad (1.22)$$

となり，オイラー - ラグランジュ方程式は2階の線形微分方程式となる．

$$(\partial_\mu \partial^\mu + m^2) \phi(x) = (\partial_0^2 - \nabla^2 + m^2) \phi(x) = 0 \quad (1.23)$$

この方程式を**クライン (O. Klein) - ゴルドン (W. Gordon) 方程式**とよび，m の物理的意味は質量である．この方程式は線形だから，その2つの解をとり，それらを重ね合せてもやはり解となる．すなわち，2つの波動を重ね

合せても何ら相互作用を起こさずに素通しとなる．このような場を**自由場**という．

離散的対称性 $\phi \to -\phi$ を要求し，最初の 2 つのベキまでとると，

$$\mathcal{L} = \frac{1}{2}\partial_\mu \phi(x)\, \partial^\mu \phi(x) - \frac{1}{2} m^2 (\phi(x))^2 - \frac{\lambda}{4!}(\phi(x))^4$$

(1.24)

となる．これは後の §6.5 の最後で示すように，$\phi \to -\phi$ という対称性のもとで，相互作用してくりこみ可能な最も一般的なラグランジアン密度であり，オイラー‐ラグランジュ方程式は

$$(\partial_\mu \partial^\mu + m^2)\,\phi(x) = -\frac{\lambda}{3!}(\phi(x))^3 \tag{1.25}$$

となる．このように相互作用する場合には，もはや 2 つの解を重ね合せても解にはならない．これは散乱が起こることを示している．

クライン‐ゴルドン方程式 (1.23) を満たす波動関数 ψ, ϕ に対して，次のような内積が定義できる．

$$(\psi, \phi) = i\int d^3x\, [\psi^*(t,x)\,\partial_0 \phi(t,x) - \partial_0 \psi^*(t,x)\,\phi(t,x)]$$

(1.26)

そして，クライン‐ゴルドン方程式を用いると，この内積が保存することがわかる．

$$\frac{d}{dt}(\psi,\phi) = i\int d^3x\,[\psi^* \partial_0^2 \phi - (\partial_0^2 \psi^*)\phi] = \int d^3x\, i\,[\psi^* \nabla^2 \phi - (\nabla^2 \psi^*)\phi]$$

$$= \int d^3x\, i\,\nabla[\psi^* \nabla \phi - (\nabla \psi^*)\phi] = 0 \tag{1.27}$$

保存する内積は量子力学の確率解釈の基礎として大切である．実際，次章以下でスカラー場を量子化する際に，この内積が役立つ．

§1.5 対称性と保存則

何らかの変換をしたときに作用が不変であることを，**対称性**をもつという．場の理論の対称性を簡明に表せることが，ラグランジアン密度を用いることの大きな利点である．時空座標によらない変換を**大局的 (global) 変換**または **Rigid 変換**とよぶ．時空座標によらない微小なパラメター ε に比例する無限小変換は

$$\phi_i(x) \quad \to \quad \phi'_i(x) = \phi_i(x) + \varepsilon\, G_i(\phi(x)) \qquad (1.28)$$

となる．この無限小変換に対して，作用が不変であるためには

$$\begin{aligned}
0 = \delta S &= \int d^4 x \left(\frac{\partial \mathcal{L}}{\partial \phi_i} \varepsilon G_i + \frac{\partial \mathcal{L}}{\partial \partial_\mu \phi_i} \partial_\mu(\varepsilon G_i) \right) \\
&= \varepsilon \int d^4 x \left(\frac{\partial \mathcal{L}}{\partial \phi_i} G_i + \frac{\partial \mathcal{L}}{\partial \partial_\mu \phi_i} \partial_\mu G_i \right)
\end{aligned} \qquad (1.29)$$

が成り立てばよく，この被積分関数が全微分 $\partial_\mu X^\mu$ になっていれば十分である．

$$\delta \mathcal{L} = \varepsilon \left(\frac{\partial \mathcal{L}}{\partial \phi_i} G_i + \frac{\partial \mathcal{L}}{\partial \partial_\mu \phi_i} \partial_\mu G_i \right) = \varepsilon\, \partial_\mu X^\mu(\phi) \qquad (1.30)$$

これが系が対称性をもつための条件である．後でみるように，時空の対称性の場合には $X^\mu(\phi)$ が生じることが多いが，時空に無関係な対称性の場合は通常 $X^\mu(\phi) \equiv 0$ であることが多い．このように大局的不変性が成り立つとき，微小変換のパラメターとして時空座標 x に依存する $\varepsilon(x)$ を考えると，作用の変分 δS は $\partial_\mu \varepsilon$ にのみ比例する．実際，対称性を保証する (1.30) を用いると

$$\begin{aligned}
\delta S &= \int d^4 x \left\{ \frac{\partial \mathcal{L}}{\partial \phi_i} \varepsilon(x)\, G_i + \frac{\partial \mathcal{L}}{\partial \partial_\mu \phi_i} \partial_\mu(\varepsilon(x)\, G_i) \right\} \\
&= \int d^4 x\, \{\partial_\mu \varepsilon(x)\} \left\{ \frac{\partial \mathcal{L}}{\partial \partial_\mu \phi_i} G_i - X^\mu(\phi) \right\}
\end{aligned} \qquad (1.31)$$

となる．$\partial_\mu \varepsilon(x)$ の比例係数を**カレント** $j^\mu(x)$ とよぶ．

§1.5 対称性と保存則　11

$$j^\mu(x) = \frac{\partial \mathcal{L}}{\partial\, \partial_\mu \phi_i}\, G_i(\phi) - X^\mu(\phi) \tag{1.32}$$

場 ϕ_i がオイラー‐ラグランジュ方程式 (1.20) の解ならば，最小作用の原理から，その周りでの任意の場の変分に対して作用が極小になる．したがって，変分 $\varepsilon(x)$ に対しても作用の変分が消えて，カレントは保存し，

$$0 = \delta S = \int d^4x\, \{\partial_\mu \varepsilon(x)\}\, j^\mu(x) = -\int d^4x\, \varepsilon(x)\, \partial_\mu j^\mu(x) \tag{1.33}$$

となる．これは，直接 オイラー‐ラグランジュ方程式 (1.20) と対称性の条件 (1.30) とを用いて示すこともできる．

$$\begin{aligned}\partial_\mu j^\mu(x) &= \partial_\mu \left\{ \frac{\partial \mathcal{L}}{\partial\, \partial_\mu \phi_i}\, G_i(\phi) - X^\mu(\phi) \right\} \\ &= \left(\partial_\mu \frac{\partial \mathcal{L}}{\partial\, \partial_\mu \phi_i} \right) G_i(\phi) - \frac{\partial \mathcal{L}}{\partial \phi_i}\, G_i(\phi) = 0 \end{aligned} \tag{1.34}$$

このとき，**保存量（電荷）** Q が定義できる．

$$Q \equiv \int d^3x\, j^0(x), \qquad \frac{dQ}{dt} = \int d^3x\, \partial_0 j^0(x) = \int d^3x\, \nabla \boldsymbol{j} = 0 \tag{1.35}$$

このように連続パラメターをもつ対称性があると，保存するカレントが構成でき，保存する電荷が存在する．この事実を**ネーター (A. E. Noether) の定理**といい，このカレントを**ネーター・カレント**とよぶ．

カレントに反対称テンソル量 $f^{\mu\nu}(x)$ の発散 $\partial_\nu f^{\mu\nu}(x)$ を加えても，保存則 (1.34) に影響を与えないので

$$j'^\mu(x) = j^\mu(x) + \partial_\nu f^{\mu\nu}(x), \qquad f^{\mu\nu}(x) = -f^{\nu\mu}(x) \tag{1.36}$$

$$\partial_\mu j'^\mu(x) = \partial_\mu j^\mu(x) + \partial_\mu \partial_\nu f^{\mu\nu}(x) = \partial_\mu j^\mu(x) \tag{1.37}$$

が成り立つ．このように，カレントの定義に不定性があるので，これを用いて改良したカレントを定義できる．このとき表面からの寄与がなければ

($\int d^3x\, \partial_i f^{0i} = 0$) 保存量 Q は同じである．

本節では以下に，よく用いられる対称性と保存則の例を挙げよう．

(1) 内部対称性

いくつかの場を並べて縦ベクトルと考える．連続的な変換の場合は**無限小変換**から構成することができる．この無限小変換の係数行列を**生成子**とよび，T^a と表記すると，無限小変換は

$$\phi(x) \to \phi'(x) = (1 + i\varepsilon^a T^a)\,\phi(x) \qquad (1.38)$$

と表される．生成子が定数行列 T^a で表せる場合には，時空の対称性とは無関係なので，**内部対称性**とよぶ．

この変換に対して作用が不変だとすると，(1.30) から，$X^\mu = 0$ として

$$\frac{\partial \mathcal{L}}{\partial \phi}\, T^a \phi + \frac{\partial \mathcal{L}}{\partial\, \partial_\mu \phi}\, T^a \partial_\mu \phi = 0 \qquad (1.39)$$

となる．また，カレント $j^{a\mu}$ と電荷 Q^a は

$$j^{a\mu}(x) = \frac{\partial \mathcal{L}}{\partial\, \partial_\mu \phi}\, iT^a \phi, \qquad Q^a = \int d^3x\, j^{a0}(x) = \int d^3x\, \frac{\partial \mathcal{L}}{\partial\, \partial_0 \phi}\, iT^a \phi \qquad (1.40)$$

となる．

(2) 並進対称性とエネルギー運動量テンソル

時空の変換の一つの例として，座標系を平行移動させることを考えよう．

$$x^\mu \to x'^\mu = x^\mu - \varepsilon^\mu, \qquad \delta x^\mu \equiv x'^\mu - x^\mu = -\varepsilon^\mu \qquad (1.41)$$

新しい座標系での場の関数形を ϕ' とすると，物理的に同一の点での場の値は同じだから，

$$\phi'_i(x') = \phi_i(x) \qquad (1.42)$$

$$\delta\phi_i(x) \equiv \phi'_i(x) - \phi_i(x)$$
$$= \phi'_i(x) - \phi'_i(x - \varepsilon) \approx \varepsilon^\nu\, \partial_\nu \phi_i(x) \qquad (1.43)$$

となる．この**並進不変性**が成り立つとき，作用汎関数は座標 x をあらわに含まないが，ラグランジアン密度 $\mathcal{L}$ は $\phi, \partial_\nu \phi$ を通じて x の関数となるの

で，スカラー量 $\phi(x)$ の変化 (1.43) と同様に，平行移動すると全微分に変換し

$$\begin{aligned}\delta \mathcal{L} &= \varepsilon^\nu \left(\frac{\partial \mathcal{L}}{\partial \phi_i} \frac{\partial \phi_i}{\partial x^\nu} + \frac{\partial \mathcal{L}}{\partial \, \partial_\mu \phi_i} \frac{\partial}{\partial x^\nu} \partial_\mu \phi_i \right) = \varepsilon^\nu \frac{\partial}{\partial x^\nu} \mathcal{L}(\phi, \partial \phi) \\ &= \varepsilon^\nu \partial_\mu (\delta^\mu{}_\nu \mathcal{L}(\phi, \partial \phi)) = \varepsilon^\nu \, \partial_\mu X^\mu{}_\nu \\ X^{\mu\nu} &\equiv \eta^{\mu\nu} \mathcal{L} \end{aligned} \right\} \quad (1.44)$$

となる．

並進対称性に対するネーター・カレントを (正準) **エネルギー運動量テンソル** $T^{\mu\nu}$ とよび，その保存量として **4元運動量** P^ν が得られる．

$$T^{\mu\nu}(x) = \frac{\partial \mathcal{L}}{\partial \, \partial_\mu \phi_i} \partial^\nu \phi_i - X^{\mu\nu} = \frac{\partial \mathcal{L}}{\partial \, \partial_\mu \phi_i} \partial^\nu \phi_i - \eta^{\mu\nu} \mathcal{L} \quad (1.45)$$

$$P^\nu \equiv \int d^3 x \; T^{0\nu}(x) = \int d^3 x \left(\frac{\partial \mathcal{L}}{\partial \, \partial_0 \phi_i} \partial^\nu \phi_i - \eta^{0\nu} \mathcal{L} \right) \quad (1.46)$$

そして保存則は

$$\partial_\mu T^{\mu\nu}(x) = 0 \quad (1.47)$$

となる．

§1.6　さまざまな相互作用ラグランジアン密度

スカラー場 $\phi(x)$ 以外に，スピン角運動量をもったさまざまな場が考えられる．まず，スピン 1/2 をもった場は**ディラック場** $\psi(x)$ として与えられる．このディラック場については，付録 A.2 にまとめておいた．

ラグランジアン密度は全体として，ローレンツ変換のもとで不変である．したがって，スカラー場とディラック場だけを含む場合，ディラック場は必ず偶数ベキで現れる．ディラック場が関与する相互作用ラグランジアン密度で最も簡単なものは，ディラック場の 2 次式である．スカラー場とディラック場だけがある場合には，スカラー場がディラック場と組み合さってローレンツ不変な形になったものが相互作用ラグランジアン密度の候補である．

たとえば，付録 A.2.3 に挙げたディラック場の 2 次形式とその変換性を用いて，

$$\mathcal{L}_{\text{Yukawa}} = g_{\text{Yukawa}}\, \overline{\psi}(x)\, \psi(x)\, \phi(x) \tag{1.48}$$

は，湯川秀樹博士の名前を冠して，**湯川相互作用**または**湯川型相互作用**とよばれる．また，**擬スカラー型**の相互作用も含めて，湯川相互作用とよぶことが多い．

$$\mathcal{L}'_{\text{Yukawa}} = g'_{\text{Yukawa}}\, i\, \overline{\psi}(x)\, \gamma_5\, \psi(x)\, \phi(x) \tag{1.49}$$

さらにスカラー場の微分を用いれば，ベクトルや**擬ベクトル**などの変換性をもつ 2 次形式も使うことができる．

$$\mathcal{L}_{\text{der}} = g_{\text{der}}\, \overline{\psi}(x)\, \gamma^\mu\, \psi(x) \frac{\partial \phi(x)}{\partial x^\mu} \tag{1.50}$$

$$\mathcal{L}'_{\text{der}} = g'_{\text{der}}\, \overline{\psi}(x)\, \gamma_5 \gamma^\mu\, \psi(x) \frac{\partial \phi(x)}{\partial x^\mu} \tag{1.51}$$

一方，さらに高いスピンをもつ場もある．たとえば，スピン 1 の場合はベクトル場 A^μ となる．ベクトル場の典型的な例は，後に第 7 章で述べるゲージ場である．ベクトル場がディラック場と相互作用するときには，ベクトル型や擬ベクトル型の 2 次形式を用いて，

$$L_{\text{vector}} = g_{\text{vector}}\, \overline{\psi}(x)\, \gamma_\mu\, \psi(x)\, A^\mu(x) \tag{1.52}$$

$$\mathcal{L}'_{\text{vector}} = g'_{\text{vector}}\, \overline{\psi}(x)\, \gamma_5 \gamma_\mu\, A^\mu(x) \tag{1.53}$$

のような相互作用ラグランジアンがあり得る．実際，後の第 7 章にみるように，ゲージ理論ではこのような形の相互作用ラグランジアンが登場する．また，複素スカラー場のゲージ相互作用としては，次の形になる．

$$\mathcal{L}''_{\text{vector}} = g''_{\text{vector}}\, i \left(\phi^\dagger(x) \frac{\partial \phi(x)}{\partial x^\mu} - \phi(x) \frac{\partial \phi^\dagger(x)}{\partial x^\mu} \right) A^\mu(x) \tag{1.54}$$

より高いスピンをもつ場としては，スピン 2 の場が重力場として重力理論に登場する．これは粒子としては，重力子を表す．ボース統計に従う粒子とフェルミ統計に従う粒子の間をつなぐ対称性を**超対称性**とよび，超対称性を

もつ重力理論，すなわち**超重力理論**には，グラビティーノとよばれるスピン 3/2 の場が登場する．これらはすべてゲージ理論の一種としてとらえられる．

═══════════════ 演 習 問 題 ═══════════════

[1] 空間座標 x，時間 t，速度 v，加速度 d^2x/dt^2，運動量 p，エネルギー E，角運動量 L について，それらの自然単位系での質量次元を与え，それらの量をもとの正しい物理的な次元にもどすために掛けるべき c と $\hbar$ のベキを求めよ．

[2] 無限小平行移動 $\delta x^\mu = -a^\mu$ を生成する演算子は 4 元運動量 P^μ であり，無限小ローレンツ変換 $\delta x^\mu = -\omega^\mu{}_\nu x^\nu$ を生成する演算子を $J^{\mu\nu}$ と書く．これらの変換のもとでのスカラー場 $\phi(x)$ の関数形の変化 $\delta\phi(x)$ を，次のように $\phi(x)$ に作用する微分演算子 $\hat{P}^\mu$，$\hat{J}^{\mu\nu}$ として表せ．

$$\delta\phi(x) = -i\left(a^\mu \hat{P}_\mu - \frac{1}{2}\omega^{\mu\nu}\hat{J}_{\mu\nu}\right)\phi(x) \tag{1.55}$$

また，得られた微分演算子 $\hat{P}^\mu$ および $\hat{J}^{\mu\nu}$ の間の交換関係を求めよ．

[3] 自然単位系では，すべての次元のある量を質量の次元で表すことができる．このとき，質量次元のある量のスケールをその次元に応じて一様に変える変換を**スケール変換** (Dilatation) という．座標について

$$x^\mu \to x'^\mu = e^{-\lambda}x^\mu, \qquad \delta x^\mu \equiv x'^\mu - x^\mu \approx -\lambda x^\mu \tag{1.56}$$

とスケール変換したとき，質量次元 Δ をもつ場に対する無限小スケール変換の生成子 D を，スカラー場 ϕ に作用する微分演算子 $\hat{D}$ として表せ．

[4] 座標のずれ δx^μ が (1.41) のように定数の場合が並進，座標の 1 次の場合がローレンツ変換とスケール変換である．無限小パラメター c^μ をもつ座標の 2 次式で，座標のずれが次のように与えられる場合を**特殊共形変換**とよぶ．

$$\delta x^\mu = -2c_\nu x^\nu x^\mu + c^\mu x^2 \tag{1.57}$$

特殊共形変換の生成子 K^μ を，場にはたらく微分演算子 $\hat{K}^\mu$ として表せ．ただ

16   1. 場の量子論と場の古典論

し，スケール変換やローレンツ変換の場合からもわかるように，d 次元時空で質量次元 Δ のスカラー場の変換は，一般に

$$\phi'(x') - \phi(x) \approx -(\partial_\mu \delta x^\mu)\frac{\Delta}{d}\phi(x) \tag{1.58}$$

で与えられる．

また，無限小演算子としての並進 P^μ，ローレンツ変換 $J^{\mu\nu}$，スケール変換 D，特殊共形変換 K^μ の間の交換関係を求めよ．これらの無限小変換で生成される変換は全体として**共形群**とよばれる群をなす．平行移動・ローレンツ不変性をもつ局所的相互作用場の理論でスケール不変性が成り立つと，自動的に特殊共形変換のもとでも不変となり，対称性が共形群にまで拡大することが知られている．

[5] d 次元時空で (1.24) のように標準形の運動項をもつスカラー場およびパラメター m, λ の質量次元を求めよ．特に 4 次元時空ではどうなるか．

[6] ϕ^4 相互作用ラグランジアン密度 (1.24) の正準エネルギー運動量テンソルを求めよ．

[7] 4 次元 ϕ^4 相互作用ラグランジアン密度 (1.24) を考える．

(1) 質量がない場合 ($m = 0$)，スケール変換に対し作用は不変なことを示せ．

(2) ネーターの方法を用いて，スケール不変性に対するカレント j_D^μ を求めよ．このカレントを **Dilatation カレント**とよぶ．

(3) 質量がある場合には，作用がスケール変換のもとで不変ではない．この場合にも，上の問 (2) で得た Dilatation カレントが前問 [6] で得た正準エネルギー運動量テンソル $T^{\mu\nu}$ と次の関係があることと，質量項に比例してカレントの保存が破れることを示せ．

$$j_D^\mu(x) = x_\nu T^{\mu\nu} + \frac{1}{2}\partial^\mu(\phi^2), \qquad \partial_\mu j_D^\mu(x) = m^2 \phi^2 \tag{1.59}$$

[8] (1.36) に挙げたカレントの不定性を用いて，改良された Dilatation カレント D^μ と改良されたエネルギー運動量テンソル $\Theta^{\mu\nu}$ を構成し，それらの間に

$$D^\mu(x) = x_\nu \Theta^{\mu\nu}(x) \tag{1.60}$$

という恒等式が（オイラー–ラグランジュ方程式を使わずに）成り立つようにせ

よ．このとき，改良された Dilatation カレントの発散は次のように改良された
エネルギー運動量テンソルのトレースに一致することを示せ．
$$\partial_\mu j_D{}^\mu(x) = \partial_\mu D^\mu(x) = \Theta_\mu{}^\mu(x) \tag{1.61}$$

2 正準量子化

　量子力学では，座標と運動量の交換子がプランク定数に比例するという処方で量子化が行われる．この正準量子化の手続きを，無限個の自由度がある場の理論に対して適用する．量子力学ではシュレーディンガー描像が最も普通に使われるが，場の理論では，生成消滅演算子を用いたハイゼンベルク描像の方が便利である．自由スカラー場を量子化して，ファインマン伝播関数を始めとする不変デルタ関数を導入し，ディラック場の量子化も行う．一般にどのような粒子状態が可能であるかを，ポアンカレ群の表現として考察する．

§2.1 有限自由度の正準量子化とハイゼンベルク描像

有限自由度の正準量子化

　有限自由度の古典力学を量子化することを考える．座標 q^r $(r = 1, \cdots, N)$ と速度 $\dot{q}^r$ の関数としてラグランジアン L が与えられたとする．簡単のため，作用 S は時間 t にあらわにはよらないとし，

$$S = \int_{t_1}^{t_2} dt \, L(q, \dot{q}) \tag{2.1}$$

とする．また共役運動量 p_r を次のように定義し，速度 $\dot{q}^r$ から運動量 p_r への変数変換を行って**ハミルトニアン** H を定義する．

$$p_r = \frac{\partial L}{\partial \dot{q}^r}, \qquad H(q, p) = \sum_{r=1}^n p_r \dot{q}^r - L(q, \dot{q}) \tag{2.2}$$

　量子力学では，状態はベクトルとして表され，座標や運動量は状態ベクト

ルに作用する演算子である．演算子のことを **q数** とよび，それに対して演算子でない通常の数のことを **c数** とよぶ．[†] また，状態ベクトルの2乗を **ノルム** とよぶ．

座標と運動量の間に**正準交換関係**を課すことが**正準量子化**である．

$$[q^r, p_s] = i\delta^r_s, \quad [q^r, q^s] = 0, \quad [p_r, p_s] = 0 \quad (r, s = 1, \cdots, N)$$
(2.3)

シュレーディンガー描像とハイゼンベルク描像

シュレーディンガー描像では，系の時間発展は状態ベクトル $|\Psi(t)\rangle_\mathrm{S}$ の時間変化によって記述され，それを決定するのが**シュレーディンガー方程式**である．シュレーディンガー描像を添字Sで表すとシュレーディンガー方程式は

$$i\frac{d}{dt}|\Psi(t)\rangle_\mathrm{S} = H(q, p, t)|\Psi(t)\rangle_\mathrm{S} \tag{2.4}$$

で与えられ，q^r, p_s は時間に依存しない演算子である．一般には，ハミルトニアンそのものが時間にあらわに依存する場合もあり得る．また，描像という言葉の代りに表示という言葉を使って，シュレーディンガー描像のことを**シュレーディンガー表示**とよぶ場合もある．

ハミルトニアンの時間積分の指数関数として**時間発展の演算子** $U(t)$ を定義すると，シュレーディンガー方程式の解は次のように形式的に与えられる．

$$|\Psi(t)\rangle_\mathrm{S} = U(t)|\Psi(0)\rangle_\mathrm{S} \tag{2.5}$$

$$U(t) \equiv T \exp\left[-i\int_0^t dt'\, H(t')\right] \tag{2.6}$$

ここで T は，これに続く演算子について，過去の演算子を右側に，未来の演算子を左側に並べる **T積（時間順序積）** という操作を表している．一般

[†] q数は，量子力学（quantum mechanics）になって新たに登場する"数"という意味で，c数は量子力学以前の古典論（classical theory）での"数"という意味である．

に，ハミルトニアンそのものが時間に依存する場合には，異なる時間でのハミルトニアン演算子は交換しないから，時間について順序づけした演算子が必要となる．(2.6)のように時間について古いものを右に，新しいものを左に並べておくと，時間発展の演算子 $U(t)$ を最も新しい時刻 t について微分したときに，その時刻 t でのハミルトニアン演算子は左端に現れる．こうして初めて，シュレーディンガーの微分方程式 (2.4) の解になる．上の解が形式的であるというのは，この演算子の時間による順序づけ積分が具体的に実行できれば解になるという意味である．

シュレーディンガー描像からユニタリー変換することによって，状態ベクトルから時間依存性をなくし，時間依存性をすべて演算子に押し付けることができる．これを**ハイゼンベルク描像**（**ハイゼンベルク表示**ともいう）とよび，添字 H を付けて表す．

$$|\Psi\rangle_H = U^{-1}(t)|\Psi(t)\rangle_S \tag{2.7}$$

$$O_H(t) = U^{-1}(t)\,O_S\,U(t) \tag{2.8}$$

このハイゼンベルク描像では，次の**ハイゼンベルクの運動方程式**が成り立つ．

$$i\frac{dO_H}{dt} = i\frac{\partial O_H}{\partial t} + [O_H, H(q_H, p_H, t)] \tag{2.9}$$

$$\frac{\partial O_H}{\partial t} \equiv U^{-1}(t)\frac{\partial O_S(q, p, t)}{\partial t} U(t) \tag{2.10}$$

ここで，時間にあらわに依存しない演算子，すなわち保存量に対応する演算子 O では $\partial O_S/\partial t = 0$ なので，(2.9) の右辺第1項がない．

シュレーディンガー描像での正準交換関係 (2.3) に上のユニタリー変換 (2.8) を施すと，ハイゼンベルク描像では同時刻での正準交換関係が得られる．

§2.1 有限自由度の正準量子化とハイゼンベルク描像　21

$$[q_H^r(t), p_{sH}(t)] = U^{-1}(t)[q^r, p_s]U(t) = i\delta_s^r$$
$$[q_H^r(t), q_H^s(t)] = 0, \quad [p_{rH}(t), p_{sH}(t)] = 0 \quad (r, s = 1, \cdots, N)$$
(2.11)

　場の量子論は粒子の生成消滅を記述する．運動量などが異なる粒子は一つ一つ異なる自由度になる．これら無限個の自由度について，粒子の個数の異なるさまざまな状態ベクトルがあるから，シュレーディンガー描像では無限個の状態ベクトルについて時間変化を考えなければならない．このような場合，無限個の状態ベクトルの時間変化を考えるよりも，演算子の時間変化を考える方が容易である．特に，ハイゼンベルク描像での粒子の生成消滅演算子を用いて記述すると効率的なので，通常はハイゼンベルク描像を用いることの方が多い．以下では特に断わらない限り，ハイゼンベルク描像を用い，ハイゼンベルク描像を表す添字 H を省略する．また相互作用する場合に，ハイゼンベルク描像の場の演算子を，簡単に**ハイゼンベルク場**とよぶこともある．

　ハミルトニアンを自由場の部分 H_{free} と相互作用の部分 V とに分解することができる．

$$H = H_{\text{free}} + V \quad (2.12)$$

演算子にすべての時間依存性を与えるのではなく，自由場の時間依存性だけを与え，相互作用ハミルトニアンによる時間依存性は状態の方に残しておく方が便利なことがある．この場合を**相互作用描像**（**相互作用表示**ともいう）とよび，I という添字で表す．

$$\begin{aligned}O_I(t) &= U_{\text{free}}^{-1}(t)\, O_S(t)\, U_{\text{free}}(t) \\ &= U_{\text{free}}^{-1}(t)\, U(t)\, O_H(t)\, U^{-1}(t)\, U_{\text{free}}(t)\end{aligned} \quad (2.13)$$

$$U_{\text{free}}(t) \equiv \exp(-itH_{\text{free}}) \quad (2.14)$$

$$|\Psi(t)\rangle_I = U_{\text{free}}^{-1}(t)|\Psi(t)\rangle_S = U_{\text{free}}^{-1}(t)\, U(t)|\Psi\rangle_H \quad (2.15)$$

ここで，自由場のハミルトニアンは時間によらないので，時間発展の演算子

$U_{\text{free}}(t)$ は (2.14) のように自由場のハミルトニアンの指数関数で簡単に与えられる.

相互作用描像での場の演算子は,自由場の運動方程式を満たす.

$$i\frac{dO_{\text{I}}}{dt} = i\frac{\partial O_{\text{I}}}{\partial t} + [O_{\text{I}}(t), H_{\text{free}}] \tag{2.16}$$

$$\frac{\partial O_{\text{I}}(t)}{\partial t} \equiv U_{\text{free}}^{-1}(t)\frac{\partial O_{\text{S}}(t)}{\partial t}U_{\text{free}}(t) \tag{2.17}$$

また,状態に対する方程式は,相互作用ハミルトニアン V のみを含む.

$$i\frac{d}{dt}|\Psi(t)\rangle_{\text{I}} = V_{\text{I}}(t)|\Psi(t)\rangle_{\text{I}} \tag{2.18}$$

$$V_{\text{I}}(t) = U_{\text{free}}^{-1}(t)\,V_{\text{S}}(t)\,U_{\text{free}}(t) \tag{2.19}$$

そして,相互作用描像でも正準交換関係は同時刻で成り立つ.

$$\left.\begin{array}{l}[q_{\text{I}}^{r}(t), p_{s\text{I}}(t)] = U_{\text{free}}^{-1}(t)\,[q^{r}, p_{s}]\,U_{\text{free}}(t) = i\delta_{s}^{r} \\ [q_{\text{I}}^{r}(t), q_{\text{I}}^{s}(t)] = 0, \quad [p_{r\text{I}}(t), p_{s\text{I}}(t)] = 0 \quad (r, s = 1, \cdots, N)\end{array}\right\} \tag{2.20}$$

以上でみたように,**同時刻での正準交換関係**はどの描像で考える場合にも成り立つ.したがって,同時刻での正準交換関係は,系を量子化する際に原理として採用することができる.

§2.2 正準交換関係

量子力学では,粒子の種類と自由度を表すラベル $r = 1, \cdots, N$ が有限個 N である.しかし,場の理論では自由度の種類としては,空間座標の異なる点で,すべて異なる力学的自由度がある.したがって,対応する力学的自由度のラベルは空間の座標 x であり,連続無限個ある.

$$\sum_{x} \longrightarrow \int d^{3}x \tag{2.21}$$

このように,場の理論の場合には,作用 S とそのラグランジアン L は連続無限個の自由度についての和,すなわち積分で与えられる.

§2.2 正準交換関係

$$L = \int d^3x \, \mathcal{L}, \qquad S = \int dt \, L = \int d^4x \, \mathcal{L} \qquad (2.22)$$

ラグランジアン密度 $\mathcal{L}$ が場 $\phi(x)$ とその微分 $\partial_\mu \phi(x)$ の関数として与えられる場合を考える．それ以外に，時空の座標 x^μ に直接依存してもかまわない．ラグランジアン密度を用いて，共役運動量 π，ハミルトニアン H と**ハミルトニアン密度** $\mathcal{H}$ は次のように定義される．

$$\pi(t, x) = \frac{\partial \mathcal{L}}{\partial \dot{\phi}(t, \boldsymbol{x})} \qquad (2.23)$$

$$H = \int d^3x \, \mathcal{H}, \qquad \mathcal{H} = \pi(t, \boldsymbol{x}) \, \dot{\phi}(t, \boldsymbol{x}) - \mathcal{L}(\phi, \partial_\mu \phi) \qquad (2.24)$$

また，正準量子化で与えられる同時刻交換関係は

$$[\phi(t, \boldsymbol{x}), \pi(t, \boldsymbol{y})] = i \, \delta(\boldsymbol{x} - \boldsymbol{y}) \qquad (2.25)$$

$$[\phi(t, \boldsymbol{x}), \phi(t, \boldsymbol{y})] = 0, \qquad [\pi(t, \boldsymbol{x}), \pi(t, \boldsymbol{y})] = 0 \qquad (2.26)$$

となり，ハイゼンベルクの運動方程式は

$$i \frac{\partial \phi(t, \boldsymbol{x})}{\partial t} = [\phi(t, \boldsymbol{x}), H], \qquad i \frac{\partial \pi(t, \boldsymbol{x})}{\partial t} = [\pi(t, \boldsymbol{x}), H] \qquad (2.27)$$

となる．

一般に，系が時間・空間での平行移動について不変であるときには，エネルギー運動量 4 元ベクトル P_μ が存在し，場の演算子 $O(x)$ は P_μ と次のような交換関係を満たす．

$$i \frac{\partial O(x)}{\partial x^\mu} = [O(x), P_\mu] \qquad (2.28)$$

この時間成分 $\mu = 0$ の場合から，ハイゼンベルクの運動方程式 (2.27) が得られる．(2.28) を位置座標 x の関数として積分形で表せば

$$O(x) = e^{iP_\mu x^\mu} O(0) \, e^{-iP_\mu x^\mu} \qquad (2.29)$$

となり，ここに現れた演算子 $e^{iP_\mu x^\mu}$ は $e^{iP_\mu x^\mu}(e^{iP_\mu x^\mu})^\dagger = e^{iP_\mu x^\mu} e^{-iP_\mu x^\mu} = 1$ だから，ユニタリー演算子である．このように，ユニタリー演算子とその逆演

算子で両側から挟む変換を**相似変換**とよぶ.

正準量子化を精密に取扱うためには，2つの大きな問題がある．1つは場の演算子 $\phi(t, \boldsymbol{x}), \cdots$ などの非可換な演算子の積がある場合の演算子の順序の問題であり，もう1つは同一時空点での場の演算子の積には発散があって，必ずしもよく定義できていないという点である．これらを精密に扱うために，まず自由場を取り上げる.

§2.3　生成消滅演算子

実スカラー場で相互作用していない自由実スカラー場 ϕ のラグランジアン密度は (1.22) で与えられる．運動量を (2.23)，ハミルトニアン密度を (2.24) で与え，正準交換関係 (2.25), (2.26) を課す．その結果，ハイゼンベルクの運動方程式 (2.27) は

$$i\frac{\partial \phi(t,\boldsymbol{x})}{\partial t} = [\phi(t,\boldsymbol{x}), H] = i\,\pi(t,\boldsymbol{x}) \tag{2.30}$$

$$i\frac{\partial \pi(t,\boldsymbol{x})}{\partial t} = [\pi(t,\boldsymbol{x}), H] = i\,(\nabla^2 - m^2)\,\phi(t,\boldsymbol{x}) \tag{2.31}$$

となり，(2.30) を (2.31) に代入すれば，期待されるとおりクライン-ゴルドン方程式 (1.23) を与える.

次に，粒子描像を明確にするために，場の演算子を運動量の固有関数で展開する.

$$\phi(t,\boldsymbol{x}) = \int \frac{d^3 p}{(2\pi)^{3/2}}\, e^{i\boldsymbol{p}\cdot\boldsymbol{x}} c_{\boldsymbol{p}}(t) \tag{2.32}$$

場の演算子 $\phi(t,\boldsymbol{x})$ の時間依存性はハイゼンベルクの運動方程式 (2.30), (2.31) によって与えられるので，運動量 $\boldsymbol{p}$ の粒子のエネルギーを

$$\omega_{\boldsymbol{p}} \equiv \sqrt{\boldsymbol{p}^2 + m^2} \tag{2.33}$$

と定義して，演算子 $c_{\boldsymbol{p}}(t)$ の満たす方程式は

$$\left(\frac{d}{dt}\right)^2 c_{\boldsymbol{p}}(t) = -(\boldsymbol{p}^2 + m^2)\, c_{\boldsymbol{p}}(t) = -\,\omega_{\boldsymbol{p}}^2\, c_{\boldsymbol{p}}(t) \tag{2.34}$$

となる．これには，正振動数解と負振動数解がある．それらの係数となる演算子を $a_+(\boldsymbol{p})$, $a_-(\boldsymbol{p})$ と名付け，規格化定数は後で便利になるようにとると，

$$c_{\boldsymbol{p}}(t) = \frac{1}{\sqrt{2\omega_{\boldsymbol{p}}}} \{a_+(\boldsymbol{p})\, e^{-i\omega_{\boldsymbol{p}} t} + a_-(\boldsymbol{p})\, e^{i\omega_{\boldsymbol{p}} t}\} \tag{2.35}$$

で与えられる．実スカラー場 $\phi^\dagger = \phi$ であることを考慮すると

$$\{a_-(-\boldsymbol{p})\}^\dagger = a_+(\boldsymbol{p}) \equiv a(\boldsymbol{p}) \tag{2.36}$$

となる．結局，場の演算子 $\phi(t,\boldsymbol{x})$ は

$$\phi(t,\boldsymbol{x}) = \int \frac{d^3 p}{\sqrt{(2\pi)^3\, 2\omega_{\boldsymbol{p}}}} \{a(\boldsymbol{p})\, e^{-ipx} + a^\dagger(\boldsymbol{p})\, e^{ipx}\} \tag{2.37}$$

ここで，(1.6) に定義した4次元の内積の省略記法 ($px = p_\mu x^\mu$) を用いた．

自由場の演算子 $\phi(t,\boldsymbol{x})$ はクライン - ゴルドン方程式を満たす．また，

$$f_{\boldsymbol{p}}(x) = \frac{1}{\sqrt{(2\pi)^3\, 2\omega_{\boldsymbol{p}}}}\, e^{-ipx} \tag{2.38}$$

は，クライン - ゴルドン方程式の平面波解になる．したがって，$\phi(t,\boldsymbol{x})$, $f_{\boldsymbol{p}}(x)$ ともにクライン - ゴルドン方程式の解になるから，(1.26) に従って内積を定義すると，(1.27) に示したように内積は時間によらない．具体的に計算すると，この内積が演算子 $a(\boldsymbol{p})$ を与えることがわかる．

$$a(\boldsymbol{p}) = i \int d^3 x \left(f_{\boldsymbol{p}}^*(x)\, \frac{\partial \phi(x)}{\partial t} - \frac{\partial f_{\boldsymbol{p}}^*(x)}{\partial t}\, \phi(x) \right) \tag{2.39}$$

ここで波動関数 $f_{\boldsymbol{p}}(x)$ と場の演算子 $\phi(x)$ の時刻 t は同一である．演算子 $a^\dagger(\boldsymbol{p})$ は，この表式の共役 ($\dagger$: ダガー) をとれば得られるので，

$$a^\dagger(\boldsymbol{p}) = i \int d^3 x \left(\phi(x)\, \frac{\partial f_{\boldsymbol{p}}(x)}{\partial t} - \frac{\partial \phi(x)}{\partial t}\, f_{\boldsymbol{p}}(x) \right) \tag{2.40}$$

ここで実場 $\phi^\dagger = \phi$ であることを用いた．このように，演算子 $a(\boldsymbol{p})$, $a^\dagger(\boldsymbol{p})$ は平面波解と場の演算子との内積 (2.40)，(2.39) を用いて得られる．

これによって，ϕ, π についての同時刻交換関係 (2.25)，(2.26) を $a, a^\dagger$ の間の交換関係に書き直すことができ，

$$[a(\boldsymbol{p}), a^\dagger(\boldsymbol{q})] = \delta^{(3)}(\boldsymbol{p}-\boldsymbol{q}), \qquad [a(\boldsymbol{p}), a(\boldsymbol{q})] = 0 = [a^\dagger(\boldsymbol{p}), a^\dagger(\boldsymbol{q})]$$
(2.41)

となる．この交換関係は，調和振動子の生成消滅演算子の場合と同じである．運動量 $\boldsymbol{p}$ ごとに異なる種類の調和振動子があり，$\boldsymbol{p}$ に対する調和振動子の古典的振動数が $p^0 = \omega_p = \sqrt{\boldsymbol{p}^2+m^2}$ になる．調和振動子のエネルギー状態は，古典的振動数 ω_p のエネルギーをもつ量子をいくつ励起するかで特徴付けられる．

状態に作用すると，$a^\dagger(\boldsymbol{p})$ は 1 つの量子を増やすので，**生成演算子**とよばれる．ここでは $a^\dagger(\boldsymbol{p})$ は運動量 $\boldsymbol{p}$ の粒子の生成演算子にほかならない．同様に，$a(\boldsymbol{p})$ は運動量 $\boldsymbol{p}$ の粒子の**消滅演算子**である．どの運動量の粒子もない状態がこの系の基底状態で，それを $|0\rangle$ と表記し，**真空**とよぶ．したがって，真空はどの運動量の粒子の消滅演算子を作用させても消える状態として定義される．

$$a(\boldsymbol{p})|0\rangle = 0 \qquad (2.42)$$

この真空の上に生成演算子を任意回作用させたものの線形結合で，すべての物理的な状態ベクトルが得られる．

$$|0\rangle, \qquad |\boldsymbol{p}\rangle = a^\dagger(\boldsymbol{p})|0\rangle, \qquad |\boldsymbol{p},\boldsymbol{q}\rangle = a^\dagger(\boldsymbol{p})\,a^\dagger(\boldsymbol{q})|0\rangle, \qquad \cdots$$
(2.43)

たとえば，状態 $|\boldsymbol{p}\rangle$ は運動量 $\boldsymbol{p}$ の 1 粒子状態，状態 $|\boldsymbol{p},\boldsymbol{q}\rangle$ は運動量 $\boldsymbol{p}$ の粒子と運動量 $\boldsymbol{q}$ の粒子の 2 粒子状態である．このように真空の上に生成演算子を作用させて得られる状態ベクトルの線形結合から成る状態空間を**フォック (V. Fock) 空間**とよぶ．スカラー場の場合には (2.41) が成り立つから，状態ベクトルは，どの 2 粒子の入れ換えに対しても対称である．

$$|\cdots, \boldsymbol{p}, \cdots, \boldsymbol{q}, \cdots\rangle = |\cdots, \boldsymbol{q}, \cdots, \boldsymbol{p}, \cdots\rangle \qquad (2.44)$$

このように，同種粒子の波動関数として対称な波動関数だけが現れる場合，その粒子は**ボース (S. N. Bose)-アインシュタイン統計**，または**ボース統計**

に従うといい，その粒子を**ボース粒子**，または**ボソン**とよぶ．したがって，実スカラー場が表す粒子はボース粒子である．

§2.4 正規積

ハミルトニアン (2.24) を生成消滅演算子で表そう．調和振動子の場合と同じだから，

$$H = \int d^3p\, \omega_p \frac{1}{2}\{a^\dagger(\boldsymbol{p})\, a(\boldsymbol{p}) + a(\boldsymbol{p})\, a^\dagger(\boldsymbol{p})\} \tag{2.45}$$

となる．調和振動子ではハミルトニアンは粒子数演算子 $n_p = a^\dagger(\boldsymbol{p})\, a(\boldsymbol{p})$ とゼロ点振動エネルギーで表せるので

$$H = \int d^3p\, \omega_p \left\{ n_p + \frac{1}{2} \delta^{(3)}(\boldsymbol{0}) \right\} \tag{2.46}$$

となり，この演算子はフォック空間で発散する．† **真空のエネルギー**がちょうどこの発散項であり，

$$\langle 0|H|0 \rangle = \int d^3p\, \omega_p \frac{1}{2} \delta^{(3)}(\boldsymbol{0}) \tag{2.47}$$

となる．真空のエネルギーそのものは観測にかからず，他の状態との差だけが物理的に観測可能なエネルギーである．したがって，この発散を真空のエネルギーにくり込んで，ハミルトニアンを再定義する方がよい．

$$H' = H - \langle 0|H|0 \rangle \tag{2.48}$$

したがって，自由実スカラー場のハミルトニアンとしては

$$H' = \int d^3p\, \omega_p\, n_p \tag{2.49}$$

を用いるとよい．以下では，H' を H と書く．

ここでの操作をより一般化して，演算子の積があるときに，生成演算子を消滅演算子の左側に並べるように順序を指定するという操作で作られる積を

---

† 全空間の体積を V とすると，$\delta^{(3)}(\boldsymbol{0}) = \lim_{\boldsymbol{p}=0} \int d^3x\, e^{i\boldsymbol{p}\cdot\boldsymbol{x}}/(2\pi)^3 = V/(2\pi)^3$ となり，全空間の体積に比例して発散する．

正規積とよび，積の両側にコロン：を付けて表す．

$$:a(\boldsymbol{p})\,a^\dagger(\boldsymbol{q}): \equiv a^\dagger(\boldsymbol{q})\,a(\boldsymbol{p}) \tag{2.50}$$

これは座標表示で表すと，負振動数部分 $\phi^{(-)}$ を正振動数部分 $\phi^{(+)}$ の左側に並べるという操作にほかならない．

$$\phi^{(+)}(x) = \int \frac{d^3p\,e^{-ipx}}{\sqrt{(2\pi)^3\,2\omega_p}}\,a(\boldsymbol{p}) \tag{2.51}$$

$$\phi^{(-)}(x) = \int \frac{d^3p\,e^{ipx}}{\sqrt{(2\pi)^3\,2\omega_p}}\,a^\dagger(\boldsymbol{p}) \tag{2.52}$$

$$\begin{aligned}
:\phi(x)\,\phi(y): &= \phi^{(+)}(x)\,\phi^{(+)}(y) + \phi^{(-)}(x)\,\phi^{(+)}(y) \\
&\quad + \phi^{(-)}(y)\,\phi^{(+)}(x) + \phi^{(-)}(x)\,\phi^{(-)}(y)
\end{aligned} \tag{2.53}$$

H' と H の差は演算子ではなく単なる数（c 数）にしか過ぎないので，交換関係の中では影響がないから，ハイゼンベルクの運動方程式 (2.30)，(2.31) はそのまま成り立つ．このようにして得られたハミルトニアンと生成消滅演算子との交換関係は

$$[H, a(\boldsymbol{p})] = -\omega_p\,a(\boldsymbol{p}), \qquad [H, a^\dagger(\boldsymbol{p})] = \omega_p\,a^\dagger(\boldsymbol{p}) \tag{2.54}$$

で与えられる．たとえば，エネルギー E の任意の状態に生成演算子 $a^\dagger(\boldsymbol{p})$ を作用させると，

$$\begin{aligned}
H\{a^\dagger(\boldsymbol{p})\,|E\rangle\} &= \{a^\dagger(\boldsymbol{p})\,H + \omega_p\,a^\dagger(\boldsymbol{p})\}\,|E\rangle \\
&= (E + \omega_p)\{a^\dagger(\boldsymbol{p})\,|E\rangle\}
\end{aligned} \tag{2.55}$$

となり，生成演算子 $a^\dagger(\boldsymbol{p})$ がエネルギー ω_p の粒子を生成する演算子であることがわかる．

§2.5　4次元交換関係と伝播関数

4次元交換関係

一般に，異なる時空点での場の演算子の交換関係を**4次元交換関係**とい

う. 自由場の場合は，生成消滅演算子での表示 (2.37) を用いて完全に求まり，

$$
\begin{aligned}
[\phi(x), \phi(y)] &= \int \frac{d^3p}{(2\pi)^3 2\omega_p} \{e^{-ip(x-y)} - e^{ip(x-y)}\}|_{p^0=\omega_p} \\
&= -i \int \frac{d^3p}{(2\pi)^3 \omega_p} \cos\{\boldsymbol{p}(\boldsymbol{x}-\boldsymbol{y})\} \sin\{\omega_p(x^0-y^0)\} \\
&\equiv i\Delta(x-y)
\end{aligned}
$$

(2.56)

となる．この関数 $\Delta(x)$ を**交換子関数**とよぶ．恒等式

$$\delta(p^2-m^2)\,\theta(p^0) = \frac{1}{2\omega_p}\delta(p^0-\omega_p) \tag{2.57}$$

を用いて，交換子関数のローレンツ共変性が明らかになるように書き直すと

$$
\begin{aligned}
\Delta(x-y) &= -i\int \frac{d^4p}{(2\pi)^3}\delta(p^2-m^2)\theta(p^0)\{e^{-ip(x-y)}-e^{ip(x-y)}\} \\
&= -i\int \frac{d^4p}{(2\pi)^3}\delta(p^2-m^2)\varepsilon(p^0)e^{-ip(x-y)}
\end{aligned}
$$

(2.58)

となる．ここで $\theta(t)$ は階段関数，$\varepsilon(t)$ は符号関数で次のように定義される．

$$\theta(t) = \begin{cases} 1 & (t>0) \\ 0 & (t<0) \end{cases}, \qquad \varepsilon(t) = \begin{cases} 1 & (t>0) \\ -1 & (t<0) \end{cases} \tag{2.59}$$

これらから得られる交換子関数の性質は

$$(\partial_\mu \partial^\mu + m^2)\Delta(x) = 0, \qquad \Delta(-x) = -\Delta(x) \tag{2.60}$$

$$\Delta(x)|_{x^0=0} = 0 \tag{2.61}$$

であり，これは，同時刻で場の演算子が交換することを表している．この事実と，交換子関数のローレンツ不変性とから

$$\Delta(x) = 0 \qquad (x^2 = (x^0)^2 - \boldsymbol{x}^2 < 0 \;(\text{空間的})) \tag{2.62}$$

となる．この結果は，空間的に離れた 2 点での場の演算子 $\phi(x), \phi(y)$ が交換することを示している．これを**局所因果律**という．一方，

$$\left.\frac{\partial \Delta(x)}{\partial x^0}\right|_{x^0=0} = -\delta^{(3)}(\boldsymbol{x}) \tag{2.63}$$

は，同時刻交換関係 (2.25) が成り立つことを保証する．

伝播関数

演算子の積で，未来の演算子を左に，過去の演算子を右に，時間的順序で並べたものを **T 積** とよび

$$T(\phi(x)\,\phi(y)) = \theta(x^0 - y^0)\,\phi(x)\,\phi(y) + \theta(y^0 - x^0)\,\phi(y)\,\phi(x) \tag{2.64}$$

で表す．

空間的に隔たった 2 点の場の演算子は交換するから，T 積は任意の慣性系で同じ積を与える．$\phi(x)\,\phi(y)$ の T 積を真空状態で両側から挟んだもの，すなわち T 積の真空期待値を **ファインマン伝播関数** といい，

$$i\,\Delta_\mathrm{F}(x, y) \equiv \langle 0 | T(\phi(x)\,\phi(y)) | 0 \rangle \tag{2.65}$$

で定義される．場の演算子の生成消滅演算子での表示 (2.37) を用いると，

$$\begin{aligned}
\Delta_\mathrm{F}(x, y) &= -i \int \frac{d^3p}{\sqrt{(2\pi)^3 2\omega_p}} \int \frac{d^3q}{\sqrt{(2\pi)^3 2\omega_q}} \\
&\quad \times [\langle 0 | \theta(x^0 - y^0)\,a(\boldsymbol{p})\,e^{-ipx}\,a^\dagger(\boldsymbol{q})\,e^{iqy} \\
&\quad\quad + \theta(y^0 - x^0)\,a(\boldsymbol{q})\,e^{-iqy}\,a^\dagger(\boldsymbol{p})\,e^{ipx} | 0 \rangle] \\
&= -i \int \frac{d^3p}{(2\pi)^3 2\omega_p} \{\theta(x^0 - y^0)\,e^{-ip(x-y)} + \theta(y^0 - x^0)\,e^{ip(x-y)}\}\big|_{p^0 = \omega_p}
\end{aligned} \tag{2.66}$$

となって，伝播関数は $x - y$ だけの関数であることがわかる．これは理論が平行移動に関して不変であることの反映である．

(2.59) に定義した階段関数は，複素数積分で表示できる．

$$\theta(t) = \frac{i}{2\pi} \int_{-\infty}^{\infty} da\, \frac{e^{-iat}}{a + i\varepsilon} \tag{2.67}$$

$t > 0$ の場合にのみ，複素下半平面の無限遠での半円を付け加えてもこの積分の値は変らないから，コーシーの定理を用いて，$t > 0$ で値が 1，$t < 0$

で 0 であることがわかる．これを用いると，(2.66) の第 1 項は

$$\int \frac{d^3p}{(2\pi)^3 2\omega_p} \frac{1}{2\pi} \int_{-\infty}^{\infty} d\alpha \frac{e^{-i\alpha(x^0-y^0)}}{\alpha + i\varepsilon} e^{-i\omega_p(x^0-y^0) + i\bm{p}(\bm{x}-\bm{y})}$$

$$= \int \frac{d^3p}{(2\pi)^3 2\omega_p} \frac{1}{2\pi} \int_{-\infty}^{\infty} dp^0 \frac{1}{p^0 - \omega_p + i\varepsilon} e^{-ip^0(x^0-y^0) + i\bm{p}(\bm{x}-\bm{y})}$$

(2.68)

ここで変数変換 $\alpha \to p^0 \equiv \alpha + \omega_p$ を行った．(2.66) の第 2 項も同様に，

$$\int \frac{d^3p}{(2\pi)^3 2\omega_p} \frac{1}{2\pi} \int_{-\infty}^{\infty} d\alpha \frac{e^{i\alpha(x^0-y^0)}}{\alpha + i\varepsilon} e^{i\omega_p(x^0-y^0) - i\bm{p}(\bm{x}-\bm{y})}$$

$$= \int \frac{d^3p'}{(2\pi)^3 2\omega_p} \frac{1}{2\pi} \int_{-\infty}^{\infty} dp'^0 \frac{1}{-p'^0 - \omega'_p + i\varepsilon} e^{-ip'^0(x^0-y^0) + i\bm{p}'(\bm{x}-\bm{y})}$$

(2.69)

ここでは変数変換として $\alpha \to p'^0 \equiv -\alpha - \omega'_p$, $\bm{p} \to \bm{p}' \equiv -\bm{p}$ を行った．
(2.68), (2.69) を合せると，スカラー場のファインマン伝播関数はローレンツ不変な形に表せる．

$$\varDelta_{\mathrm{F}}(x) = -i\langle 0|T(\phi(x)\,\phi(0))|0\rangle = \int \frac{d^4p}{(2\pi)^4} e^{-ipx} \frac{1}{p^2 - m^2 + i\varepsilon}$$

(2.70)

したがって，クライン-ゴルドン方程式の微分演算子を作用させると

$$-(\partial_\mu \partial^\mu + m^2)\varDelta_{\mathrm{F}}(x) = \delta^{(4)}(x) \tag{2.71}$$

となる．このように，クライン-ゴルドン方程式の微分演算子を作用させると 4 次元デルタ関数になるものを，一般にクライン-ゴルドン方程式の**グリーン関数**という．また，交換子関数やファインマン伝播関数のように，相対論的に共変な関数を，一般に**不変デルタ関数**とよぶ．

たとえば，時間の前方にのみ伝播する場を表す不変デルタ関数は**遅延グリーン関数**とよばれ，$\varDelta_{\mathrm{ret}}(x-x')$ と表記する．これは，$x^0 > x'^0$ でのみゼロでない値があり，交換子関数 $\varDelta(x-x')$ で表すことができる．

$$\varDelta_{\mathrm{ret}}(x-x') \equiv i\langle 0|[\phi(x), \phi(x')]|0\rangle\,\theta(x^0 - x'^0)$$

$$= -\theta(x^0 - x'^0)\,\Delta(x - x') \tag{2.72}$$

逆に，時間の後方にのみ伝播する場を表す不変デルタ関数は**先行グリーン関数**とよばれ，$\Delta_{\text{adv}}(x - x')$ と表記する．これは，$x^0 < x'^0$ でのみゼロでない値があり，交換子関数 $\Delta(x - x')$ で表すと，

$$\begin{aligned}\Delta_{\text{adv}}(x - x') &= -i\langle 0|[\phi(x), \phi(x')]|0\rangle\,\theta(x'^0 - x^0) \\ &= \theta(x'^0 - x^0)\,\Delta(x - x')\end{aligned} \tag{2.73}$$

となる．この他にもしばしば使われるものとして，以下のような不変デルタ関数が定義されている．

$$\Delta_+(x - x') = \langle 0|\phi(x)\,\phi(x')|0\rangle, \qquad \Delta_-(x - x') = \langle 0|\phi(x')\,\phi(x)|0\rangle \tag{2.74}$$

$$i\,\Delta_1(x - x') = \langle 0|\{\phi(x), \phi(x')\}|0\rangle \tag{2.75}$$

一般に，相互作用する場の量子論で，ハイゼンベルク描像での場の演算子について不変デルタ関数を定義することができるが，ここでは自由粒子の場合について考える．質量がゼロの場合の不変デルタ関数は Δ の代わりに D という文字を用いて表すことが習慣になっている．不変デルタ関数の座標表示はデルタ関数などを一般に含むが，任意の次元で各種のベッセル関数で表され，質量ゼロの場合は特に簡単になる．

§2.6 ディラック場の量子化

スピン角運動量が 1/2 の粒子の波動関数はディラック方程式を満たし，**ディラック粒子**とよばれる．ディラック粒子についての重要な点は付録 A.2 にまとめてある．ディラック粒子の生成消滅を表す場を**ディラック場**とよび，$\psi(x)$ と表す．付録の A.2.3 に定義したように，共役な場 $\bar{\psi} \equiv \psi^\dagger \gamma^0$ を用いて，相対論的に不変な自由ディラック場のラグランジアン密度は次のように与えられる．

$$\mathcal{L} = \bar{\psi}(x)\,(i\gamma^\mu \partial_\mu - m)\,\psi(x) \tag{2.76}$$

§2.6 ディラック場の量子化

ここから得られる共役運動量 $\pi(x)$ は,
$$\pi(x) = \frac{\partial \mathcal{L}}{\partial \dot{\psi}(x)} = i\,\psi^\dagger(x) \tag{2.77}$$
したがって, ψ は座標だが, $i\psi^\dagger \equiv i\overline{\psi}\gamma^0$ は運動量であると考えればよい. また, ハミルトニアン密度 $\mathcal{H}(x)$ は
$$\begin{aligned}\mathcal{H}(x) &= \pi(x)\,\dot{\psi}(x) - \mathcal{L} \\ &= -\,\psi^\dagger(x)\,\gamma^0(i\gamma^j\partial_j - m)\,\psi(x)\end{aligned} \tag{2.78}$$
となり, ハイゼンベルクの運動方程式は, **ディラック方程式**になる.
$$(i\gamma^\mu\partial_\mu - m)\,\psi(x) = 0 \tag{2.79}$$
ディラック場はスピン 1/2 の粒子を表すので, 交換関係でなく, **反交換関係**を用いて量子化しなければならない.

$$\{\psi_\alpha(t,\boldsymbol{x}),\, i\,\psi_\beta^\dagger(t,\boldsymbol{y})\} = i\delta_{\alpha\beta}\,\delta^{(3)}(\boldsymbol{x}-\boldsymbol{y}) \tag{2.80}$$
$$\{\psi_\alpha(t,\boldsymbol{x}),\,\psi_\beta(t,\boldsymbol{y})\} = 0, \qquad \{i\,\psi_\alpha^\dagger(t,\boldsymbol{x}),\, i\,\psi_\beta^\dagger(t,\boldsymbol{y})\} = 0 \tag{2.81}$$

交換関係を用いて量子化することができない理由は, 本節の後半でみることにしよう.

スピン状態が s のディラック粒子の正エネルギー平面波解を $u(\boldsymbol{p},s)$ と表記して, 粒子の波動関数として用いる. また, ディラック粒子の負エネルギー平面波解を $v(\boldsymbol{p},s)$ と表記し, スピン状態が s の反粒子の波動関数として用いる. これらの波動関数の性質は, 付録の A.2.4 にまとめたように,
$$(\gamma^\mu p_\mu - m)\,u(\boldsymbol{p},s) = 0, \qquad (\gamma^\mu p_\mu + m)\,v(\boldsymbol{p},s) = 0 \tag{2.82}$$
$$\overline{u}(\boldsymbol{p},s)\,u(\boldsymbol{p},s') = -\,\overline{v}(\boldsymbol{p},s)\,v(\boldsymbol{p},s') = 2m\delta_{ss'} \tag{2.83}$$
$$\overline{v}(\boldsymbol{p},s)\,u(\boldsymbol{p},s') = \overline{u}(\boldsymbol{p},s)\,v(\boldsymbol{p},s') = 0 \tag{2.84}$$
$$\sum_s u(\boldsymbol{p},s)\,\overline{u}(\boldsymbol{p},s) = \gamma^\mu p_\mu + m, \qquad \sum_s v(\boldsymbol{p},s)\,\overline{v}(\boldsymbol{p},s) = \gamma^\mu p_\mu - m \tag{2.85}$$
となり, スカラー場の場合と同様にディラック方程式の平面波解で展開すると, 次の生成消滅演算子が得られる.

$$\psi(x) = \int \frac{d^3p}{\sqrt{(2\pi)^3 2\omega_p}} \sum_{s=+,-} \{b_s(\boldsymbol{p})\, u(\boldsymbol{p},s)\, e^{-ipx} + d_s{}^\dagger(\boldsymbol{p})\, v(\boldsymbol{p},s)\, e^{ipx}\}$$

(2.86)

$$\overline{\psi}(x) = \int \frac{d^3p}{\sqrt{(2\pi)^3 2\omega_p}} \sum_{s=+,-} \{b_s{}^\dagger(\boldsymbol{p})\, \bar{u}(\boldsymbol{p},s)\, e^{ipx} + d_s(\boldsymbol{p})\, \bar{v}(\boldsymbol{p},s)\, e^{-ipx}\}$$

(2.87)

ここでディラック場は複素場だから,負振動数解の係数 $d^\dagger$ は正振動数解の係数 b のエルミート共役ではない.†

場の演算子の反交換関係 (2.80), (2.81) は $b, d, b^\dagger, d^\dagger$ の反交換関係に翻訳できる.

$$\{b_s(\boldsymbol{p}), b_r{}^\dagger(\boldsymbol{q})\} = \delta_{r,s}\, \delta^{(3)}(\boldsymbol{p}-\boldsymbol{q}) \tag{2.88}$$

$$\{d_s(\boldsymbol{p}), d_r{}^\dagger(\boldsymbol{q})\} = \delta_{r,s}\, \delta^{(3)}(\boldsymbol{p}-\boldsymbol{q}) \tag{2.89}$$

$$\{b_s(\boldsymbol{p}), b_r(\boldsymbol{q})\} = \{d_s(\boldsymbol{p}), d_r(\boldsymbol{q})\} = \{b_s{}^\dagger(\boldsymbol{p}), b_r{}^\dagger(\boldsymbol{q})\} = \{d_s{}^\dagger(\boldsymbol{p}), d_r{}^\dagger(\boldsymbol{q})\} = 0$$

(2.90)

$b^\dagger$ は粒子の, $d^\dagger$ は反粒子の生成演算子, b, d はそれぞれ対応する消滅演算子として解釈できる.この消滅演算子を作用させると消える状態が基底状態で,真空とよばれる.真空に生成演算子を作用させることによって,ディラック粒子の1粒子状態が得られる.こうして得られる状態は,反交換関係を用いて量子化した結果として,粒子や反粒子の交換に対し波動関数が反対称となる.

---

† スピン 1/2 の場でも,粒子と反粒子とが同じである場合が考えられる.これをマヨラナ (E. Majorana) 場とよぶ.その場合は,付録の (A.96) に定義したように,$\overline{\psi}$ は ψ の複素共役の 4 成分を並べ替えたものになっている.

$$|\boldsymbol{p}s, \boldsymbol{q}r\rangle \equiv b_s{}^\dagger(\boldsymbol{p})\, b_r{}^\dagger(\boldsymbol{q})|0\rangle, \qquad |\boldsymbol{p}s, \boldsymbol{q}r\rangle = -|\boldsymbol{q}r, \boldsymbol{p}s\rangle \tag{2.91}$$

このように，粒子の交換に対して波動関数が反対称な場合を，**フェルミ統計**に従うといい，その粒子を**フェルミ粒子**とよぶ．このように，反交換関係を用いて量子化を行ったことの直接の帰結として，ディラック粒子はフェルミ統計に従うフェルミ粒子となる．

ディラック方程式の解の2次形式の恒等式として

$$u^\dagger(\boldsymbol{p}, s)\, u(\boldsymbol{p}, s') = v^\dagger(\boldsymbol{p}, s)\, v(\boldsymbol{p}, s') = 2\omega_p \delta_{ss'} \tag{2.92}$$

$$v^\dagger(\boldsymbol{p}, s)\, u(-\boldsymbol{p}, s') = u^\dagger(\boldsymbol{p}, s)\, v(-\boldsymbol{p}, s') = 0 \tag{2.93}$$

が成り立つので，ハミルトニアン H を生成消滅演算子で表すと，

$$\begin{aligned} H &= \int d^3p \sum_{s=1,2} \omega_p \{b_s{}^\dagger(\boldsymbol{p})\, b_s(\boldsymbol{p}) - d_s(\boldsymbol{p})\, d_s{}^\dagger(\boldsymbol{p})\} \\ &= \int d^3p \sum_{s=1,2} \omega_p \{b_s{}^\dagger(\boldsymbol{p})\, b_s(\boldsymbol{p}) + d_s{}^\dagger(\boldsymbol{p})\, d_s(\boldsymbol{p}) - \delta(\boldsymbol{0})\} \end{aligned} \tag{2.94}$$

となり，スカラー場の場合と同じく，無限大の真空のエネルギーがある．しかし，ディラック場の場合は，スカラー場の場合と逆符号で，真空のエネルギーは負の無限大であることに気をつけよう．これはスカラー場とディラック場が共存すると，真空のエネルギーの無限大が相殺する可能性を示唆する．実際，スピンが 1/2 異なる粒子が共存する理論では，異なる統計性をもつ粒子の間の対称性である**超対称性**をもつ場合がある．そのときは，真空のエネルギーが消えるだけでなく，さまざまな量子効果が相殺し，その結果，発散が極めて限られることが知られている．

ディラック場だけがある場合には，スカラー場の場合と同様に，真空のエネルギーを引き算して正しいハミルトニアンを定義すると，

$$\begin{aligned} H' &= H - \langle 0|H|0\rangle \\ &= \int d^3p \sum_{s=1,2} \omega_p \{b_s{}^\dagger(\boldsymbol{p})\, b_s(\boldsymbol{p}) + d_s{}^\dagger(\boldsymbol{p})\, d_s(\boldsymbol{p})\} \end{aligned} \tag{2.95}$$

となる．スカラー場の (2.50) の場合と同様にディラック場の場合も，生成演算子を消滅演算子の左側に並べるという操作で正規積を定義する．その際，入れ替えると符号が変わることに注意する．また，(2.94) で零点エネルギーを除いたエネルギーが正定値になるように生成消滅演算子の反交換関係を仮定した．このように，スピン 1/2 粒子の場合には交換関係でなく反交換関係を課さないと，矛盾のない量子化ができない．逆にスカラー場の場合には，反交換関係を用いて量子化すると矛盾が起こることは，後の (3.26) で明確にしよう．

ディラック粒子のファインマン伝播関数は

$$\begin{aligned} i\, S_\mathrm{F}&(x-y)_{\alpha\beta} \\ &\equiv \langle 0|T(\phi_\alpha(x)\,\bar\phi_\beta(y))|0\rangle \\ &\equiv \theta(x^0-y^0)\langle 0|\phi_\alpha(x)\,\bar\phi_\beta(y)|0\rangle - \theta(y^0-x^0)\langle 0|\bar\phi_\beta(y)\,\phi_\alpha(x)|0\rangle \end{aligned} \tag{2.96}$$

となる．これに場の演算子を生成消滅演算子で表した式を代入すると，

$$\begin{aligned} S_\mathrm{F}(x-y) &= (i\gamma^\mu \partial_\mu^x + m)\, \Delta_\mathrm{F}(x-y) \\ &= \int \frac{d^4 p}{(2\pi)^4}\, e^{-ip(x-y)}\, \frac{\gamma^\mu p_\mu + m}{p^2 - m^2 + i\varepsilon} \\ &= \int \frac{d^4 p}{(2\pi)^4}\, e^{-ip(x-y)}\, \frac{1}{\gamma^\mu p_\mu - m + i\varepsilon} \end{aligned} \tag{2.97}$$

となり，ディラック粒子のファインマン伝播関数はディラック微分演算子のグリーン関数になっている．

$$(i\gamma^\mu \partial_\mu^x - m)_{\alpha\beta}\, S_\mathrm{F}(x-y)_{\beta\gamma} = \delta_{\alpha\gamma}\, \delta^{(4)}(x) \tag{2.98}$$

§2.7　1粒子状態とポアンカレ群の表現

ポアンカレ群

異なる慣性系を結ぶのは平行移動とローレンツ変換で，これら全体を**ポア**

ンカレ (J. H. Poincaré) 群とよぶ．平行移動の無限小演算子は 4 元運動量 P^μ であり，ローレンツ変換の無限小演算子を $J^{\mu\nu}$ と表す．第 1 章の演習問題 [2] に示したように，これらの演算子の交換関係は次のように与えられる．

$$[P^\mu, P^\nu] = 0, \qquad [P^\mu, J^{\nu\lambda}] = i\left(\eta^{\mu\nu} P^\lambda - \eta^{\mu\lambda} P^\nu\right) \qquad (2.99)$$

$$[J^{\mu\nu}, J^{\lambda\rho}] = -i\left(\eta^{\mu\lambda} J^{\nu\rho} - \eta^{\nu\lambda} J^{\mu\rho} - \eta^{\mu\rho} J^{\nu\lambda} + \eta^{\nu\rho} J^{\mu\lambda}\right)$$

$$(2.100)$$

ポアンカレ群の表現としての粒子状態

1 つの状態を異なる慣性系で観測すると，4 元運動量や角運動量の各成分は一般に異なる値が観測される．そこで，これらはひとまとめにして 1 粒子の状態と考えるべきである．対称性が成り立つ限り，一般に対称性を生成する演算子を作用させてつながっている 2 つの状態は，一方の状態があれば必ずもう一方の状態も存在しなければならない．このように，対称性を生成する演算子でつながる状態をひとまとめにして，**多重項**とよび，量子力学ではこの多重項が対称性の群の**表現**になっているという．したがって，量子力学では，対称性の群の表現を求めることによって，どれだけの物理的状態があるかを数え上げることができる．最も簡単な例は，回転対称性である．回転対称性を生成する演算子は角運動量である．よく知られているように，角運動量の表現として可能なものは，角運動量の大きさ j が $j = 0, 1/2, 1, \cdots$ という整数または半奇整数，かつ角運動量の z 成分 j_z が $-j \leq j_z \leq j$ に限られる．これが回転群の表現にほかならない．

同様に，平行移動とローレンツ変換についての不変性を要求すると，すべての状態はポアンカレ群の表現になっている．したがって，ポアンカレ群の表現を構成することによって，（特殊）相対性理論を量子力学で実現するためには，どれだけの状態が多重項としてひとまとまりになっていなければならないかがわかる．ポアンカレ群という対称性は回転対称性だけでなく，付

録Aに与えたようにローレンツ・ブーストや平行移動の対称性も含んでいるので,その表現は最初から考え直さなければならない.

まず,P^μは互いに交換するので,P^μを対角化する表示を選ぶ.物理的に興味のある場合として,2つの場合がある.質量がゼロでない場合$p^\mu p_\mu \equiv m^2 > 0$と,質量がゼロの場合$p^\mu p_\mu = 0$である.

P^μと$J^{\nu\lambda}$は非可換なので,$J^{\nu\lambda}$のうちから対角化できる演算子を選ぶために,ポアンカレ変換で便利な慣性系に移る.その結果,次のような標準的な4元運動量を採用できる.

(1) 質量がゼロでない場合: $p^\mu = (m, 0, 0, 0)$

この4元運動量の値を変えないローレンツ変換は,3次元の角運動量J^{ij}のみである.ここでJ^{ij}はi, j平面内の回転を表す演算子だから,3次元での角運動量$\boldsymbol{J}$,$J_z = J^{xy}, \cdots$そのものである.角運動量演算子の表現はよく知られているように,角運動量の大きさjとz成分の値j_zで状態がラベル付けされる.

$$\boldsymbol{J}^2 |p^\mu; j, j_z\rangle = \{(J^{23})^2 + (J^{31})^2 + (J^{12})^2\} |p^\mu; j, j_z\rangle$$
$$= j(j+1) |p^\mu; j, j_z\rangle \quad \left(j = 0, \frac{1}{2}, 1, \cdots\right) \quad (2.101)$$

$$J^{12} |p^\mu; j, j_z\rangle = j_z |p^\mu; j, j_z\rangle \quad (-j \leq j_z \leq j) \quad (2.102)$$

ここで得られた角運動量は静止系で粒子がもつ角運動量だから,運動によって生じる角運動量ではなく,粒子固有の角運動量である.このような粒子固有の角運動量を**スピン**とよぶ.

(2) 質量がゼロの場合: $p^\mu = (p, 0, 0, p)$,$p > 0$

$[P^0, J^{12}] = [P^3, J^{12}] = 0$なので,角運動量の$z$成分$J^{12}$は4元運動量$p^\mu = (p, 0, 0, p)$を変えない.この状態では,演算子$P^0 + P^3$がゼロでない固有値をもつ.ローレンツ・ブーストと角運動量のx, y成分の線形結合から,この演算子と交換する次のような演算子A, Bを作ることができる.

§2.7 1粒子状態とポアンカレ群の表現

$$A \equiv J^{01} + J^{31}, \qquad B \equiv J^{02} - J^{23} \qquad (2.103)$$

質量ゼロの標準形の4元運動量の値 $p^\mu = (p, 0, 0, p)$ を変えないローレンツ変換は J^{12}, A, B の3つで，これらの交換関係は（第2章の演習問題［6］を参照）

$$[J^{12}, A] = iB, \qquad [J^{12}, B] = -iA, \qquad [A, B] = 0 \qquad (2.104)$$

となる．これは A, B が2次元平面上の運動量，J^{12} がその平面内の回転と見なした場合と同じ交換関係になっている．A, B が交換するので，これらを対角化する表示を選ぶことができる．しかし，J^{12} によって A, B の固有値が2次元ベクトルとして回転するので，A, B の固有値がゼロでない限り，連続固有値をもつことになる．質量ゼロの1粒子状態には4元運動量以外に連続的な値をとるラベルはないはずなので，物理的状態は A, B のゼロ固有値状態であると仮定する．このとき，J^{12} を対角化することができる．この固有値は運動量方向の角運動量成分を表し，**ヘリシティ** σ とよばれる．したがって，ゼロ質量粒子の状態は $|p^\mu; \sigma\rangle$ 1つで与えられる．このヘリシティの絶対値のことをゼロ質量粒子のスピンという．もしも空間反転のもとで不変であれば，正負のヘリシティ $\pm\sigma$ をもつ2つの粒子状態がひとまとまりの組となる．[†]

ゼロ質量粒子のヘリシティの取り得る値は整数または半奇整数だけである．これはローレンツ群の位相的な性質から，運動量の軸の周りに 4π 回転すると，波動関数はもとにもどらなければならないという事実に起因する．[††]

[†] 空間反転不変性が成り立たない場合でも，空間反転と時間反転と粒子・反粒子変換を同時に行う変換は常に不変性が成り立ち，ヘリシティ正負の状態をひとまとめにする．

[††] このトポロジー的な議論については，たとえばワインバーグの「場の理論I」§2.7 を参照．

まとめると，質量がゼロでない場合，スピン j の粒子には，静止系で $J^{12} = -j, \cdots, j$ という固有値をとる $2j+1$ 個の状態がある．質量がゼロの場合，スピン j の粒子には，運動量方向の角運動量（ヘリシティ）が j または $-j$ という状態だけがある．

演習問題

[1] 一般の d 次元時空で定義された自由粒子の不変デルタ関数について，以下の性質が成り立つことを示せ．

（1）ファインマン伝播関数 Δ_{F} が (2.70) で複素エネルギー平面上の積分路 C_{F} に沿った積分として与えられているのと同様に，不変デルタ関数 $\Delta_+, \Delta_-, \Delta$, $\Delta_1, \Delta_{\mathrm{ret}}, \Delta_{\mathrm{adv}}$ は図 2.1 に示したような積分路 $C_+, C_-, C, C_1, C_{\mathrm{ret}}, C_{\mathrm{adv}}$ に沿った複素エネルギー平面上での積分で表せる．

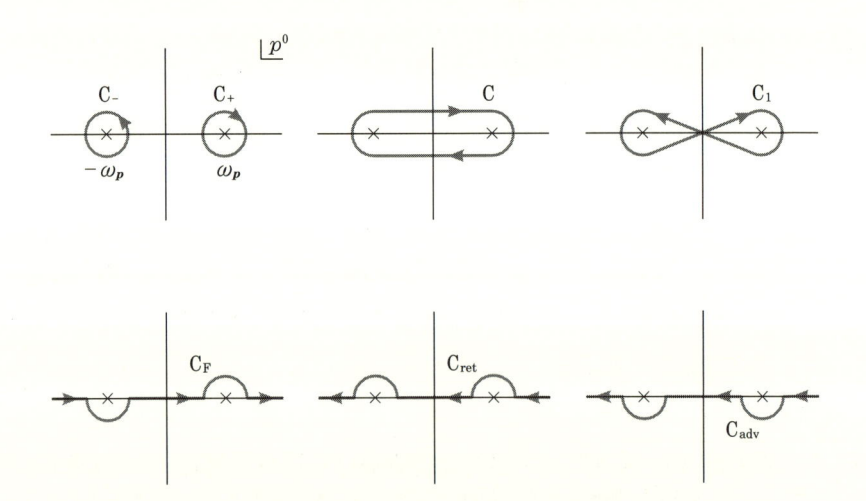

図 2.1 複素エネルギー平面上の積分路．不変デルタ関数 $\Delta_+, \Delta_-, \Delta, \Delta_1, \Delta_{\mathrm{F}}$, $\Delta_{\mathrm{ret}}, \Delta_{\mathrm{adv}}$ に対する積分路を $C_+, C_-, C, C_1, C_{\mathrm{F}}, C_{\mathrm{ret}}, C_{\mathrm{adv}}$ とよぶ．

（2）不変デルタ関数の間の関係
$$i\Delta(x) = \Delta_+(x) - \Delta_-(x), \qquad i\Delta_1(x) = \Delta_+(x) + \Delta_-(x) \qquad (2.105)$$
$$i\Delta_F(x) = \theta(x^0)\Delta_+(x) + \theta(-x^0)\Delta_-(x)$$
$$= \frac{i}{2}\{\Delta_1(x) + \varepsilon(x^0)\Delta(x)\} \qquad (2.106)$$
$$\Delta_{\text{ret}}(x) = -\theta(x^0)\Delta(x), \qquad \Delta_{\text{adv}}(x) = \theta(-x^0)\Delta(x) \qquad (2.107)$$

（3）時空の反転および，複素共役のもとでの関係
$$\Delta_+(x) = \Delta_-(-x), \qquad \Delta(x) = -\Delta(-x) \qquad (2.108)$$
$$i\Delta_1(x) = i\Delta_1(-x), \qquad \Delta_{\text{ret}}(x) = \Delta_{\text{adv}}(-x) \qquad (2.109)$$
$$(\Delta_+(x))^* = \Delta_-(x), \qquad (\Delta(x))^* = \Delta(x), \qquad (i\Delta_1(x))^* = i\Delta_1(x) \qquad (2.110)$$

（4）クライン‐ゴルドン微分演算子の作用
$$(\partial_\mu \partial^\mu + m^2)\Delta_+(x) = (\partial_\mu \partial^\mu + m^2)\Delta_-(x) = 0 \qquad (2.111)$$
$$(\partial_\mu \partial^\mu + m^2)\Delta(x) = (\partial_\mu \partial^\mu + m^2)\Delta_1(x) = 0 \qquad (2.112)$$
$$-(\partial_\mu \partial^\mu + m^2)\Delta_F(x) = (\partial_\mu \partial^\mu + m^2)\Delta_{\text{ret}}(x)$$
$$= (\partial_\mu \partial^\mu + m^2)\Delta_{\text{adv}}(x) = \delta^{(d)}(x) \qquad (2.113)$$

[2] 一般の d 次元時空で，(2.76)のラグランジアン密度をもつディラック場の質量次元を求めよ．特に4次元時空ではどうなるか．

[3] 自由ディラック場のエネルギー運動量テンソルと4元運動量を求めよ．

[4] ディラック粒子の平面波解について次の式を示せ（付録 A.2.4 を参照）．
$$u^\dagger(\boldsymbol{p}, s)u(\boldsymbol{p}, s') = v^\dagger(\boldsymbol{p}, s)v(\boldsymbol{p}, s') = 2\omega_p \delta_{ss'}, \qquad v^\dagger(\boldsymbol{p}, s)u(-\boldsymbol{p}, s') = 0 \qquad (2.114)$$

[5] (2.76)のラグランジアン密度には，ディラック粒子の数から反粒子の数を引いた N_{Dirac} という保存量がある．ネーターの方法を用いて，このディラック粒子数演算子を求めよ．電荷をもっている場合には，これに粒子の電荷の値 e を掛けたものが保存電荷 Q になる．

[6] (2.103)の演算子 A, B が4元運動量 $p^\mu = (p, 0, 0, p)$ を変えないことを示し，交換関係 (2.104) を証明せよ．

3 相互作用場の一般的性質

相互作用があるため，演算子の時間発展を解いて生成消滅演算子で表すようなことができない場合にも，一般的に成り立つ少数の要請を公理として仮定し，そこから導かれる帰結を調べる．2点関数がスペクトル表示できることを示す．漸近場を導入し，すべての散乱行列要素は場の演算子の T 積の真空期待値から得られることを示す（LSZ の簡約公式）．

§3.1 スペクトル表示

局所場理論の一般的要請

相互作用のある場合には，自由場の場合のように，演算子の時間発展を具体的に求めて生成消滅演算子で表すことはできない．そこで，次のような一般的に成り立つと思われる少数の要請 (**公理**) を仮定して，その帰結を調べる．

(1) 4元運動量 P^μ の固有状態で物理的状態の完全系を作ることができる．

(2) 図 3.1 のように，4元運動量の固有値 p^μ は**前方光円すいの中にある** (**スペクトル条件**).

$$p^\mu p_\mu = (p^0)^2 - (\boldsymbol{p})^2 \geqq 0, \qquad p^0 \geqq 0 \tag{3.1}$$

(3) 最低エネルギー状態は縮退していない．かつ，この状態は平行移

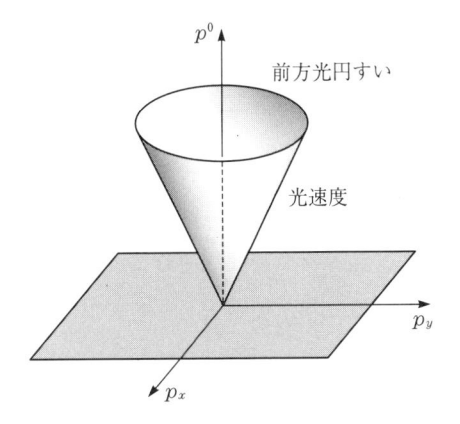

図3.1 4元運動量の前方光円すいの模式図．3次元空間運動量を2次元的に描いている．

動・回転およびローレンツ変換のもとで不変である．この状態を真空とよび，$|0\rangle$ と表記する．無限小平行移動の演算子が4元運動量演算子 P^μ だから，真空は4元運動量演算子を作用させると消える．

$$P^\mu |0\rangle = 0 \tag{3.2}$$

すなわち，真空は4元運動量演算子 P^μ の固有状態で，固有値はゼロである．

(4) 安定な1粒子状態 $|p\rangle$ が存在する．

$$P^\mu |p\rangle = p^\mu |p\rangle, \qquad p^\mu p_\mu = m^2 \tag{3.3}$$

(5) 真空 $|0\rangle$ および1粒子状態 $|p\rangle$ は $P^\mu P_\mu$ の離散スペクトルである．

(6) 物理的な状態は正定値である (**状態空間の正定値性**)．これは**確率の保存**を保証するために必要である．

(7) 事象の影響が光速度より速く伝わらない (**因果律**)．いままでのところ，場の理論では**局所相互作用理論**，すなわち，同一点での場の演算子とその有限回の微分の間でのみ相互作用が起こる理論でだけ，この因果律を取り入れることができている．その場合は，「空間的に離れた2点での場の演算子は互いに交換するか，反交換する」と要求する．これを**局所因果律**とよぶ．すなわち，$(x-y)^2 \equiv (x^0-y^0)^2 - (\boldsymbol{x}-\boldsymbol{y})^2 < 0$ に対して

$$[\phi(x), \phi(y)] = 0 \quad \text{または} \quad \{\psi(x), \psi(y)\} = 0 \tag{3.4}$$

が成り立たなければならない.

このうちで, (5) に挙げた仮定は, 必ず成り立つべき条件として要請するには強すぎる場合もある. たとえば, 電磁場は光子という質量ゼロの粒子にほかならない. 質量ゼロの粒子があると, スペクトルは真空および1粒子状態から連続的となる. このような場合を扱うには, 仮定 (5) を捨てなければならない. また, 後の第7章でみるように, ゲージ理論であればこのような質量ゼロの粒子を扱えるが, その場合は同時に仮定 (6) を断念するので, 確率保存を保証するために特別の工夫が必要になる.

一般の状態は平行移動やローレンツ変換のもとで, 異なる状態に移る. 平行移動の場合は無限小演算子が4元運動量演算子であり, 場の演算子との交換関係は (2.28) のように与えられる. したがって, 有限の距離を平行移動する場合には, 場の演算子は (2.29) のようにユニタリー演算子で両側から挟まれた相似変換をする. 同様に, ローレンツ変換 a のもとで, 状態 $|n\rangle$ が状態 $|a(n)\rangle$ になるとすると, 確率は変らないはずだから, 両者はユニタリー演算子 $U(a)$ によって次のように結ばれている.

$$|a(n)\rangle = U(a)|n\rangle, \quad U(a)\,U(a)^\dagger = 1 \tag{3.5}$$

このとき, スカラー場の行列要素はどの慣性系で見ても同じ値になるはずだから,

$$\langle m|\phi(x)|n\rangle = \langle a(m)|\phi(ax)|a(n)\rangle$$
$$= \langle m|U^\dagger(a)\,\phi(ax)\,U(a)|n\rangle \tag{3.6}$$

となり, これが任意の状態に対して成り立つから, ローレンツ変換のもとで場の演算子は次のようにユニタリー演算子 $U(a)$ によって相似変換する.

$$\phi(x) = U^\dagger(a)\,\phi(ax)\,U(a) \tag{3.7}$$

スペクトル表示

実スカラー場が4次の相互作用をする場合を例にとって考える. ラグラン

ジアン密度は

$$\mathcal{L} = \frac{1}{2}\,\partial_\mu\phi(x)\,\partial^\mu\phi(x) - \frac{1}{2}\,m_0^2\,(\phi(x))^2 - \frac{\lambda}{4!}\,\phi^4 \tag{3.8}$$

である．ここに現れる質量のパラメター m_0 は**物理的質量**と異なるかもしれないので，**裸の質量**という意味で添字 0 を付けてある．簡単のために，物理的状態の中に ϕ と同じ量子数をもった安定な 1 粒子状態が 1 つだけあるとする．その 1 粒子状態の物理的質量を m と書くと，ハイゼンベルクの運動方程式は

$$(\partial_\mu\partial^\mu + m^2)\,\phi(x) = j(x) \tag{3.9}$$

$$j(x) = -\frac{\lambda}{3!}\,\phi^3(x) + (m^2 - m_0^2)\,\phi(x) \tag{3.10}$$

となる．ここで $j(x)$ は，$\phi(x)$ に対する波動方程式 (3.9) で，散乱の原因としての役割を果たすので，源(みなもと)とよばれる．この相互作用するハイゼンベルク描像での場 $\phi(x)$ に対して，(2.23)，(2.25)，(2.26) と同じく，同時刻での正準交換関係を課して，次のように量子化する．

$$\pi(t,\boldsymbol{x}) = \frac{\partial \mathcal{L}}{\partial \dot{\phi}(t,\boldsymbol{x})} = \dot{\phi}(t,\boldsymbol{x}), \qquad [\phi(t,\boldsymbol{x}), \pi(t,\boldsymbol{y})] = i\,\delta(\boldsymbol{x}-\boldsymbol{y}) \tag{3.11}$$

$$[\phi(t,\boldsymbol{x}), \phi(t,\boldsymbol{y})] = 0, \qquad [\pi(t,\boldsymbol{x}), \pi(t,\boldsymbol{y})] = 0 \tag{3.12}$$

相互作用場でも平行移動・回転およびローレンツ変換のもとでの不変性と，前項で述べた局所理論の一般的要請から，相互作用場の交換子の真空期待値の一般形を積分表示できることを示そう．相互作用場であることを表すために ′ を付けて

$$i\,\Delta'(x,y) \equiv \langle 0|[\phi(x), \phi(y)]|0\rangle \tag{3.13}$$

と定義する．平行移動不変性 (2.29) から任意の状態 n, m の間の場の演算子の行列要素は

$$\langle n|\phi(x)|m\rangle = \langle n|e^{iPx}\,\phi(0)\,e^{-iPx}|m\rangle$$
$$= e^{i(p_n-p_m)x}\,\langle n|\phi(0)|m\rangle \tag{3.14}$$

3. 相互作用場の一般的性質

$$\Delta'(x, y) = -i \sum_n \langle 0|\phi(0)|n\rangle \langle n|\phi(0)|0\rangle \{e^{-ip_n(x-y)} - e^{ip_n(x-y)}\}$$

$$\equiv \Delta'(x - y) \tag{3.15}$$

となる．同じ4元運動量をもつ状態をまとめると

$$\Delta'(x - y) = \frac{-i}{(2\pi)^3} \int d^4q\, \bar{\rho}(q) \{e^{-iq(x-y)} - e^{iq(x-y)}\} \tag{3.16}$$

$$\bar{\rho}(q) \equiv (2\pi)^3 \sum_n \delta^4(p_n - q) |\langle 0|\phi(0)|n\rangle|^2 \tag{3.17}$$

となる．

第3章の演習問題 [2] に示したように，ローレンツ不変性から，$\bar{\rho}(q)$ は q^2 だけの関数である．また，P^μ のスペクトルは前方光円すい内のみであるから

$$\bar{\rho}(q) = \rho(q^2)\, \theta(q_0) \tag{3.18}$$

$$\begin{aligned}
\Delta'(x - y) &= \frac{-i}{(2\pi)^3} \int d^4q\, \rho(q^2)\, \theta(q_0) \{e^{-iq(x-y)} - e^{iq(x-y)}\} \\
&= \int_0^\infty d\sigma\, \rho(\sigma) \frac{-i}{(2\pi)^3} \int d^4q\, \delta(q^2 - \sigma)\, \varepsilon(q_0)\, e^{-iq(x-y)} \\
&= \int_0^\infty d\sigma\, \rho(\sigma)\, \Delta(x - y, \sigma)
\end{aligned}$$

$$\tag{3.19}$$

となる．ここで (2.56) に定義したように，$\Delta(x - y, \sigma)$ は質量 $\sqrt{\sigma}$ の自由粒子の交換子から得られる交換子関数である．また，スペクトル条件から σ の積分は正の範囲だけである．この積分表示を**スペクトル表示**または**梅沢‒亀淵‒チェレン (G. Källen)‒レーマン (H. Lehmann) 表示**とよび，ρ を**スペクトル関数**とよぶ．物理的状態空間が正定値であれば

$$\rho(\sigma) \geqq 0 \tag{3.20}$$

である．また，同時刻での正準交換関係 (3.11) から

$$i\,\delta^3(\boldsymbol{x}-\boldsymbol{y}) = \left\langle 0 \left|\left[\phi(x), \frac{\partial\phi(y)}{\partial y^0}\right]\right|_{x^0=y^0}\right| 0 \right\rangle$$

$$= i\,\frac{\partial}{\partial y^0}\,\Delta'(x-y)\bigg|_{x^0=y^0}$$

が得られ，(3.19) と比べると**スペクトル関数に対する和則**が次のように成り立つ．

$$1 = \int_0^\infty d\sigma\,\rho(\sigma) \tag{3.21}$$

1粒子状態からの寄与だけを分離すると不等式が得られる．連続状態の 4 元運動量の 2 乗の最低値を $m_1{}^2$ とすると

$$\rho(\sigma) = Z\,\delta(\sigma - m^2) \qquad (\sigma < m_1{}^2) \tag{3.22}$$

となる．スペクトル関数の和則 (3.21) から

$$0 \leqq Z \leqq 1 \tag{3.23}$$

であり，$Z=1$ となるのは自由場の場合に限る．ここに現れた定数 Z はハイゼンベルク描像での相互作用場 ϕ が真空に作用したときに，その状態 $\phi(0)|0\rangle$ の中に含まれる 1 粒子状態の確率を表している．したがって，全確率 1 よりも小さいのは当然である．結局，ハイゼンベルク描像の相互作用場の交換子の真空期待値は

$$\Delta'(x-y) = Z\,\Delta(x-y, m^2) + \int_{m_1{}^2}^\infty d\sigma\,\rho(\sigma)\,\Delta(x-y, \sigma) \tag{3.24}$$

となる．

なぜスカラー場を交換関係で量子化しなければならないのか，スペクトル関数を用いて考察しよう．ハイゼンベルク描像での相互作用場 $\phi(x)$ の反交換子の真空期待値をスペクトル表示すると，

$$\langle 0|\,\{\phi(x), \phi(y)\}\,|0\rangle \equiv \Delta_1'(x-y)$$

48　3. 相互作用場の一般的性質

$$= Z \, \Delta_1(x - y, m^2) + \int_{m_1^2}^{\infty} d\sigma \, \rho(\sigma) \, \Delta_1(x - y, \sigma) \quad (3.25)$$

となる．(2.75) に定義したように，$\Delta_1(x - y, \sigma)$ は質量 $\sqrt{\sigma}$ の自由粒子の反交換子の真空期待値から得られる不変デルタ関数で

$$\Delta_1(x - y, m^2) = \int \frac{d^3p}{(2\pi)^3 \, 2\sqrt{\bm{p}^2 + m^2}} \{e^{-ip(x-y)} + e^{ip(x-y)}\}$$

$$(3.26)$$

である．

　一般に，空間的に隔たった2点間で場が交換または反交換するならば，局所因果律を満たすことができる．もしもスカラー場を反交換関係で量子化したとする．その場合，反交換子の真空期待値は，(3.25) のように自由場の反交換子関数 $\Delta_1(x - y)$ のスペクトル関数 ρ による重み付けで与えられる．ところが，反交換子関数 $\Delta_1(x - y)$ は交換子関数 $\Delta(x - y)$ と異なり，空間的に隔たった2点間 $(x - y)^2 < 0$ でゼロでない．したがって，スカラー場を反交換関係を用いて量子化しようとすると，公理 (7) の局所因果律を満たすことができない．

§3.2　漸近場と漸近条件

漸近場と漸近条件

　散乱問題を定式化するには，十分過去では相互作用場も自由場に近くなると仮定する．これを **In-field** とよび，ϕ_in と表す．同様に，十分未来では別の自由場に近づくと仮定する．これを **Out-field** とよび，ϕ_out と表記する．In-field と Out-field は**漸近場**とよばれ，任意の2つの状態 α, β の間で

$$\langle \alpha | \phi(x) | \beta \rangle \rightarrow \langle \alpha | \sqrt{Z} \, \phi_\text{in}(x) | \beta \rangle, \quad x^0 \rightarrow -\infty \quad (3.27)$$

$$\langle \alpha | \phi(x) | \beta \rangle \rightarrow \langle \alpha | \sqrt{Z} \, \phi_\text{out}(x) | \beta \rangle, \quad x^0 \rightarrow \infty \quad (3.28)$$

が成り立つ．ここでスペクトル関数の中に現れる1粒子状態の確率 Z に応じて漸近状態の規格化定数が決まることを用いた．この条件を**レーマン-ジ**

マンチック (K. Symanzik) - チンマーマン (W. Zimmerman) の漸近条件という.

In-field $\phi_{\mathrm{in}}(x)$ は自由場だから，§2.3 の議論がそのまま適用できる. したがって，In-field の生成消滅演算子が定義でき，In-field の場の演算子は (2.37) とまったく同じ形に，In-field の生成消滅演算子の線形結合で表せる.

$$\phi_{\mathrm{in}}(x) = \int \frac{d^3p}{\sqrt{(2\pi)^3 2\omega_p}} \{a_{\mathrm{in}}(\boldsymbol{p})\, e^{-ipx} + a_{\mathrm{in}}^{\dagger}(\boldsymbol{p})\, e^{ipx}\} \quad (3.29)$$

また，Out-field $\phi_{\mathrm{out}}(x)$ も同様に，Out-field の生成消滅演算子 $a_{\mathrm{out}}(\boldsymbol{p})$, $a_{\mathrm{out}}^{\dagger}(\boldsymbol{p})$ の線形結合で表せる.

S 行列

In-field の生成消滅演算子で構成されるフォック空間を $\mathcal{V}_{\mathrm{in}}$, Out-field の生成消滅演算子で構成されるフォック空間を $\mathcal{V}_{\mathrm{out}}$, ハイゼンベルク描像での相互作用場 ϕ の状態空間を $\mathcal{V}$ とする. これら3つの状態空間が一致すると仮定し，これを**漸近的完全性**という. 十分過去に α という状態であった入射波が十分未来で β という状態になる確率振幅を，α を列のラベル，β を行のラベルとする行列であると考え，**S行列**とよぶ. また，この行列を in 状態のラベル付けされた状態ベクトルにはたらく演算子と考えて，S という記号で表すと

$$\langle \beta\,\mathrm{out}|\alpha\,\mathrm{in}\rangle = S_{\beta\alpha} = \langle \beta\,\mathrm{in}|S|\alpha\,\mathrm{in}\rangle \quad (3.30)$$

が成り立つ.

In 状態は完全系をなすから，すべての In 状態 α に対する内積が等しいということと，状態ベクトルが等しいということは同じであり，

$$\langle \beta\,\mathrm{in}|\,S = \langle \beta\,\mathrm{out}| \quad (3.31)$$

となる. 同様に，Out 状態も完全系をなすので

$$\sum_{\gamma}|\gamma\,\mathrm{out}\rangle\langle\gamma\,\mathrm{out}| = 1 \quad (3.32)$$

が成り立つ．この完全性から **S 行列のユニタリー性**が得られて

$$\sum_\gamma S^\dagger_{\beta\gamma} S_{\gamma\alpha} = \sum_\gamma \langle \beta \text{ in}|\gamma \text{ out}\rangle\langle \gamma \text{ out}|\alpha \text{ in}\rangle$$
$$= \langle \beta \text{ in}|\alpha \text{ in}\rangle = \delta_{\beta\alpha} \tag{3.33}$$

となる．(3.29) に示したように，$\phi_\text{out}(x)$ は 1 粒子の生成消滅演算子の線形結合だから，状態 $\langle \alpha \text{ out}|$ に作用させると，状態 $\langle \alpha \text{ out}|$ に 1 粒子が加わるか，減った状態を表す．In-field でもまったく同様である．したがって，これを (3.31) の状態 β として採用すると

$$\langle \alpha \text{ in}| \phi_\text{in}(x) S = \langle \alpha \text{ out}| \phi_\text{out}(x) \tag{3.34}$$

となる．もう一度 (3.31) を状態 α に対して適用すると右辺は $\langle \alpha \text{ in}|S \phi_\text{out}(x)$ となり，さらに $\langle \alpha \text{ in}|$ 状態の完全性を用いると，

$$\phi_\text{in} S = S \phi_\text{out} \tag{3.35}$$

が得られる．これに $S^\dagger$ を左から掛けると

$$S^\dagger \phi_\text{in} S = \phi_\text{out} \tag{3.36}$$

となる．これが In-field の場の演算子と Out-field の場の演算子の関係である．

真空および 1 粒子状態はハイゼンベルク描像の相互作用場と In および Out の漸近場すべてで共通になり，安定である（演習問題 [1] 参照）．なお，相互作用するハイゼンベルク描像の場 $\phi(x)$ の運動量 $\boldsymbol{p}$ の 1 粒子状態を $|\boldsymbol{p}\rangle$ と表記する．

§3.3　LSZ の簡約公式

観測の結果は，散乱などの観測操作を物理的状態に対して行った結果として得られる．その意味では，S 行列要素がすべての物理的情報を含んでいると考えることもできる．本節では，相互作用の詳細によらずに，公理論的な立場から，S 行列要素が場の演算子の T 積の真空期待値（一般にグリーン関

§3.3 LSZ の簡約公式

数と呼ぼう) から求めることができることを示そう.

始状態が p という 4 元運動量の 1 粒子を含んでいたとして, $|\alpha p \text{ in}\rangle$ と表そう. 終状態を $\langle \beta \text{ out}|$ とする. この 2 つの状態の間の遷移を表す S 行列要素は (3.29) に定義した漸近場の生成演算子を用いて

$$S_{\beta,\alpha p} = \langle \beta \text{ out}|\alpha p \text{ in}\rangle = \langle \beta \text{ out}|a_{\text{in}}^\dagger(\boldsymbol{p})|\alpha \text{ in}\rangle$$
$$= \langle \beta \text{ out}|a_{\text{out}}^\dagger(\boldsymbol{p})|\alpha \text{ in}\rangle - \langle \beta \text{ out}|\{a_{\text{out}}^\dagger(\boldsymbol{p}) - a_{\text{in}}^\dagger(\boldsymbol{p})\}|\alpha \text{ in}\rangle \quad (3.37)$$

となる. この式の右辺第 1 項は, 終状態に運動量 p の粒子が含まれていた場合にだけゼロでない寄与を与える. そのとき, この項は始状態の運動量 p の粒子が散乱に関与しないで終状態にそのまま出てきた場合, すなわち素通しの効果を表す. これを

$$\langle \beta - p \text{ out}|\alpha \text{ in}\rangle \equiv \langle \beta \text{ out}|a_{\text{out}}^\dagger(\boldsymbol{p})|\alpha \text{ in}\rangle \quad (3.38)$$

と表記することにしよう. 以下では, 素通しの項は散乱には寄与しないので, ないとして省略する.

一方, (3.37) の第 2 項では, 生成演算子を場の演算子を用いて書き直すことができる. 漸近場はクライン – ゴルドン方程式を満たす自由場なので, (1.26) のように, 自由場の解である運動量の固有関数 $f_p(x)$ との間で内積を定義することができる. (1.27) に示したように, この内積は時間によらない演算子となり, ちょうど自由場の場合の生成演算子の表示 (2.40) と同じ形である. したがって, 入射粒子の波動関数 $f_p(x)$ とクライン – ゴルドン場との内積を用いて Out-field の漸近場の生成演算子を

$$a_{\text{out}}^\dagger(\boldsymbol{p}) = i\int d^3x \left[\phi_{\text{out}}(x)\,\partial_0 f_p(x) - \partial_0\phi_{\text{out}}(x)\,f_p(x)\right] \quad (3.39)$$

$$f_p(x) = \frac{e^{-ipx}}{\sqrt{(2\pi)^3 2\omega_p}} \quad (3.40)$$

と表せる. 漸近条件 (3.27), (3.28) を用いると, 漸近場 $\phi_{\text{out}}(x)$ はハイゼ

ンベルク描像での相互作用する場 $\phi(x)$ で表すことができて[†],

$$a_{\text{out}}^\dagger(\boldsymbol{p}) = \lim_{x^0 \to \infty} \frac{i}{\sqrt{Z}} \int d^3x \, [\phi(x) \, \partial_0 f_p(x) - \partial_0 \phi(x) \, f_p(x)]$$

(3.41)

と表せる．In-field についても同様である．

$$a_{\text{in}}^\dagger(\boldsymbol{p}) = \lim_{x^0 \to -\infty} \frac{i}{\sqrt{Z}} \int d^3x \, [\phi(x) \, \partial_0 f_p(x) - \partial_0 \phi(x) \, f_p(x)]$$

(3.42)

これらを用いると

$$S_{\beta,\alpha p} = \frac{-i}{\sqrt{Z}} \int d^4x \frac{\partial}{\partial x^0} \langle \beta \, \text{out}| \, [\phi(x) \, \partial_0 f_p(x) - \partial_0 \phi(x) \, f_p(x)] \, |\alpha \, \text{in}\rangle$$

$$= \frac{-i}{\sqrt{Z}} \int d^4x \, \langle \beta \, \text{out}| \, [\phi(x) \, \partial_0^2 f_p(x) - \partial_0^2 \phi(x) \, f_p(x)] \, |\alpha \, \text{in}\rangle$$

(3.43)

となる．平面波波動関数がクライン–ゴルドン方程式を満たすことを用い，波動関数に作用する空間微分について部分積分すると，すべての微分演算は場の演算子に作用するようにできる．

$$S_{\beta,\alpha p} = \frac{-i}{\sqrt{Z}} \int d^4x \, \langle \beta \, \text{out}| \, [\phi(x)(\nabla^2 - m^2) f_p(x) - \partial_0^2 \phi(x) \, f_p(x)] \, |\alpha \, \text{in}\rangle$$

$$= \frac{i}{\sqrt{Z}} \int d^4x \, [(\partial_\mu \partial^\mu + m^2) \langle \beta \, \text{out}|\phi(x)|\alpha \, \text{in}\rangle] \, f_p(x)$$

(3.44)

さらに続けて，終状態 $\langle \beta \, \text{out}| \equiv \langle \gamma, p' \, \text{out}|$ が運動量 p' の粒子を含んでいるとして，それを場の演算子で書き直してみよう．

[†] (3.27), (3.28) で注意したように，相互作用場と漸近場の関係をつけるこのような式では，演算子の間の関係式（強い等式）として書くのは正確ではなく，任意の状態ベクトルの間に挟んだ行列要素に対する関係式（弱い等式）として表すのがより正確である．以下の式でも同様である．

$\langle \gamma, p' \text{ out } |\phi(x)| \alpha \text{ in}\rangle$

$= \langle \gamma \text{ out } |\phi(x)| \alpha - p' \text{ in}\rangle + \langle \gamma \text{ out}|a_{\text{out}}(\boldsymbol{p}')\,\phi(x) - \phi(x)\,a_{\text{in}}(\boldsymbol{p}')|\alpha \text{ in}\rangle$

$= i\int d^3y\,\Big\langle \gamma \text{ out}\,\Big|\Big[\lim_{y^0\to\infty}\Big\{f_{\boldsymbol{p}}^*(y)\frac{\partial\phi_{\text{out}}(y)}{\partial y^0} - \frac{\partial f_{\boldsymbol{p}}^*(y)}{\partial y^0}\phi_{\text{out}}(y)\Big\}\phi(x)$

$\qquad\qquad\qquad - \phi(x)\lim_{y^0\to-\infty}\Big\{f_{\boldsymbol{p}}^*(y)\frac{\partial\phi_{\text{in}}(y)}{\partial y^0} - \frac{\partial f_{\boldsymbol{p}}^*(y)}{\partial y^0}\phi_{\text{in}}(y)\Big\}\Big]\Big|\alpha \text{ in}\Big\rangle$

$= \dfrac{i}{\sqrt{Z}}\int d^4y\,\dfrac{\partial}{\partial y^0}\Big\langle \gamma \text{ out}\Big|f_{\boldsymbol{p}}^*(y)\dfrac{\partial}{\partial y^0}T[\phi(x)\,\phi(y)]$

$\qquad\qquad\qquad\qquad\qquad - \dfrac{\partial f_{\boldsymbol{p}}^*(y)}{\partial y^0}\,T[\phi(x)\,\phi(y)]\Big|\alpha \text{ in}\Big\rangle$

$= \dfrac{i}{\sqrt{Z}}\int d^4y\,f_{\boldsymbol{p}}^*(y)\Big(\dfrac{\partial}{\partial y^\mu}\dfrac{\partial}{\partial y_\mu} + m^2\Big)\langle \gamma \text{ out}|T[\phi(x)\,\phi(y)]|\alpha \text{ in}\rangle$

(3.45)

ここで，最初の行の右辺第 1 項 $\langle \gamma \text{ out}|\phi(x)|\alpha - p' \text{ in}\rangle$ は粒子 p' が散乱に関与せず素通しになった場合の寄与だから，α が p' を含まないとして捨てた．

この操作を続けて行うと，場の演算子の T 積にクライン‐ゴルドン微分演算子を作用させ，平面波波動関数を掛けて全時空で積分したものによって，始状態のすべての粒子をおきかえることができる．結局，S 行列からすべての粒子をなくして，場の演算子の真空期待値，すなわちグリーン関数で与えることができる．これを証明するには，帰納法を用いるとよい．その際有用な恒等式は上の手続きと同様にして，

$a_{\text{out}}(\boldsymbol{p})\,T[Z^{-1/2}\phi(x_1)\cdots Z^{-1/2}\phi(x_n)] - T[Z^{-1/2}\phi(x_1)\cdots Z^{-1/2}\phi(x_n)]\,a_{\text{in}}(\boldsymbol{p})$

$\qquad = i\int d^4x\,f_{\boldsymbol{p}}^*(x)\,(\partial_\mu\partial^\mu + m^2)\,T[Z^{-1/2}\phi(x)Z^{-1/2}\phi(x_1)\cdots Z^{-1/2}\phi(x_n)]$

(3.46)

$a_{\text{out}}^\dagger(\boldsymbol{p})\,T[Z^{-1/2}\phi(x_1)\cdots Z^{-1/2}\phi(x_n)] - T[Z^{-1/2}\phi(x_1)\cdots Z^{-1/2}\phi(x_n)]\,a_{\text{in}}^\dagger(\boldsymbol{p})$

$\qquad = -i\int d^4x\,f_{\boldsymbol{p}}(x)\,(\partial_\mu\partial^\mu + m^2)\,T[Z^{-1/2}\phi(x)Z^{-1/2}\phi(x_1)\cdots Z^{-1/2}\phi(x_n)]$

(3.47)

となる．この恒等式をくり返し用い，終状態と始状態の状態ベクトルで行列要素をとる．$K_x \equiv \partial_\mu \partial^\mu + m^2 - i\varepsilon$ とし，素通しの寄与を除くと，

$$
\begin{aligned}
&\langle p_1, \cdots, p_m \text{ out}| q_1, \cdots, q_l \text{ in}\rangle \\
&= \prod_{i=1}^{m}\left(i\int d^4 x_i\, f_{p_i}^*(x_i)\, K_{x_i}\right) \prod_{i=1}^{l}\left(i\int d^4 y_i\, f_{q_i}(y_i)\, K_{y_i}\right) \\
&\quad \times \langle 0| T[Z^{-1/2}\phi(x_1) \cdots Z^{-1/2}\phi(x_m)\, Z^{-1/2}\phi(y_1) \cdots Z^{-1/2}\phi(y_l)]|0\rangle
\end{aligned}
$$

(3.48)

が得られる．これを**レーマン - ジマンチック - チンマーマン (LSZ) の簡約公式**という．n 個のハイゼンベルク描像の相互作用場の T 積の真空期待値は **n 点グリーン関数**とよばれる．

演習問題

[1] 真空および1粒子状態が，ハイゼンベルク描像の相互作用場，In-field, Out-field の漸近場について，すべて同じであることを示せ．

[2] (3.17) の $\bar{\rho}(q)$ がローレンツ変換のもとで不変であることを示せ．

[3] スカラー場の場合と同様に，$\langle \beta, (p, s) \text{ out} | T[\psi(x_1) \cdots \psi(x_n)] | \alpha \text{ in}\rangle$ という行列要素から，運動量 p，スピン状態 s のディラック場を終状態から取り出して場の演算子で表す簡約公式を導け．ただし，ハイゼンベルク描像でのディラック場に漸近場が含まれている因子（波動関数のくり込み因子）を Z_2 とする．

$$\lim_{x^0 \to \infty} \langle \beta \text{ out}|\psi(x)|\alpha \text{ in}\rangle = \sqrt{Z_2}\,\langle \beta \text{ out}|\psi_{\text{out}}(x)|\alpha \text{ in}\rangle \qquad (3.49)$$

相対論的量子力学と場の量子論をめぐって
―ディラック・ハイゼンベルク・パウリー

　もともと量子力学は，非相対論的な極限で考えられた．たとえば，水素原子では，電子はクーロン力で束縛されてできている．そのため，電子の速度は電荷の2乗に比例し，光速度に比べて，微細構造定数 $\alpha \equiv e^2/(4\pi\varepsilon_0) \approx 1/137$ の程度である．この程度を超えて量子力学の精度を上げるためには，相対論を取り入れなければならない．そこでディラックは，1928年にディラック粒子の波動方程式を提案した．相対論ではエネルギーと運動量の関係は $E^2 = \bm{p}^2 + m^2$ となる．これには正エネルギー解と負エネルギー解の2つの解 $E = \pm\sqrt{\bm{p}^2 + m^2}$ がある．実際，ディラックの波動方程式は正エネルギー解と負エネルギー解をもち，負エネルギー解があると真空が不安定となる．

　真空の不安定性を解決するために，ディラックは，負エネルギー状態がすべて詰まっている状態が真空であり，この真空から負エネルギー解が1つ欠けた状態が反粒子であるという"空孔理論"を提唱した．この解釈を成り立たせるためには，多数のディラック粒子が存在している状態を考える必要がある．また，本書でみたように，ディラック場は波動関数ではなく，粒子を生成消滅する演算子であると考えることで，真空状態を正確に定式化することができる．

　1929年に相対論的な場の量子論を最初に定式化したのは，ハイゼンベルクとパウリである．これが現在の場の量子論へと発展した．

4 経路積分量子化

　場の量子論の最も正統的で厳密な方法は，第 2 章で導入した正準量子化である．しかし，経路積分を用いた量子化は，場の量子論では対称性を明確にするなどの点で大変有用である．後の第 7 章で述べるゲージ理論のような複雑な場合に，特に強力な道具となる．まず量子力学で経路積分を定式化し，それを場の理論の量子化に適用する．

§4.1　量子力学での経路積分

確率振幅の経路積分表示

　ハイゼンベルク描像での座標演算子 $Q_H(t)$ の固有値 q の固有状態を $|q,t\rangle_H$ と書くと

$$Q_H(t)|q,t\rangle_H = q|q,t\rangle_H \tag{4.1}$$

が成り立つ．同じ固有値 q をもつ，シュレーディンガー描像での座標演算子 Q_S の固有状態を $|q\rangle$ と書くことにしよう．簡単のため，ここではシュレーディンガー描像を表す添字 S を省略する．

$$Q_S|q\rangle = q|q\rangle \tag{4.2}$$

(2.6), (2.7), (2.8)に与えたように，これら 2 つの描像での演算子と固有状態は互いに関係しているので，ハミルトニアンが時間によらないとして

$$Q_H(t) = e^{iHt}Q_S e^{-iHt}, \qquad |q,t\rangle_H = e^{iHt}|q\rangle \tag{4.3}$$

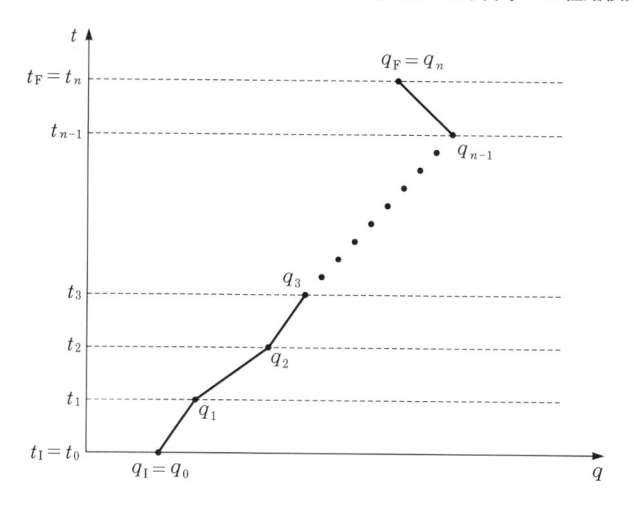

図 4.1 経路積分. 時空のさまざまな経路について積分を行うことによって, 量子力学での確率振幅が与えられる.

となる.

　時刻 t_I で座標 q_I にいた粒子が時刻 t_F で座標 q_F に遷移する確率振幅を求めよう.

$$_\mathrm{H}\langle q_\mathrm{F}, t_\mathrm{F}|q_\mathrm{I}, t_\mathrm{I}\rangle_\mathrm{H} = \langle q_\mathrm{F}|e^{-iH(t_\mathrm{F}-t_\mathrm{I})}|q_\mathrm{I}\rangle \tag{4.4}$$

図 4.1 のように時間間隔を n 個に細分化し,

$$\Delta t \equiv \frac{t_\mathrm{F}-t_\mathrm{I}}{n}, \qquad t_j \equiv t_\mathrm{I} + j\,\Delta t \qquad (j=0,1,\cdots,n) \tag{4.5}$$

各時刻 t_j で完全系 $\int dq_j\,|q_j, t_j\rangle_\mathrm{H}\,{}_\mathrm{H}\langle q_j, t_j| = 1$ を挿入して評価すると

$$_\mathrm{H}\langle q_\mathrm{F}, t_\mathrm{F}|q_\mathrm{I}, t_\mathrm{I}\rangle_\mathrm{H} = \prod_{j=1}^{n-1}\int dq_j\,{}_\mathrm{H}\langle q_n, t_n|q_{n-1}, t_{n-1}\rangle_\mathrm{H}\cdots {}_\mathrm{H}\langle q_1, t_1|q_0, t_0\rangle_\mathrm{H}$$
$$\tag{4.6}$$

となる.

　各区間では微小時間だから近似ができて

$$_\mathrm{H}\langle q_{j+1}, t_{j+1}|q_j, t_j\rangle_\mathrm{H} = \langle q_{j+1}|e^{-iH\Delta t}|q_j\rangle \approx \langle q_{j+1}|1-iH\,\Delta t|q_j\rangle$$
$$\approx \delta(q_{j+1}-q_j) - i\,\langle q_{j+1}|H|q_j\rangle \Delta t \tag{4.7}$$

となる．

非可換な演算子 P, Q がハミルトニアンの中で P が左，Q が右という順序である場合を考える．たとえば，運動項の非線形性を表す関数 $f(Q)$ があるとき

$$H = \frac{P^2}{2m} f(Q) + V(Q) \tag{4.8}$$

となり，これに運動量表示を用いて近似計算をすると

$$\langle q_{j+1}|H|q_j\rangle = \left\langle q_{j+1}\left|\frac{P^2}{2m}f(Q)\right|q_j\right\rangle + \langle q_{j+1}|V(Q)|q_j\rangle \tag{4.9}$$

$$\left\langle q_{j+1}\left|\frac{P^2}{2m}f(Q)\right|q_j\right\rangle = \int dp \langle q_{j+1}|p\rangle \left\langle p\left|\frac{P^2}{2m}\right|q_j\right\rangle f(q_j)$$

$$= \int \frac{dp}{2\pi} e^{ip(q_{j+1}-q_j)} \frac{1}{2m} p^2 f(q_j) \tag{4.10}$$

$$\langle q_{j+1}|V(Q)|q_j\rangle = V(q_j)\langle q_{j+1}|q_j\rangle$$

$$= V(q_j)\int \frac{dp}{2\pi} e^{ip(q_{j+1}-q_j)} \tag{4.11}$$

となる．以上の計算をまとめると，次のような**位相空間での経路積分**が得られる．

$$\begin{aligned}
{}_H\langle q_F, t_F|q_I, t_I\rangle_H &= \lim_{n\to\infty} \int \frac{dp_0}{2\pi} \prod_{j=1}^{n-1} \left(\int \frac{dq_j\,dp_j}{2\pi}\right) \\
&\quad \times \exp\left[i\sum_{j=0}^{n-1}\{p_j(q_{j+1}-q_j) - H(q_j, p_j)\,\Delta t\}\right] \\
&\equiv \int_{q(t_I)=q_I}^{q(t_F)=q_F} \mathcal{D}q\mathcal{D}p \exp\left[i\int_{t_I}^{t_F} dt\,\{p(t)\dot{q} - H(q, p)\}\right]
\end{aligned}$$

(4.12)

この位相空間での経路積分表示が最も基本的な経路積分の表式である．もしも (4.8) と逆の順序でハミルトニアンの中で演算子 Q が左，P が右である場合には，経路積分 (4.12) の中のハミルトニアンが $H(q_j, p_j)$ でなく，$H(q_{j+1}, p_j)$ で与えられる．また (4.8) の $f=1$ の場合のように，ハミルトニ

アンが運動量について単なる2次式であれば，運動量の積分が遂行でき，**座標空間での経路積分**が得られる．

$$
{}_H\langle q_F, t_F | q_I, t_I \rangle_H = \lim_{n \to \infty} \left(\frac{m}{i2\pi \Delta t} \right)^{n/2} \int \prod_{j=1}^{n-1} dq_j
$$
$$
\times \exp\left[i \sum_{j=0}^{n-1} \left\{ \frac{m}{2} \left(\frac{q_{j+1} - q_j}{\Delta t} \right)^2 - V(q_j) \right\} \Delta t \right]
$$
$$
\equiv \int_{q(t_I)=q_I}^{q(t_F)=q_F} \mathcal{D}q \exp\left[i \int_{t_I}^{t_F} dt\, L(q(t), \dot{q}(t)) \right]
$$
(4.13)

図4.1に経路積分を図示した．上式を多自由度系 $q^r (r=1, N)$ に拡張すると

$${}_H\langle q_F^r(r=1,\cdots,N), t_F | q_I^r(r=1,\cdots,N), t_I \rangle_H$$
$$= \int_{q(t_I)=q_I}^{q(t_F)=q_F} \prod_{r=1}^{N} \mathcal{D}q^r \mathcal{D}p_r \exp\left[i \int_{t_I}^{t_F} dt \left\{ \sum_{r=1}^{N} p_r(t) \dot{q}^r - H(q,p) \right\} \right]$$
$$= \int_{q(t_I)=q_I}^{q(t_F)=q_F} \prod_{r=1}^{N} \mathcal{D}q^r \exp\left[i \int_{t_I}^{t_F} dt\, L(q(t), p(t)) \right] \quad (4.14)$$

となる．ここでは通常の演算子形式の量子力学から経路積分を導いた．経路積分を初めて導入したのは，ファインマンである．演算子形式と異なり，経路積分に数学的厳密さを与えることは今日でも必ずしも成功していないが，経路積分は第7章以下で扱うゲージ場を中心とする場の理論で特に強力な道具となる．

量子力学でのグリーン関数

経路積分は未来の状態を左側に，過去の状態を右側にし，その間の時間間隔を細かく分割して時間の順序に完全系を挟むことで定義する．したがって経路積分に演算子に対応する変数 $q(t)$ などを挟んだ振幅は，未来の演算子を左に，過去の演算子を右に並べ，ハイゼンベルク描像での演算子を**時間について順序づけした積**の期待値を表している．すなわち，これを**T積**とよび

4. 経路積分量子化

$$\int_{q(t_1)=q_1}^{q(t_F)=q_F} \mathcal{D}q \mathcal{D}p \, q(t_1) \, q(t_2) \exp\left[i \int_{t_1}^{t_F} dt \, \{p(t)\dot{q} - H(q, p, t)\} \right]$$
$$= {}_H\langle q_F, t_F | T(Q_H(t_1) \, Q_H(t_2)) | q_I, t_I \rangle_H$$
$$\equiv \begin{cases} {}_H\langle q_F, t_F | Q_H(t_1) \, Q_H(t_2) | q_I, t_I \rangle_H & (t_F > t_1 > t_2 > t_I) \\ {}_H\langle q_F, t_F | Q_H(t_2) \, Q_H(t_1) | q_I, t_I \rangle_H & (t_F > t_2 > t_1 > t_I) \end{cases}$$
(4.15)

と表す.初期時刻と終時刻との間に時間 t, t' を設け ($t_F > t > t_1, t_2 > t' > t_I$),座標表示の完全系を用いて上式を展開すると

$${}_H\langle q_F, t_F | T(Q_H(t_1) \, Q_H(t_2)) | q_I, t_I \rangle_H$$
$$= \int dq \, dq' \, {}_H\langle q_F, t_F | q, t \rangle_H \, {}_H\langle q, t | T(Q_H(t_1) \, Q_H(t_2)) | q', t' \rangle_H \, {}_H\langle q', t' | q_I, t_I \rangle_H$$
(4.16)

が得られる.さらにエネルギー固有関数を用いて展開すると

$${}_H\langle q_F, t_F | q, t \rangle_H = \langle q_F | e^{-iH(t_F - t)} | q \rangle$$
$$= \sum_n \langle q_F | n \rangle \, e^{-iE_n(t_F - t)} \langle n | q \rangle \qquad (4.17)$$

が得られる.

時間の**ユークリッド化**を次のように定義する.

$$t \equiv -i\tau \qquad (4.18)$$

このユークリッド化した時間 τ での無限の未来 $\tau_F \to \infty$ では基底状態 $|0\rangle$ だけが残り,

$$\lim_{t_F \to -i\infty} e^{iE_0 t_F} \, {}_H\langle q_F, t_F | q, t \rangle_H = \langle q_F | 0 \rangle \langle 0 | q, t \rangle_H \qquad (4.19)$$

となる.また初期時刻についても,ユークリッド化した時間についての無限の過去では基底状態だけが残る.

$$\lim_{t_F \to -i\infty, t_I \to i\infty} e^{iE_0 t_F} \, {}_H\langle q_F, t_F | T(Q_H(t_1) \, Q_H(t_2)) | q_I, t_I \rangle_H \, e^{-iE_0 t_I}$$
$$= \int dq \, dq' \, \langle q_F | 0 \rangle \langle 0 | q, t \rangle_H \, {}_H\langle q, t | T(Q_H(t_1) \, Q_H(t_2)) | q', t' \rangle_H \, {}_H\langle q', t' | 0 \rangle \langle 0 | q_I \rangle$$
$$= \langle q_F | 0 \rangle \langle 0 | T(Q_H(t_1) \, Q_H(t_2)) | 0 \rangle \langle 0 | q_I \rangle \qquad (4.20)$$

同様に，演算子を挟まない経路積分は基底状態の波動関数の積になる．したがって，それらの比はハイゼンベルク描像の演算子を時間の順序に並べてT積を作り，その真空期待値をとったものになる．すなわち，グリーン関数

$\langle 0 | T(Q_H(t_1) Q_H(t_2)) | 0 \rangle$

$$= \lim_{t_F \to -i\infty, t_I \to i\infty} \left[\frac{{}_H\langle q_F, t_F | T(Q_H(t_1) Q_H(t_2)) | q_I, t_I\rangle_H}{{}_H\langle q_F, t_F | q_I, t_I\rangle_H} \right]$$

$$= \lim_{t_F \to -i\infty, t_I \to i\infty} \frac{1}{{}_H\langle q_F, t_F | q_I, t_I\rangle_H}$$
$$\times \int_{q(t_I)=q_I}^{q(t_F)=q_F} \mathcal{D}q\mathcal{D}p \, q(t_1) \, q(t_2) \exp\left[i \int_{t_I}^{t_F} dt \, \{p(t)\dot{q} - H(q, p, t)\} \right]$$

(4.21)

になる．このように，ユークリッド化した時間を無限の過去と無限の未来にすれば，遷移確率振幅は基底状態から基底状態への振幅になる．

同様にして，n 点グリーン関数は次のような経路積分表示で与えられる．

$\langle 0 | T(Q_H(t_1) \cdots Q_H(t_n)) | 0 \rangle$

$$= \lim_{t_F \to -i\infty, t_I \to i\infty} \frac{1}{{}_H\langle q_F, t_F | q_I, t_I\rangle_H}$$
$$\times \int_{q(t_I)=q_I}^{q(t_F)=q_F} \mathcal{D}q\mathcal{D}p \, q(t_1) \cdots q(t_n) \exp\left[i \int_{t_I}^{t_F} dt \, \{p(t)\dot{q} - H(q, p, t)\} \right]$$

(4.22)

グリーン関数の生成汎関数と汎関数微分

任意の n 点のグリーン関数をまとめて表すために，次のようなグリーン関数の生成汎関数という概念が便利である．一般に，関数 $J(t)$ の関数形によって決まっている量を**汎関数**とよび，$Z[J]$ というように，[ ]の中に関数の名前を入れて表す．その際，単なる関数と違うことを示すために，( )ではなく [ ] を用いて，その名前の関数の特定の座標点 t での値 $J(t)$ によるのではなく，関数 J の形全体によっていることを表している．たとえば，係数関数 $z(t)$ を用いて次のような積分で表される量 Z は関数 $J(t)$ の汎関数の例

である．

$$Z[J] = \int dt\, J(t)\, z(t) \tag{4.23}$$

この場合，Zという量は，どこか1つの座標点tでの関数の値だけで決まっているのではなく，関数$J(t)$を係数関数$z(t)$で重みを付けて積分した結果で与えられるので，関数形全体に依存する．この事実を表すために，汎関数という概念を用いる．

さらに，微小変分$\delta J(t)$を考えて

$$\delta Z[J] \equiv Z[J + \delta J] - Z[J] = \int dt \frac{\delta Z[J]}{\delta J(t)} \delta J(t) \tag{4.24}$$

となる量$\delta Z[J]/\delta J(t)$を**汎関数微分**と定義する．たとえば$Z[J]$が上の例(4.23)のように，関数$J(t)$の1次の汎関数であれば，汎関数微分は

$$\frac{\delta Z[J]}{\delta J(t)} = z(t) \tag{4.25}$$

となる．さらに例を挙げると，次のような関数$J(t)$の2次の汎関数であれば

$$Z[J] = \frac{1}{2} \int dt_1\, dt_2\, J(t_1)\, z(t_1, t_2)\, J(t_2) \tag{4.26}$$

$$\frac{\delta Z[J]}{\delta J(t)} = \frac{1}{2}\left\{ \int dt_2\, z(t, t_2)\, J(t_2) + \int dt_1\, J(t_1)\, z(t_1, t) \right\} \tag{4.27}$$

となる．

この汎関数微分を用いると，**グリーン関数の生成汎関数**$Z[J]$が定義でき，

$$\begin{aligned} Z[J] &= \left\langle 0 \left| T \sum_{n=0}^{\infty} \frac{i^n}{n!} \left\{ \int dt\, J(t)\, Q_{\mathrm{H}}(t) \right\}^n \right| 0 \right\rangle \\ &= \left\langle 0 \left| T \exp\left[i \int dt\, J(t)\, Q_{\mathrm{H}}(t) \right] \right| 0 \right\rangle \end{aligned} \tag{4.28}$$

となる．これは，次のような経路積分で表せる．

$$Z[J] = \lim_{t_F \to -i\infty, t_1 \to i\infty} \frac{1}{{}_H\langle q_F, t_F | q_1, t_1 \rangle_H}$$
$$\times \int_{q(t_1)=q_1}^{q(t_F)=q_F} \mathcal{D}q \mathcal{D}p \exp\left[i\int_{t_1}^{t_F} dt \{p(t)\dot{q} - H(q,p,t) + J(t)\,q(t)\}\right]$$

(4.29)

このようにグリーン関数の生成汎関数 $Z[J]$ は外場 $J(x)$ のもとで，無限の過去に真空状態であったものが無限の未来に真空状態に留まっている確率振幅を表している．そして，この生成汎関数 $Z[J]$ を J で n 回汎関数微分すると n 点グリーン関数が得られる．その意味で，生成汎関数のことを**母関数**ともいい，次のように与えられる．

$$\langle 0|T(Q_H(t_1)\cdots Q_H(t_n))|0\rangle = (-i)^n \left.\frac{\delta^n Z[J]}{\delta J(t_1)\cdots \delta J(t_n)}\right|_{J=0}$$

(4.30)

§4.2 場の量子論での経路積分

多自由度系の量子力学で，自由度のラベル $r = 1, \cdots, N$ を連続無限個にしたものが場の量子論である．したがって，量子力学の場合を拡張して，場の量子論の経路積分表示が次のように得られる．

$$\prod_{r=1}^N \mathcal{D}q^r \mathcal{D}p_r \equiv \prod_{r=1}^N \prod_t dq^r(t)\,dp_r(t) \quad \to \quad \prod_x \prod_t d\phi(t,\boldsymbol{x})\,d\pi(t,\boldsymbol{x}) \equiv \mathcal{D}\phi\,\mathcal{D}\pi$$

(4.31)

ここで，経路積分の定数規格化因子は物理量には効いてこないので，無視している．場の量子論では通常 ハイゼンベルク描像を用いるので，以下ではハイゼンベルク描像の添字 H を省略する．

グリーン関数を求めるために，場の演算子 $\phi(x)$ に対する外場 $J(x)$ を導入する．

$$\mathcal{L} \to \mathcal{L} + J(x)\,\phi(x) \tag{4.32}$$

場の量子論でも，グリーン関数の生成汎関数 $Z[J]$ は外場 $J(x)$ がはたらいているときの，無限の過去での真空状態から無限の未来での真空状態への遷移確率振幅で与えられる．したがって，**グリーン関数の生成汎関数の経路積分表示**は

$$\begin{aligned}Z[J] &= N \int \mathcal{D}\phi\mathcal{D}\pi \exp\left[i\int d^4x \,\{\pi(x)\,\partial_0\phi(x) - \mathcal{H}(\phi,\pi) + J(x)\,\phi(x)\}\right] \\ &= N' \int \mathcal{D}\phi \exp\left[i\int d^4x\,\{\mathcal{L}(\phi,\partial_\mu\phi) + J(x)\,\phi(x)\}\right]\end{aligned}$$

$$\tag{4.33}$$

となる．ここで規格化定数として N, N' を入れてある．また，経路積分として無限の過去から無限の未来までを積分するので，(4.22) のように始状態と終状態としては場の量子論の基底状態，すなわち真空状態だけが寄与する．したがって，始状態・終状態を具体的に記していない．また §4.1 の量子力学でのグリーン関数でみたように，経路積分表示で登場する演算子は，一般に T 積になる．

経路積分で表示された $Z[J]$ は，外場 $J(x)$ のもとでの無限の過去の真空から無限の未来の真空への遷移確率振幅を与える．したがって，経路積分表示 (4.33) に対応する量をハイゼンベルク描像の相互作用場の演算子形式で表すと，

$$Z[J] = \left\langle 0 \left| T \exp\left[i\int d^4x\,J(x)\,\phi(x)\right]\right| 0\right\rangle \tag{4.34}$$

となる．

§4.3 生成汎関数

(4.30) に与えたように，生成汎関数を外場 $J(x)$ について任意の n 回汎関

数微分すると，任意の n 点グリーン関数，すなわち，任意の n 個の場の演算子の時間順序づけした積の真空期待値を得ることができる．これが可能なように，わざわざ外場 $J(x)$ を導入しておいたのである．

x という座標点での場 $\phi(x)$ に対する外場が $J(x)$ である．したがって，$J(x)$ で 1 回汎関数微分すると，その座標点 x での**場 $\phi(x)$ の真空期待値** $\langle 0|\phi(x)|0\rangle$ が得られる．

$$-i\frac{\delta Z[J]}{\delta J(x)}\bigg|_{J=0} = N'\int \mathcal{D}\phi\, \phi(x)\exp\left[i\int d^4x\, \mathcal{L}(\phi,\partial_\mu\phi)\right]$$
$$= \langle 0|\phi(x)|0\rangle \times Z[J=0] \tag{4.35}$$

ここで，$Z[J=0]$ は外場 $J(x)$ とつながっていない振幅を表している．このような寄与は図 4.2 のように，真空でも起こる振幅であるから，**真空泡グラフ**とよばれる．真

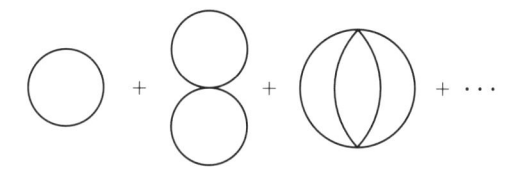

図 4.2 真空泡グラフの例

空泡グラフには興味がないので，これを割り算して取り除いた量 $Z[J]/Z[J=0]$ を，これから以下では考える．このように，$Z[J]/Z[J=0]$ という比をとることによって真空泡グラフの寄与をなくすことができる．一方，通常の場の量子論では，場の演算子の真空期待値 $\langle 0|\phi(x)|0\rangle$ はゼロである．当面，そのような場合に興味があるとしよう．

$Z[J]$ が n 点グリーン関数の生成汎関数だから，n 回微分すると次の n 点グリーン関数が得られる．

$$(-i)^n\frac{1}{Z[J]}\frac{\delta^n Z[J]}{\delta J(x_1)\cdots\delta J(x_n)}\bigg|_{J=0} = \langle 0|T(\phi(x_1)\cdots\phi(x_n))|0\rangle$$
$$\tag{4.36}$$

真空泡グラフの寄与は既に取り除いたが，それでも，その残りのすべてに興

66   4. 経路積分量子化

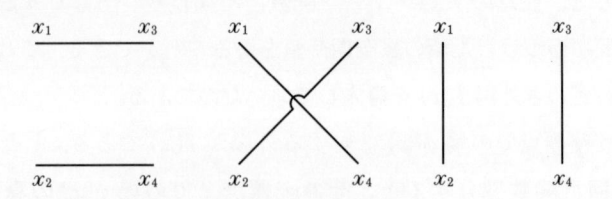

図 4.3 素通しの効果を表す連結していないグリーン関数の例

味があるわけではない．自由場の場合だと散乱は起こらず，図 4.3 のように，この n 点グリーン関数は 2 点ずつが直接つながった**素通しの効果**だけを表す．そのような自由場の場合にも生じる効果には興味がないことが多いので，それらの寄与を取り除いた残りを考えるのが有用である．

一般に，期待値をとった演算子すべてが 1 つにつながっている場合のグリーン関数を**連結グリーン関数**とよぶ．すなわち連結グリーン関数は，n 個の場の演算子 $\phi(x_i)$ が互いに 1 つにつながっている振幅で与えられ，自由場では生じない振幅を表すことになる．このような連結グリーン関数を表す振幅の全体を考えて，C とすると，2 つの連結していない部分から成る振幅の全体は $C^2/2$ で与えられる．同様にして，n 個の連結していない部分から成る振幅の全体は，$C^n/n!$ で与えられる．したがって，すべてのグリーン関数の生成汎関数 $Z[J]$ は**連結グリーン関数の生成汎関数** $W[J]$ の指数関数で与えられる．連結グリーン関数を c という添字を付けて表すと，

$$\begin{aligned} i\,W[J] &\equiv \log\left(\frac{Z[J]}{Z[J=0]}\right) \\ &= \sum_{n=1}^{\infty} \frac{i^n}{n!} \int d^4x_1 \cdots \int d^4x_n\, J(x_1) \cdots J(x_n) \langle 0|T(\phi(x_1) \cdots \phi(x_n))|0\rangle_c \end{aligned}$$

(4.37)

$$\langle 0|T(\phi(x_1)\cdots\phi(x_n))|0\rangle_c = (-i)^{n-1}\frac{\delta^n W[J]}{\delta J(x_1)\cdots\delta J(x_n)}\bigg|_{J=0}$$

(4.38)

となる．場の演算子 $\phi(x)$ の真空期待値が消える場合 $\langle 0|\phi(x)|0\rangle = 0$ に，4点関数を例にとると

$$\begin{aligned}\langle 0|T(\phi(x_1)\cdots\phi(x_4))|0\rangle_c = &\langle 0|T(\phi(x_1)\cdots\phi(x_4))|0\rangle\\ &- \langle 0|T(\phi(x_1)\phi(x_2))|0\rangle\langle 0|T(\phi(x_3)\phi(x_4))|0\rangle\\ &- \langle 0|T(\phi(x_1)\phi(x_3))|0\rangle\langle 0|T(\phi(x_2)\phi(x_4))|0\rangle\\ &- \langle 0|T(\phi(x_1)\phi(x_4))|0\rangle\langle 0|T(\phi(x_2)\phi(x_3))|0\rangle\end{aligned}$$

(4.39)

と与えられる．自由場の場合には連結グリーン関数がゼロとなるので，図 4.3 のように (4.39) 右辺の第 2〜4 項で第 1 項が表される．一般の n 点関数は帰納法を用いて示せばよい．

§4.4 グラスマン数

ディラック粒子のように，スピンが半奇整数のフェルミ粒子は正準量子化する際に場の演算子の間の交換関係ではなく，反交換関係を用いなければならない．交換関係を用いるボース粒子の経路積分では，場を単なる数に変えて用いた．しかし，フェルミ統計に従う粒子に対して経路積分量子化を行うには，場を"反交換する数"に変えたものを用いなければならない．このような数を**グラスマン (H. G. Grassmann) 数**とよぶ．もしもグラスマン数 θ_i が N 種類あったとすると，その基本的な定義は

$$\theta_i\theta_j = -\theta_j\theta_i \tag{4.40}$$

で与えられる．特に，同じ種類のグラスマン数は掛けると消える．したがって，グラスマン数について"大きさ"という概念を定義することはできない．また，グラスマン数の関数というのは，グラスマン数のベキ級数展開で

定義できて，

$$f(\theta) = f_0 + f_i \theta_i + f_{ij}\theta_i\theta_j + \cdots + f_{12\cdots N}\theta_1\cdots\theta_N \tag{4.41}$$

となり，実は有限次の多項式である．グラスマン数での微分 $\partial/\partial\theta_j$ は

$$\frac{\partial}{\partial\theta_j}\theta_i = \delta_{ij} \tag{4.42}$$

と定義するのが自然である．一方，この逆の操作である積分が定義できていた方が便利なので，積分を次のように定義する．

$$\int d\theta_i\,\theta_j = \delta_{ij}, \qquad \int d\theta_i\,1 = 0 \tag{4.43}$$

したがって，積分 $\int d\theta_j$ は微分 $\partial/\partial\theta_j$ と同じ操作である．グラスマン数での微分や積分は相互に，またグラスマン数とも反交換する量である．このような場合，グラスマン数を右側から微分するか，左側から微分するかで符号が逆になるので，右微分と左微分を区別する必要がある．右からの微分を右側に書くことにすると

$$\theta_i\frac{\partial}{\partial\theta_j} = -\frac{\partial}{\partial\theta_j}\theta_i \tag{4.44}$$

となる．

普通の数での積分では積分変数の変数変換を行うと，次のようにヤコビアン $\det(J_{ij})$ がでてくる．

$$x'_i = J_{ij}x_j \quad\rightarrow\quad \int dx'_1\cdots dx'_N = \int dx_1\cdots dx_N\,\det(J_{ij}) \tag{4.45}$$

また，(4.43) の定義から，グラスマン数ではヤコビアンは通常のヤコビアンと逆のベキとなり，微分の場合と同じなので

$$\theta'_i = J_{ij}\theta_j \quad\rightarrow\quad \int d\theta'_1\cdots d\theta'_N = \int d\theta_1\cdots d\theta_N\,\frac{1}{\det(J_{ij})} \tag{4.46}$$

となる．

フェルミ粒子に対して経路積分を行うためには，次のような積分が重要な役割を果たす．これを**グラスマン数でのガウス型積分**とよぶ．

$$\int d\theta_1 \cdots d\theta_N \exp\left(-\frac{1}{2}\sum_{j,k=1}^{N}\theta_j A_{jk}\theta_k\right) \qquad (4.47)$$

もしもグラスマン数の個数 N が奇数の場合には，上の (4.43) の定義から，ガウス積分が必ずゼロになる．グラスマン数の種類が偶数個 $N=2n$ 個とすると，

$$\int d\theta_1 \cdots d\theta_{2n} \exp\left(-\frac{1}{2}\sum_{j,k=1}^{2n}\theta_j A_{jk}\theta_k\right) \equiv \mathrm{Pf}\,A = \pm\sqrt{\det A}$$

$$(\mathrm{Pf}\,A)^2 = \det A$$

$$(4.48)$$

となる．線形代数の定理によれば，反対称行列 A の行列式は**プファフィアン (Pfaffian)** とよばれる多項式 $\mathrm{Pf}\,A$ の2乗になる．グラスマン数での積分は，このプファフィアン $\mathrm{Pf}\,A = \pm\sqrt{\det A}$ を与える．これを具体的に成分で表すと

$$\mathrm{Pf}\,A = \sum_{j_1,\cdots,j_{2n}=1}^{2n}\frac{1}{n!\,2^n}\varepsilon_{j_1\cdots j_{2n}}A_{j_1 j_2}\cdots A_{j_{2n-1}j_{2n}} \qquad (4.49)$$

となる．このように，実数のガウス積分は行列式 $\det A$ が分母に現れたのに対して，グラスマン数の積分では行列式が分子に現れるのが特徴である．

演習問題

[1] 係数 a,b をもつ，次のグラスマン数の有理関数をグラスマン数の多項式に書き直せ．

$$\frac{1}{1+a\theta_1\theta_2+b\theta_3} \qquad (4.50)$$

[2] グラスマン数についての積分 (4.48) を，最も簡単な最初の2つの場合 ($n=1$ と $n=2$) について行うと次のようになることを示せ．

$$\int d\theta_1\, d\theta_2 \exp\left(-\frac{1}{2}\sum_{j,k=1}^{2}\theta_j A_{jk}\theta_k\right) = A_{12} = \pm\sqrt{\det A} \tag{4.51}$$

$$\int d\theta_1\cdots d\theta_4 \exp\left(-\frac{1}{2}\sum_{j,k=1}^{4}\theta_j A_{jk}\theta_k\right) = A_{12}A_{34} - A_{13}A_{24} + A_{14}A_{23}$$
$$= \pm\sqrt{\det A} \tag{4.52}$$

一般の n の場合について示すことも試みてみるとよい．

グラスマン数と超対称量子力学

超対称性はボース粒子とフェルミ粒子の間の対称性で，それを式に表すためには，それらの粒子を区別する"座標"があるとよい．この座標は統計性を逆にする"数"なので，それ自身は反交換する数，すなわちグラスマン数である．1つのグラスマン数は2乗すると消えるので，1, θ の2つの状態だけになり，グラスマン数は2行2列の行列で表現できる．量子力学にグラスマン数を1個導入して，超対称性を表現したものを超対称量子力学という．これは2成分波動関数の量子力学の一種である．

5 摂動論のファインマン則

　場の量子論のように自由度の多い系では，厳密解を得ることは一般には難しい．その場合でも，相互作用の効果が小さいとして，ベキ級数展開で量子効果を求めることができる．この摂動論の基礎となる技術が，ファインマン図形の方法である．本章では，経路積分表示を用いて摂動論のファインマン則を導き，散乱断面積などの物理量を計算する方法を与える．さらに，量子効果をまとめあげる有効作用という概念を導入し，その計算法を与える．

§5.1　自由場の場合のグリーン関数の生成汎関数

　まず最初に，相互作用がない場合，すなわち自由場の場合の

$$\mathcal{L}_{\text{free}} = \frac{1}{2}\,\partial_\mu \phi(x)\,\partial^\mu \phi(x) - \frac{1}{2}\,m^2\,(\phi(x))^2 \tag{5.1}$$

について具体的に生成汎関数を求めてみよう．(4.32)のように，スカラー場 $\phi(x)$ の源となる外場 $J(x)$ を導入して，(4.33)のように，自由場の場合の生成汎関数 $Z_{\text{free}}[J]$ を経路積分表示すると，

$$\begin{aligned}
&Z_{\text{free}}[J] \\
&= N'\int \mathcal{D}\phi \exp\left[i\int d^4x \left\{\frac{1}{2}\,\partial_\mu\phi(x)\,\partial^\mu\phi(x) - \frac{1}{2}m^2\,(\phi(x))^2 + J(x)\,\phi(x)\right\}\right] \\
&= N'\int \mathcal{D}\phi \exp\left[i\int d^4x \left\{-\frac{1}{2}\,\phi(x)\,(\partial_\mu\partial^\mu + m^2)\,\phi(x) + J(x)\,\phi(x)\right\}\right]
\end{aligned} \tag{5.2}$$

となり,ここに現れているクライン - ゴルドンの微分演算子 $\partial_\mu \partial^\mu + m^2$ を積分の形で次のように表しておくと便利である.

$$\int d^4x\, \phi(x)(\partial_\mu \partial^\mu + m^2)\phi(x) = \int d^4x \int d^4y\, \phi(x)(\partial_\mu \partial^\mu + m^2)\delta^4(x-y)\phi(y)$$

$$\equiv \int d^4x \int d^4y\, \phi(x) K(x-y) \phi(y)$$

(5.3)

自由場の場合の経路積分では,積分変数 $\phi(x)$ についての2次式が指数に入った量を積分する.このような積分は一般にガウス型の積分とよばれ,厳密に積分を実行できる.簡単のために,量子力学のように有限個の自由度の場合を考えると,経路積分は自由度の数 N だけの次元のガウス積分となる.自由度のラベルを $j, k = 1, \cdots, N$ とすると,N 次元の**ガウス積分**の公式は行列としての記法を採用して

$$\int_{-\infty}^{\infty} \prod_{j=1}^{N} d\phi^j \exp\left[-\frac{1}{2} \sum_{j,k=1}^{N} \phi^j K_{jk} \phi^k + \sum_{j=1}^{N} B_j \phi^j \right]$$
$$= \sqrt{\frac{(2\pi)^N}{\det(K_{jk})}} \exp\left[\frac{1}{2} \sum_{j,k=1}^{N} B_j (K^{-1})^{jk} B_k \right]$$

(5.4)

で与えられる (演習問題 [1] 参照).

これを無限次元の場合に拡張して用いると,

$$Z_{\text{free}}[J] = Z_{\text{free}}[J=0] \exp\left[\frac{i}{2} \int d^4x\, d^4y\, J(x) K^{-1}(x-y) J(y) \right]$$

(5.5)

となる.ここに現れた関数 $K^{-1}(x-y)$ は,積分核 $K(x-y)$ の逆として次のように定義される.

$$\int d^4y\, K(x-y) K^{-1}(y-z) = (\partial_\mu \partial^\mu + m^2) K^{-1}(x-z)$$
$$= \delta^4(x-z) \quad (5.6)$$

したがって,クライン - ゴルドン微分演算子 $K(x-y)$ の逆 $K^{-1}(x-y)$ は

§5.1 自由場の場合のグリーン関数の生成汎関数

グリーン関数の一種である．自由場の生成汎関数 (5.5) は外場 $J(x)$ の 2 次の指数関数になるので，この量 $K^{-1}(x-y)$ は自由場のグリーン関数の生成汎関数 $Z_{\text{free}}[J]$ を 2 回微分することによって，次のように得られる．

$$-\frac{1}{Z_{\text{free}}[J=0]} \frac{\delta^2 Z_{\text{free}}[J]}{\delta J(x)\,\delta J(y)}\bigg|_{J=0} = -i K^{-1}(x-y) \quad (5.7)$$

一方，(4.36) に示されているように，生成汎関数の汎関数 2 回微分は 2 つの自由場の時間順序づけした積の真空期待値

$$\frac{1}{i^2} \frac{1}{Z_{\text{free}}[J=0]} \frac{\delta^2 Z[J]}{\delta J(x)\,\delta J(y)}\bigg|_{J=0} = \langle 0|T(\phi(x)\,\phi(y))|0\rangle \quad (5.8)$$

を与える．したがって，自由場のガウス積分の積分核の逆 $K^{-1}(x-y)$ は

$$-i K^{-1}(x-y) = \langle 0|T(\phi(x)\,\phi(y))|0\rangle = i\Delta_{\text{F}}(x-y) \quad (5.9)$$

となり，これはファインマン伝播関数そのものである．実際，(2.70) に定義したファインマン伝播関数 Δ_{F} は，(2.71) に示したように，クライン‐ゴルドン方程式の微分演算子 $-K_x = -\partial_\mu \partial^\mu - m^2$ のグリーン関数の 1 つになっており，(5.6) を満たす．(5.6) のような微分方程式で定義されているグリーン関数を正確に定義するには，積分する際の境界条件を決めなければならない．

(5.9) は，このグリーン関数がファインマン伝播関数の境界条件と一致することを示している．自由場のグリーン関数の生成汎関数がファインマン伝播関数で表わせるということは，(4.15) でみたように，経路積分の中に現れる演算子の積が，時間の順序に並べた T 積を表しているという事実に対応する．

この結果を用いて，(5.5) の自由場のグリーン関数の生成汎関数 $Z_{\text{free}}[J]$ を (5.9) を用いてファインマン伝播関数で書き直すと

$$Z_{\text{free}}[J] = Z_{\text{free}}[J=0] \exp\left[\frac{-i}{2} \int d^4x\, d^4y\, J(x)\, \Delta_{\text{F}}(x-y)\, J(y)\right]$$

$$(5.10)$$

となる.

§5.2 相互作用場のグリーン関数の生成汎関数

1つの実スカラー場が ϕ^4 相互作用する場合のラグランジアン密度 (1.24) を例にとる.

$$\mathcal{L} = \mathcal{L}_{\text{free}} + \mathcal{L}_{\text{int}} \tag{5.11}$$

$$\mathcal{L}_{\text{free}} = \frac{1}{2}\partial_\mu\phi(x)\,\partial^\mu\phi(x) - \frac{1}{2}m^2\,(\phi(x))^2, \qquad \mathcal{L}_{\text{int}} = -\frac{\lambda}{4!}\phi^4 \tag{5.12}$$

この系に外場 $J(x)$ を加えて (4.33) のように経路積分すると,グリーン関数の母関数 $Z[J]$ が

$$Z[J] = N'\int \mathcal{D}\phi \exp\left[i\int d^4x\,\{\mathcal{L}_{\text{int}} + \mathcal{L}_{\text{free}} + J(x)\,\phi(x)\}\right] \tag{5.13}$$

と得られる.ここで,自由場の生成汎関数に対して,外場 $J(x)$ で汎関数微分すると,その度ごとに経路積分の中に場が挿入されることを思い出そう.任意の汎関数 $f[\phi]$ を挿入するためには

$$\begin{aligned}
f&\left[-i\frac{\delta}{\delta J(\cdot)}\right]Z_{\text{free}}[J]\\
&= N'\int \mathcal{D}\phi\,f[\phi]\exp\left[i\int d^4x\,\{\mathcal{L}_{\text{free}} + J(x)\,\phi(x)\}\right]
\end{aligned} \tag{5.14}$$

という汎関数微分を行うとよい.ここで汎関数は関数形全体の関数で,特定の座標点 x によらないことを示すために,$J(x)$ の x を書かず $J(\cdot)$ と表記した.この任意関数 f として相互作用ラグランジアンの指数関数を選ぶと,以下のように,ちょうど,相互作用する場のグリーン関数の生成汎関数そのものになる.

§5.2 相互作用場のグリーン関数の生成汎関数　75

$$\begin{aligned}
&\exp\left[i\int d^4x\, \mathcal{L}_{\text{int}}\left(-i\frac{\delta}{\delta J(x)}\right)\right] Z_{\text{free}}[J] \\
&= N'\int \mathcal{D}\phi \exp\left[i\int d^4x\, \mathcal{L}_{\text{int}}(\phi(x))\right] \exp\left[i\int d^4x\, \{\mathcal{L}_{\text{free}} + J(x)\,\phi(x)\}\right] \\
&= N'\int \mathcal{D}\phi \exp\left[i\int d^4x\, \{\mathcal{L}_{\text{int}} + \mathcal{L}_{\text{free}} + J(x)\,\phi(x)\}\right] = Z[J]
\end{aligned}$$

(5.15)

これが，相互作用場の生成汎関数を**自由場の生成汎関数に対する汎関数微分で表す公式**である．

このように，相互作用項を自由場の部分と別に扱い，後で外から汎関数微分という形で取り入れるというのが，経路積分での摂動論である．この取扱いでは，相互作用項はベキ級数展開で次々と近似を良くしていくことができる小さな効果であると仮定するので，**摂動論**とよんでいる．

経路積分では，相互作用項を自由場の部分とは別扱いにすることによって，自由場の生成汎関数に対する汎関数微分ですべてを書き表すことができた．もともと相互作用する場のグリーン関数の生成汎関数はハイゼンベルク描像の演算子で表すと，(4.34) のように表せる．それに対して，ここで得られた生成汎関数 $Z_{\text{free}}[J]$ は自由場の場合だから，演算子形式で表すと自由場の運動方程式に従う場の演算子で表されている．(2.16) に示したように，自由場の運動方程式に従う場の演算子は相互作用描像の演算子である．経路積分の摂動論では，すべては自由場の経路積分に基づいているので，演算子形式としては (2.13) 〜 (2.15) で定義された相互作用描像をとったことになる．

経路積分では，摂動論は単に相互作用項だけを別扱いして後から汎関数微分として取り入れるという操作に過ぎない．しかし，この操作を演算子形式でみると，描像をハイゼンベルク描像での演算子形式 (2.8) から**相互作用描像での演算子形式** (2.13) へ移ることに対応する．その意味で，自由場の生

成汎関数を演算子を用いて表すときには，相互作用描像を用いていることを表すために，I という添字を付けて次のように表す．

$$\frac{Z_{\text{free}}[J]}{Z_{\text{free}}[J=0]} = {}_{\text{I}}\!\left\langle 0 \left| T \exp\left[i\int d^4x\, J(x)\,\phi_{\text{I}}(x)\right] \right| 0 \right\rangle_{\text{I}}$$

(5.16)

§5.3 生成汎関数を場の汎関数微分で表示する

外場 $J(x)$ についての汎関数微分よりも，それに結合する関数 $\phi(x)$ を新たに導入して

$$J(x_1)\cdots J(x_n) = (-i)^n \left(\frac{\delta^n}{\delta\phi(x_1)\cdots\delta\phi(x_n)} \exp\left[i\int d^4u\, J(u)\,\phi(u)\right]\right)\Big|_{\phi=0}$$

(5.17)

と書き直した方が便利である．ここで $\phi(x)$ は単なる関数 (c 数) であって，場の演算子 (q 数) ではないことに注意しよう．相互作用系のグリーン関数の生成汎関数 (5.15) は，この方法を用いて次のように，古典的な場 ϕ を用いた汎関数微分に書き直せる．

$$\begin{aligned}
Z[J] &= N''\exp\left[i\int d^4x\, \mathcal{L}_{\text{Int}}\left(-i\frac{\delta}{\delta J(x)}\right)\right] \\
&\quad \times \exp\left[-\frac{1}{2}\int d^4y\, d^4z\, i\,J(y)\,\Delta_{\text{F}}(y-z)\,J(z)\right] \\
&= N''\exp\left[i\int d^4x\, \mathcal{L}_{\text{Int}}\left(-i\frac{\delta}{\delta J(x)}\right)\right] \\
&\quad \times \left(\exp\left[\frac{i}{2}\int d^4y\, d^4z\, \frac{\delta}{\delta\phi(y)}\Delta_{\text{F}}(y-z)\frac{\delta}{\delta\phi(z)}\right]\right. \\
&\quad \left.\times \exp\left[i\int d^4u\, J(u)\,\phi(u)\right]\right)\Big|_{\phi=0}
\end{aligned}$$

(5.18)

J での汎関数微分を先に実行すると，

§5.3 生成汎関数を場の汎関数微分で表示する

$$Z[J] = N'' \left(\exp\left[\frac{i}{2} \int d^4y \, d^4z \frac{\delta}{\delta\phi(y)} \Delta_{\mathrm{F}}(y-z) \frac{\delta}{\delta\phi(z)} \right] \right.$$
$$\left. \times \exp\left[i \int d^4x \, \mathcal{L}_{\mathrm{int}}(\phi) \right] \exp\left[i \int d^4u \, J(u) \, \phi(u) \right] \right)\bigg|_{\phi=0}$$
(5.19)

となる．この公式の右辺の第1因子は，ϕ があればそれらの間をファインマン伝播関数でつなぐという操作を表している．(2.16) に示したように，相互作用描像では演算子 ϕ は自由場だから，それらの積の真空期待値は (4.39) の例のように ϕ の間をファインマン伝播関数でつないだものになる．したがって，場の演算子 ϕ の任意の関数 $\mathcal{O}[\phi]$ について，そこに現れる場の演算子の間をファインマン伝播関数でつないだ量とは，相互作用描像（添字 I）での場の演算子 ϕ_{I} の関数 $\mathcal{O}[\phi_{\mathrm{I}}]$ の時間順序積の真空期待値にほかならない．すなわち，相互作用描像での真空を $|0\rangle_{\mathrm{I}}$ で表すと

$$\left(\exp\left[\frac{i}{2} \int d^4y \, d^4z \frac{\delta}{\delta\phi(y)} \Delta_{\mathrm{F}}(y-z) \frac{\delta}{\delta\phi(z)} \right] \mathcal{O}[\phi] \right)\bigg|_{\phi=0} = {}_{\mathrm{I}}\langle 0 | T \, \mathcal{O}[\phi_{\mathrm{I}}] | 0 \rangle_{\mathrm{I}}$$
(5.20)

となる．

具体的な例として，2点関数は

$$\left(\exp\left[\frac{i}{2} \int d^4y \, d^4z \frac{\delta}{\delta\phi(y)} \Delta_{\mathrm{F}}(y-z) \frac{\delta}{\delta\phi(z)} \right] \{\phi(x_1)\,\phi(x_2)\} \right)\bigg|_{\phi=0}$$
$$= i\, \Delta_{\mathrm{F}}(x_1 - x_2)$$
$$= {}_{\mathrm{I}}\langle 0 | T(\phi_{\mathrm{I}}(x_1)\,\phi_{\mathrm{I}}(x_2)) | 0 \rangle_{\mathrm{I}}$$
(5.21)

となり，自由場の場合のファインマン伝播関数に一致する．一般に $2n$ 個の場の演算子の積については，n 対の $\phi(x)$ を選びその間をつないで得られるファインマン伝播関数の積を作り，すべての対の可能性を重み1で足し合せたものになる．n 点関数であれば

5. 摂動論のファインマン則

$$\left(\exp\left[\frac{i}{2}\int d^4y\, d^4z\, \frac{\delta}{\delta\phi(y)}\Delta_F(y-z)\frac{\delta}{\delta\phi(z)}\right]\{\phi(x_1)\cdots\phi(x_n)\}\right)\Big|_{\phi=0}$$
$$= \sum \{i\,\Delta_F(x_{i_1}-x_{j_1})\}\cdots\{i\,\Delta_F(x_{i_n}-x_{j_n})\}$$
$$= {}_I\langle 0|T(\phi_I(x_1)\cdots\phi_I(x_n))|0\rangle_I$$
(5.22)

である.このように 2 つの場の演算子を対にしてファインマン伝播関数でおきかえることを**縮約する**という.

(5.19) 右辺の第 2 因子は,**頂点**が相互作用ラグランジアン密度 $\mathcal{L}$ で与えられることを表す.最後の因子は外場 J で伝播関数が終わることを表している.したがって,グリーン関数の生成汎関数 (5.19) はファインマン伝播関数で相互作用の頂点の間を結んだ図形の全体で与えられる.また,(5.20) の記法を用いると相互作用場のグリーン関数の生成汎関数は

$$\frac{Z[J]}{Z[J=0]} = \frac{{}_I\langle 0|T\exp\left[i\int d^4x\,\{\mathcal{L}_{\text{Int}}(\phi_I) + J(x)\,\phi_I(x)\}\right]|0\rangle_I}{{}_I\langle 0|T\exp\left[i\int d^4x\,\mathcal{L}_{\text{Int}}(\phi_I)\right]|0\rangle_I}$$
(5.23)

となる.

この公式を具体的に活用するには,相互作用ラグランジアンが小さいとして摂動展開し,(5.20) を用いる.たとえば,分子は

$$\Bigg(\exp\left[\frac{i}{2}\int d^4y\, d^4z\, \frac{\delta}{\delta\phi(y)}\Delta_F(y-z)\frac{\delta}{\delta\phi(z)}\right]$$
$$\times \exp\left[i\int d^4x\,\{\mathcal{L}_{\text{Int}}(\phi) + J(x)\,\phi(x)\}\right]\Bigg)\Bigg|_{\phi=0}$$
$$= \sum_{n=0}^{\infty}\frac{1}{n!}\Bigg(\exp\left[\frac{i}{2}\int d^4y\, d^4z\, \frac{\delta}{\delta\phi(y)}\Delta_F(y-z)\frac{\delta}{\delta\phi(z)}\right]$$
$$\times \prod_{j=1}^{n}\int d^4y_j\, i\mathcal{L}_{\text{Int}}(\phi(y_j))\exp\left[i\int d^4x\,J(x)\,\phi(x)\right]\Bigg)\Bigg|_{\phi=0}$$
(5.24)

のようになる．(5.22) にみたように，この汎関数微分を行った結果，縮約によって相互作用頂点や外線の間を結ぶ伝播関数が得られる．

§5.4　ディラック場の経路積分

ディラック場は，(2.76) でラグランジアン密度が与えられる．グラスマン数を用いると，ディラック場のグリーン関数の生成汎関数に対する経路積分表示はスカラー場の場合の経路積分表示 (4.33) と同様に求められる．

ディラック場に対する外場 $\eta, \bar{\eta}$ を導入する．これらもグラスマン数である．ディラック場のグリーン関数の生成汎関数 $Z[\eta, \bar{\eta}]$ の経路積分は

$$\begin{aligned}
Z[\eta, \bar{\eta}] &\equiv \left\langle 0 \left| T \exp\left[i \int d^4x \left\{ \bar{\eta}(x)\,\psi(x) + \bar{\psi}(x)\,\eta(x) \right\} \right] \right| 0 \right\rangle \\
&= N \int \mathcal{D}\bar{\psi}\,\mathcal{D}\psi \exp\Big[i \int d^4x \{ \bar{\psi}(x)\,(i\gamma^\mu \partial_\mu - m)\,\psi(x) \\
&\qquad\qquad\qquad + \mathcal{L}_{\text{int}} + \bar{\eta}(x)\,\psi(x) + \bar{\psi}(x)\,\eta(x) \} \Big]
\end{aligned} \tag{5.25}$$

である．

また，自由ディラック場の場合のグリーン関数の生成汎関数は，グラスマン数のガウス積分として次のように簡単に求まる．

$$\begin{aligned}
&Z_{\text{free}}[\eta, \bar{\eta}] \\
&= N \int \mathcal{D}\bar{\psi}\,\mathcal{D}\psi \\
&\quad \times \exp\Big[i \int d^4x \{ \bar{\psi}(x)\,(i\gamma^\mu \partial_\mu - m)\,\psi(x) + \bar{\eta}(x)\,\psi(x) + \bar{\psi}(x)\,\eta(x) \} \Big] \\
&= N \int \mathcal{D}\bar{\psi}\,\mathcal{D}\psi \exp\Big[i \int d^4x \{ (\bar{\psi}(x) + \bar{\eta} S_F)\,S_F^{-1}(\psi(x) + S_F \eta) - \bar{\eta} S_F \eta \} \Big] \\
&= N' \exp\Big[-i \int d^4x\,d^4y\,\bar{\eta}(x)\,S_F(x-y)\,\eta(y) \Big]
\end{aligned} \tag{5.26}$$

ここでディラック粒子のファインマン伝播関数 S_F は，(2.98) で定義されているように，$i\gamma^\mu \partial_\mu - m$ の逆行列である．

相互作用場のグリーン関数の生成汎関数 (5.26) も，スカラー場の場合の (5.23) と同様に，外場 η での汎関数微分の代りにグラスマン数 ψ を用いた汎関数微分で書き直せる．その目的のために，スカラー場の場合の記法 (5.20) にならって次のような汎関数微分を導入する．

$$\exp\left[-i\int d^4y\, d^4z \frac{\delta}{\delta \psi(y)} S_F(y-z) \frac{\delta}{\delta \overline{\psi}(z)}\right] \mathcal{O}[\psi, \overline{\psi}]\bigg|_{\psi=\overline{\psi}=0}$$
$$= {}_I\langle 0|T\mathcal{O}[\psi_I, \overline{\psi}_I]|0\rangle_I$$
(5.27)

具体的な例として，2 点関数は

$$\exp\left[-i\int d^4y\, d^4z \frac{\delta}{\delta \psi(y)} S_F(y-z) \frac{\delta}{\delta \overline{\psi}(z)}\right] \{\psi(x_1)\overline{\psi}(x_2)\}\bigg|_{\psi=\overline{\psi}=0}$$
$$= i\, S_F(x_1-x_2) = \langle 0|T(\psi(x_1)\overline{\psi}(x_2))|0\rangle$$
(5.28)

となり，自由場の場合の2点関数，すなわちファインマン伝播関数（の i 倍）に一致する．一般に n 点関数に対しても，ディラック場 ψ と $\overline{\psi}$ の間を結ぶことによって，このディラック伝播関数の積の和が得られる．このように，スカラー場の場合の式と同様，場の演算子を対にして伝播関数でおきかえる，すなわち縮約することによって，ファインマン図形が得られる．

この汎関数微分を用いると，自由場のグリーン関数の生成汎関数は
$Z_{\text{free}}[\eta, \overline{\eta}]$

$$= N'\exp\left[-i\int d^4y\, d^4z \frac{\delta}{\delta \psi(y)} S_F(y-z) \frac{\delta}{\delta \overline{\psi}(z)}\right]$$
$$\times \exp\left[i\int d^4x\, \{\overline{\eta}(x)\psi(x) + \overline{\psi}(x)\eta(x)\}\right]\bigg|_{\psi=\overline{\psi}=0}$$
(5.29)

となり，相互作用場のグリーン関数の生成汎関数は，(5.27) の記法を用い

ると

$$
\begin{aligned}
&\frac{Z[\eta, \bar{\eta}]}{Z[\eta = \bar{\eta} = 0]} \\
&= \frac{1}{Z[\eta = \bar{\eta} = 0]} \exp\left[i\int d^4x \, \mathcal{L}_{\text{int}}\left(\frac{1}{i}\frac{\delta}{\delta\bar{\eta}(x)}, \frac{1}{-i}\frac{\delta}{\delta\eta(x)}\right) Z_{\text{free}}[\eta, \bar{\eta}]\right] \\
&= \frac{{}_{\text{I}}\langle 0 | T\left(\exp\left[i\int d^4x \, \{\mathcal{L}_{\text{int}}(\psi, \bar{\psi}) + \bar{\eta}(x)\,\psi(x) + \bar{\psi}(x)\,\eta(x)\}\right]\right) | 0 \rangle_{\text{I}}}{{}_{\text{I}}\langle 0 | T\left(\exp\left[i\int d^4x \, \mathcal{L}_{\text{int}}(\psi, \bar{\psi})\right]\right) | 0 \rangle_{\text{I}}}
\end{aligned}
$$

(5.30)

と表せる．この公式を具体的に活用するためには，相互作用のラグランジアンが小さいとして摂動展開し，(5.27) を用いる．たとえば，分子に現れる $\exp\left[-i\int d^4y \, d^4z \frac{\delta}{\delta\psi(y)} S_{\text{F}}(y-z) \frac{\delta}{\delta\bar{\psi}(z)}\right]$ は，ディラック場 $\psi, \bar{\psi}$ の間をファインマン伝播関数 S_{F} でつなぐことを表し，$\exp\left(i\int d^4x \, \mathcal{L}_{\text{int}}(x)\right)$ は頂点が相互作用ラグランジアン密度 $\mathcal{L}_{\text{int}}$ で与えられていることを表す．最後の $\exp\left[i\int d^4x \, \{\bar{\eta}(x)\,\psi(x) + \bar{\psi}(x)\,\eta(x)\}\right]$ は外場 $\eta, \bar{\eta}$ で伝播関数が終ることを表している．

したがって，グリーン関数の生成汎関数はファインマン伝播関数で相互作用の頂点の間を結んだ図形の全体で与えられる．以下に述べるように，ディラック粒子を含む場合のファインマン則で，ディラック粒子のようなフェルミ統計に従う粒子が描くループ1つ1つに対して，-1 という符号がでてくる．このことを具体的にみるために，例として (1.48) のスカラー型湯川相互作用の場合を取り上げる．相互作用ラグランジアンについての摂動で，2次の効果から得られるファインマン図を例にとって，次のような2つの頂点を結ぶディラック場の1ループを考えてみよう．

5. 摂動論のファインマン則

$$\exp\left[-i\int d^4y\, d^4z \frac{\delta}{\delta\psi(y)} S_F(y-z) \frac{\delta}{\delta\overline{\psi}(z)}\right]$$
$$\times \frac{1}{2}\int d^4y_1 \int d^4y_2\, i\, \mathcal{L}_{\text{Int}}(\phi(y_1))\, i\, \mathcal{L}_{\text{Int}}(\phi(y_2))$$
$$\times \exp\left[i\int d^4x\, \{\overline{\eta}(x)\,\psi(x) + \overline{\psi}(x)\,\eta(x)\}\right]\Big|_{\psi=\overline{\psi}=0}$$
(5.31)

において，2つの相互作用ラグランジアンの中のディラック場に注目すると

$$\exp\left[-i\int d^4y\, d^4z \frac{\delta}{\delta\psi(y)} S_F(y-z) \frac{\delta}{\delta\overline{\psi}(z)}\right]$$
$$\times \frac{1}{2}\int d^4y_1 \int d^4y_2\, i\, g_{\text{Yukawa}}\, \overline{\psi}(y_1)\,\psi(y_1)\,\phi(y_1)\, i\, g_{\text{Yukawa}}\, \overline{\psi}(y_2)\,\psi(y_2)\,\phi(y_2)\Big|_{\psi=\overline{\psi}=0}$$
(5.32)

であるので，2点関数の (5.28) の左辺の場合と同じように，ディラック伝播関数を与えるためにグラスマン数 ψ の後にグラスマン数 $\overline{\psi}$ がくるように順序を並べ替えなければならない．反交換してグラスマン数をその順序にするために，

$$\overline{\psi}(y_1)\,\psi(y_1)\,\overline{\psi}(y_2)\,\psi(y_2) = (-1)\,\text{Tr}\,(\psi(y_1)\,\overline{\psi}(y_2)\,\psi(y_2)\,\overline{\psi}(y_1))$$
(5.33)

と符号が逆符合になる．ここで Tr は，ディラック粒子の4成分のラベルについての4行4列行列の対角線成分の和という意味のトレースである．さらに $\exp\left[-i\int d^4y\, d^4z \frac{\delta}{\delta\psi(y)} S_F(y-z) \frac{\delta}{\delta\overline{\psi}(z)}\right]$ を適用すると，ループを構成する伝播関数の積が得られる．結局，(5.33) の符号因子から -1 という**ディラック粒子のループの符号因子**が生じ，

$$\exp\left[-i\int d^4y\, d^4z \frac{\delta}{\delta\psi(y)} S_F(y-z) \frac{\delta}{\delta\overline{\psi}(z)}\right](-1)\,\text{Tr}\,(\psi(y_1)\,\overline{\psi}(y_2)\,\psi(y_2)\,\overline{\psi}(y_1))$$
$$= (-1)\,\text{Tr}\,(i\, S_F(y_1-y_2)\, i\, S_F(y_2-y_1))$$
(5.34)

となる．ここでの操作を自由ディラック場の演算子で表すと，

$$\langle 0|T[\overline{\phi}(y_1)\,\phi(y_1)\,\overline{\phi}(y_2)\,\phi(y_2)]|0\rangle$$
$$= \langle 0|T[(-1)\,\mathrm{Tr}\,(\phi(y_1)\,\overline{\phi}(y_2)\,\phi(y_2)\,\overline{\phi}(y_1))]|0\rangle$$
$$= (-1)\,\mathrm{Tr}\,(i\,S_\mathrm{F}(y_1-y_2)\,i\,S_\mathrm{F}(y_2-y_1)) \quad (5.35)$$

と表される．この例に示すように，ディラック場のループの1つ1つに，符号因子 -1 が付随する．これは，フェルミ統計に従う粒子は反交換関係を用いて量子化しなければならない事実が根本原因となっている．

§5.5　連結グリーン関数のファインマン則

公式 (5.23) は相互作用項を摂動として展開したときの計算法を与えることになる．具体的な例を計算して慣れてみるとよい．この公式の分母に現れる量は $J=0$ だから，外線とまったくつながらない図 4.2 のような真空泡グラフを与える．したがって，(5.23) のように $Z[J=0]$ で割っておくと，真空泡グラフの寄与を取り除いたことになる．すべての外線と連結している図形は散乱の寄与を表しているが，連結していない部分のある図形は，散乱でいえば素通しの項だから普通は興味がない．(4.37) のようにグリーン関数の生成汎関数 $Z[J]$ の対数をとれば，素通しの寄与が取り除かれ，**連結したグリーン関数** (4.38) **の生成汎関数** $W[J]$ となる．

運動量空間でのファインマン図形の計算規則に直した方が便利なので，n 点グリーン関数のフーリエ変換 $\tilde{G}^{(n)}$ を次のように定義する．

$$\int d^d x_1 \cdots \int d^d x_n\, e^{ip_1 x_1 + \cdots + ip_n x_n} \langle 0|T(\phi(x_1)\cdots\phi(x_n))|0\rangle$$
$$\equiv \tilde{G}^{(n)}(p_1,\cdots,p_n)\,(2\pi)^d\,\delta^d(p_1+\cdots+p_n) \quad (5.36)$$

ここでグリーン関数の運動量は，x_j からでてくる外線の運動量が p_j になるようにとってある．連結グリーン関数についても同様である．したがって，d 次元 (→ 4 次元) 時空でのグリーン関数の次元は次のようになる．

$$[\langle 0|T(\phi(x_1)\cdots\phi(x_n))|0\rangle_{\mathrm{c}}] = M^{\frac{d-2}{2}n} \quad\to\quad M^n \tag{5.37}$$

$$[\tilde{G}^{(n)}(p_1,\cdots,p_n)] = M^{-\frac{d+2}{2}n+d} \quad\to\quad M^{-3n+4} \tag{5.38}$$

運動量表示への書き直しを具体的に行ってみよう．(4.38) の連結グリーン関数の生成汎関数 $W[J]$ は，外場 $J(x)$ の運動量表示 $\tilde{J}(p)$ を導入して

$$\tilde{J}(p) = \int \frac{d^d x}{(2\pi)^d} e^{-ipx} J(x), \qquad J(x) = \int d^d p\, e^{ipx}\, \tilde{J}(p) \tag{5.39}$$

$$\begin{aligned}
&i\,W[J]\\
&= \sum_{n=1}^{\infty}\frac{i^n}{n!}\int d^d x_1 \cdots \int d^d x_n\, J(x_1)\cdots J(x_n) \langle 0|T(\phi(x_1)\cdots\phi(x_n))|0\rangle_{\mathrm{c}}\\
&= \sum_{n=1}^{\infty}\frac{i^n}{n!}\prod_{j=1}^{n}\int d^d x_j\, J(x_j)\int \frac{d^d p_j}{(2\pi)^d} e^{-ip_j x_j}(2\pi)^d\, \delta^d\!\Big(\sum_{j=1}^n p_j\Big)\tilde{G}^{(n)}(p_1,\cdots,p_n)_{\mathrm{c}}\\
&= \sum_{n=1}^{\infty}\frac{i^n}{n!}\prod_{j=1}^{n}\int d^d p_j\, \tilde{J}(p_j)(2\pi)^d\, \delta^d\!\Big(\sum_{j=1}^n p_j\Big)\tilde{G}^{(n)}(p_1,\cdots,p_n)_{\mathrm{c}}
\end{aligned} \tag{5.40}$$

となる．グリーン関数を運動量表示すると，たとえば 2 点関数は相互作用まで含んだハイゼンベルク描像でのファインマン伝播関数にほかならない．このような相互作用の効果をすべて含んだ伝播関数は (3.13) と同様に，′ を付けて表し，

$$\tilde{G}^{(2)}(p) = \int d^d x\, e^{ip(x-y)} \langle 0|T(\phi(x)\,\phi(y))|0\rangle = \int d^d x\, e^{ip(x-y)} i\,\Delta'_{\mathrm{F}}(x-y) \tag{5.41}$$

となる．自由粒子の場合には，2 点関数は次のように通常のファインマン伝播関数である．

$$\tilde{G}^{(2)}(p) = \int d^4 x\, e^{ip(x-y)} i\,\Delta_{\mathrm{F}}(x-y) = \frac{i}{p^2 - m^2 + i\varepsilon} \tag{5.42}$$

結局，(5.24) の摂動展開を運動量空間に翻訳してまとめると，**運動量空間での連結グリーン関数** $\tilde{G}^{(n)}(p_1,\cdots,p_n)_{\mathrm{c}}$ **を与える計算法は**

§5.5 連結グリーン関数のファインマン則

(1) 端点の外場 $\bar{J}$ または相互作用の**頂点**を線でつなぐ図形を描く．外場から出る線を**外線**，それ以外の線を**内線**とよぶ．

(2) 各線にファインマン伝播関数を対応させる．付与する因子は，外線の場合も内線の場合も，その運動量を p とすると

$$\frac{i}{p^2 - m^2 + i\varepsilon} = \tilde{G}^{(2)}(p) = \int d^4x\, e^{ipx} \langle 0|T(\phi(x)\phi(0))|0\rangle \quad (5.43)$$

である．

(3) 各頂点には相互作用ラグランジアン密度に応じた**頂点**（バーテックス）**因子**を与える．たとえば

$$i\mathcal{L}_{\text{int}} = i\left(-\frac{\lambda}{4!}\phi^4\right) \;\rightarrow\; -i\lambda \quad (5.44)$$

(4) 各頂点での**運動量保存則**を4元運動量のデルタ関数を用いて課した後，まだ決まらずに残っている運動量 l はループ運動量なので，積分を行う．

$$\int \frac{d^4l}{(2\pi)^4} \quad (5.45)$$

(5) ファインマン図形の対称性に応じた**重み因子**を掛ける．

このようにして得られた摂動展開の計算法を**ファインマン則**という．n 個の粒子から成る頂点をもつ一般の相互作用の場合には，上のファインマン則の (5.44) を

$$\langle p_1, \cdots, p_n | i\mathcal{L}_{\text{int}} | 0 \rangle \quad (5.46)$$

から外線の波動関数を取り除いたものでおきかえればよい．

例として，実スカラー場が (5.12) で ϕ^4 相互作用する場合に，2粒子散乱 $p_a + p_b \to p_1 + p_2$ に寄与するファインマン図形を挙げると，図 5.1 に与えたように，最低次ではただ1つである．（このファインマン図形からの散乱振幅，散乱断面積

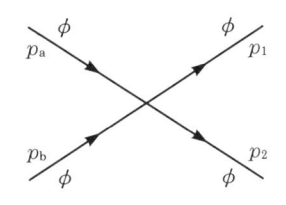

図 5.1 ϕ^4 相互作用で2粒子散乱に最低次で寄与するファインマン図形

への寄与は演習問題 [3] を参照．)

ディラック粒子のようなフェルミ粒子が入っている場合には，§2.6 でみたように，伝播関数は (2.96) という定義になるので，上のファインマン則のうち，規則 (2) でディラック粒子の場合はスカラー場の伝播関数を**ディラック場の伝播関数**におきかえる．

$$\frac{i}{\gamma_\mu p_i^\mu - m + i\varepsilon} = i\frac{m + \gamma_\mu p_i^\mu}{p^2 - m^2 + i\varepsilon}$$
$$= \int d^4x\, e^{ipx} \langle 0|T(\psi(x)\overline{\psi}(0))|0\rangle \quad (5.47)$$

内線のディラック粒子については，スピン自由度がすべて寄与するから，スピノルの添字 (ガンマ行列の添字) について**トレース**をとる．さらに，ディラック粒子のようなフェルミ統計に従う粒子は反交換関係で量子化されるため，ディラック場の経路積分量子化を用いて，§5.4 でみたように，ディラック粒子のループに対してそのループ 1 つごとに**ループ符号因子** -1 を 1 つ掛ける必要がある．なお，ゲージ理論のファインマン則は §7.7 で導く．

§5.6　遷移確率と散乱断面積

S 行列要素 S_{fi} で素通しの項を別にし，さらにエネルギー保存則を考慮すると，T 行列 T_{fi} が定義される．

$$S_{fi} = \delta_{fi} + i\,2\pi\,\delta(E_f - E_i)\,T_{fi} \quad (5.48)$$

この T 行列を用いると，全遷移確率は次のように表される．

$$|S_{fi} - \delta_{fi}|^2 = |2\pi\,\delta(E_f - E_i)|^2\,|T_{fi}|^2 \quad (5.49)$$

ここに現れたデルタ関数の積は無限大を含んでいる．この表式の正しい物理的意味を取り出すには，エネルギーについてのデルタ関数は，無限に長い時間をかけてエネルギーを精密に測ることを前提にしているということを考慮するとよい．もしも有限の観測時間 T からの極限としてエネルギーについてのデルタ関数を表すと，

§5.6 遷移確率と散乱断面積　87

$$\delta(E_f - E_i) = \lim_{T \to \infty} \frac{1}{2\pi} \int_{-T/2}^{T/2} dt \, \exp\left[i\left(E_f - E_i\right)t\right] \quad (5.50)$$

したがって，エネルギーについてのデルタ関数の 2 乗は

$$\begin{aligned}
|\delta(E_f - E_i)|^2 &= \left|\lim_{T \to \infty} \frac{1}{2\pi} \int_{-T/2}^{T/2} dt \, \exp\left[i\left(E_f - E_i\right)t\right]\right|^2 \\
&= \delta(E_f - E_i) \lim_{T \to \infty} \frac{1}{2\pi} \int_{-T/2}^{T/2} dt \, \exp\left[i\left(E_f - E_i\right)t\right] \\
&= \delta(E_f - E_i) \lim_{T \to \infty} \frac{1}{2\pi} \int_{-T/2}^{T/2} dt \\
&= \delta(E_f - E_i) \lim_{T \to \infty} \frac{T}{2\pi} \quad (5.51)
\end{aligned}$$

となる．したがって，全遷移確率は

$$\begin{aligned}
|S_{fi} - \delta_{fi}|^2 &= |2\pi \, \delta(E_f - E_i)|^2 |T_{fi}|^2 \\
&= T \times 2\pi \, \delta(E_f - E_i) |T_{fi}|^2 \quad (5.52)
\end{aligned}$$

となり，**単位時間当りの遷移確率** w_{fi} は

$$w_{fi} = 2\pi \, \delta(E_f - E_i) |T_{fi}|^2 \quad (5.53)$$

で与えられる．

　終状態についての積分を正確に評価する一つの方法としては，有限体積 V の中で量子化したとするとよい．その場合，運動量 p と $p + dp$ の間にある状態の数は

$$\frac{V}{(2\pi)^3} \, d^3p \quad (5.54)$$

だから，p_j と $p_j + dp_j$ の間にある **n 粒子状態**への単位時間当りの**遷移確率**は

$$dw_{fi} = \frac{V}{(2\pi)^3} \, d^3p_1 \cdots \frac{V}{(2\pi)^3} \, d^3p_n \, 2\pi \, \delta(E_f - E_i) |T_{fi}|^2 \quad (5.55)$$

となる．

　同様に，空間的な平行移動のもとでの不変性も成り立っていると，次のように 4 元運動量保存則が成り立つ．

$$S_{fi} = \delta_{fi} + i\,(2\pi)^4\,\delta^4(P_f - P_i)\,t_{fi} \qquad (5.56)$$

$$T_{fi} = (2\pi)^3\,\delta^3(P_f - P_i)\,t_{fi} \qquad (5.57)$$

このS行列要素に対するファインマン則では，§5.5 に与えた連結グリーン関数を求めるためのファインマン則のうち，外線に対する規則 (2) が変更を受ける．変更点をみるために，LSZ の簡約公式 (3.48) を用いてグリーン関数から S 行列要素を求めよう．入射粒子についても，その4元運動量の符号を負にして，すべての粒子の4元運動量を出て行く向きにして考えることにする．(3.40) に定義した波動関数 $f_q(y_j)$ を用いて

$\langle q_1, \cdots, q_l \text{ out} | 0 \text{ in}\rangle$

$$= Z^{-l/2} \prod_{i=1}^{l} \left(i \int d^4 y_i\, f_{q_i}^*(y_i)\, K_{y_i} \right) \langle 0 | T[\phi(y_1) \cdots \phi(y_l)] | 0 \rangle \qquad (5.58)$$

$$= Z^{-l/2} \prod_{i=1}^{l} \int \frac{d^4 p_i}{(2\pi)^4} (2\pi)^4\, \delta^4\!\left(\sum_j p_j\right) \tilde{G}^{(l)}(p_1, \cdots, p_l)$$
$$\times \left\{ \prod_{j=1}^{l} i(-p_j^2 + m^2) \int d^4 y_j\, f_{q_j}^*(y_j)\, e^{-ip_j y_j} \right\}$$

$$= Z^{-l/2} (2\pi)^4 \lim_{q_j^2 \to m^2} \delta^4\!\left(\sum_j q_j\right) \tilde{G}^{(l)}(q_1, \cdots, q_l) \left\{ \prod_{j=1}^{l} i(-q_j^2 + m^2) \frac{1}{\sqrt{(2\pi)^3\, 2 q_j^0}} \right\}$$

$$= Z^{l/2} (2\pi)^4\, \delta^4\!\left(\sum_j q_j\right) i\,(\tilde{\Gamma}^{(l)}(q_1, \cdots, q_l) + 1\text{粒子可約部分}) \left(\prod_{j=1}^{l} \frac{1}{\sqrt{(2\pi)^3\, 2 q_j^0}} \right)$$
$$(5.59)$$

最後の等式では，後の 5.7 節に定義するように，$\tilde{\Gamma}$ は1粒子既約な図形だけを含むので，1粒子可約な図形についても加えなければならないことを表す．また，波動関数のくり込み因子 Z をくくり出してあるが，これは内線運動量の積分で生じる発散を処理する結果として相殺するはずである．この点については，後の §6.3 のくり込み理論でみる．このように LSZ の簡約公式で，連結グリーン関数 $\tilde{G}$ にクライン‐ゴルドン演算子を掛けることは，外線の伝播関数を取り除くことに当る．したがって，外線に対する波動関数を掛ければ，散乱振幅が求まる．

§5.6 遷移確率と散乱断面積　89

　この結果から，スカラー場については，次の波動関数因子を掛けることが外線に対するファインマン則になる．運動量 p のスカラー場を有限体積 V で量子化を行ったとして，

$$\frac{1}{\sqrt{V 2 p^0}} \tag{5.60}$$

が外線に対する因子である．同様にして，ディラック場の場合は，運動量 p，スピン状態 s の始状態の粒子に対して

$$\frac{1}{\sqrt{V 2 p^0}} u(p,s) \tag{5.61}$$

となる．始状態の反粒子に対しては $u(p,s)$ を $\bar{v}(p,s)$ に変えればよい．終状態の粒子に対しては $u(p,s)$ を $\bar{u}(p,s)$ に，終状態の反粒子に対しては $u(p,s)$ を $v(p,s)$ に変えればよい．ただし，外線の状態の定義がどちらの粒子の生成演算子を右に置いて定義したかによって，符号が付くことにも注意しよう．

　全空間の体積を V とし，(5.51) と同様の計算を空間についても行うと

$$|(2\pi)^4 \delta^4(P_f - P_i)|^2 |t_{fi}|^2 = VT \times (2\pi)^4 \delta^4(P_f - P_i) |t_{fi}|^2 \tag{5.62}$$

となる．その結果，終状態が n 粒子の場合の単位時間当りの遷移確率は

$$dw_{fi} = \frac{V}{(2\pi)^3} d^3 p_1 \cdots \frac{V}{(2\pi)^3} d^3 p_n \, V(2\pi)^4 \delta^4(P_f - P_i) |t_{fi}|^2 \tag{5.63}$$

となる．

　相対論的に不変な散乱振幅 $\mathcal{M}$ で，無限体積 $V \to \infty$ の極限がとれるような振幅を定義しておこう．終状態の粒子は $j = 1, \cdots, n$ あるとし，始状態の粒子が n_i あって，その運動量を q_k とすると

$$t_{fi} = \left(\prod_{j=1}^{n} \frac{1}{\sqrt{V 2 p_j^0}}\right) \mathcal{M}_{fi} \left(\prod_{k=1}^{n_i} \frac{1}{\sqrt{V 2 q_k^0}}\right) \tag{5.64}$$

となる．また，**単位時間当りの遷移確率**は

$$dw_{fi} = \frac{d^3 p_1}{(2\pi)^3 2p_1^0} \cdots \frac{d^3 p_n}{(2\pi)^3 2p_n^0} \left(\prod_{k=1}^{n_i} \frac{1}{V 2 q_k^0} \right) V(2\pi)^4 \, \delta^4(P_f - P_i) |\mathcal{M}_{fi}|^2$$

(5.65)

となる.

始状態が1粒子の場合は**崩壊確率**を表す.崩壊する粒子の静止系では4元運動量 P_i^μ は $P_i^\mu = (M, 0, 0, 0)$ で与えられるから,

$$\Gamma_f = \frac{(2\pi)^4}{2M} \int \frac{d^3 p_1}{(2\pi)^3 2p_1^0} \cdots \frac{d^3 p_n}{(2\pi)^3 2p_n^0} \delta^4(P_f - P_i) |\mathcal{M}_{fi}|^2$$

(5.66)

となる.特に終状態が2粒子ならば,終状態の運動量積分が次のように遂行できる.

$$\frac{d^3 p_1}{(2\pi)^3 2p_1^0} \frac{d^3 p_2}{(2\pi)^3 2p_2^0} \delta^4\left(P_i - \sum_{j=1}^2 p_j\right) = \frac{1}{(2\pi)^6} \frac{p_{\text{cm}}}{4M} d\Omega_{fi} \quad (5.67)$$

ここで p_{cm} は終状態の重心系での3元運動量の大きさ,Ω_{fi} は粒子aの出て行く方向の立体角である.したがって,**2粒子終状態への崩壊確率**は

$$\Gamma_{\text{a+b}} = \frac{p_{\text{cm}}}{32\pi^2 M^2} \int d\Omega_{fi} |\mathcal{M}_{fi}|^2 = \frac{1}{8\pi} \frac{p_{\text{cm}}}{M^2} |\mathcal{M}_{fi}|^2 \quad (5.68)$$

となる.重心系での粒子aのエネルギー $E_{\text{a cm}}$ と運動量 p_{cm} は始状態の全エネルギー M と終状態の2粒子の質量 $m_{\text{a}}, m_{\text{b}}$ を用いて次のように表される.

$$E_{\text{a cm}} = \frac{M^2 + m_{\text{a}}^2 - m_{\text{b}}^2}{2M} \tag{5.69}$$

$$p_{\text{cm}} = \frac{\sqrt{M^2 - (m_{\text{a}} + m_{\text{b}})^2} \sqrt{M^2 - (m_{\text{a}} - m_{\text{b}})^2}}{2M} \tag{5.70}$$

2粒子始状態の場合は,散乱過程 a + b → 1 + ⋯ + n を表す.この場合は,入射粒子のフラックス v_{rel}/V との比をとると**散乱断面積** σ が得られ,

$$d\sigma_{fi} = \frac{V}{v_{\text{rel}}} dw_{fi} \tag{5.71}$$

となる．ここで相対速度 $v_{\rm rel}$ は相対論的に不変な量 B を用いて

$$v_{\rm rel} \equiv \frac{B}{q_a^0 q_b^0}, \qquad B \equiv \sqrt{(q_a^\mu q_{b\mu})^2 - m_a^2 m_b^2} \tag{5.72}$$

と与えられ，したがって，

$$\begin{aligned}d\sigma_{fi} &= \frac{(2\pi)^4}{v_{\rm rel}\,2q_a^0\,2q_b^0}\frac{d^3p_1}{(2\pi)^3\,2p_1^0}\cdots\frac{d^3p_n}{(2\pi)^3\,2p_n^0}\delta^4(P_f - P_i)|\mathcal{M}_{fi}|^2 \\ &= \frac{(2\pi)^4}{4B}\frac{d^3p_1}{(2\pi)^3\,2p_1^0}\cdots\frac{d^3p_n}{(2\pi)^3\,2p_n^0}\delta^4(P_f - P_i)|\mathcal{M}_{fi}|^2\end{aligned}$$
$$\tag{5.73}$$

となる．

終状態が2粒子の場合は，(5.67)を用いて終状態の運動量積分ができる．入射粒子の4元運動量の和の2乗を $s = (p_1^\mu + p_2^\mu)^2$ とする．重心系の入射粒子 p_a の方向を z 軸として，終状態の散乱粒子 p_1 の天頂角を θ とし，その立体角を Ω とすると，**微分断面積**は

$$\frac{d\sigma}{d\Omega} = \frac{1}{64\pi^2 s}\frac{p_{1\,\rm cm}}{p_{a\,\rm cm}}|\mathcal{M}|^2 \tag{5.74}$$

ここで，$p_{a\,\rm cm}$ は重心系の入射粒子の運動量の大きさであり，(5.70)で M を $\sqrt{s}$ におきかえたもので得られる．$p_{1\,\rm cm}$ は終状態の粒子の運動量の大きさであり，(5.70)で M を $\sqrt{s}$ におきかえ，m_a, m_b を m_1, m_2 におきかえて得られる．

§5.7 有効作用と1粒子既約グラフ

ルジャンドル変換

図5.2のように，下に凸な関数 $W(J)$ が与えられたとき，ϕ という数を傾きとする直線 ϕJ を考える．この直線と $W(J)$ との差が最大になるような点 J は各 ϕ ごとに決まる．それを $J(\phi)$ と書くと

$$\left.\begin{array}{l} \dfrac{d}{dJ}\{\phi J - W(J)\} = 0 \\ \qquad\qquad J = J(\phi) \end{array}\right\} \qquad (5.75)$$

となる．すなわち，$J(\phi)$ という関数は次のような条件で定義されることになる．

$$\dfrac{dW(J)}{dJ} = \phi \;\;\to\;\; J = J(\phi) \qquad (5.76)$$

$\phi J - W(J)$ の最大値そのものは ϕ の関数となる．

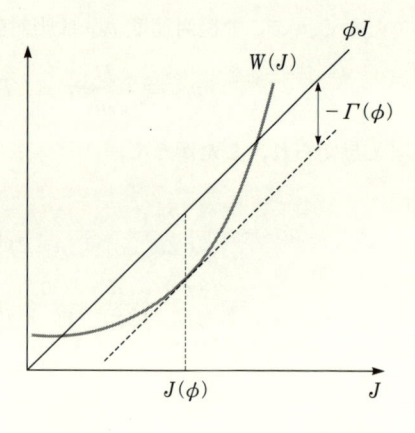

図 5.2 ルジャンドル変換の定義

$$-\varGamma(\phi) \equiv \max_J \{\phi J - W(J)\} = \{\phi J - W(J)\}|_{J=J(\phi)} \qquad (5.77)$$

このようにして定義された $\varGamma(\phi)$ を，$W(J)$ の**ルジャンドル変換**という．

(5.77) を ϕ で微分し，$J(\phi)$ を通じた ϕ 依存性も考慮に入れて (5.76) を用いると

$$\dfrac{d\varGamma(\phi)}{d\phi} = -J - \phi\dfrac{dJ}{d\phi} + \dfrac{dW}{dJ}\dfrac{dJ}{d\phi} = -J \qquad (5.78)$$

となる．(5.76)，(5.78) をもう一度微分すると，次のように 2 階微分係数は互いに逆数になっている．

$$\dfrac{d^2W(J)}{dJ^2} = \dfrac{d\phi}{dJ}, \qquad \dfrac{d^2\varGamma(\phi)}{d\phi^2} = -\dfrac{dJ}{d\phi} \qquad (5.79)$$

$$\dfrac{d^2W(J)}{dJ^2}\dfrac{d^2\varGamma(\phi)}{d\phi^2} = -1 \qquad (5.80)$$

これを多変数の場合に拡張すると

$$\dfrac{\partial W(J)}{\partial J_j} = \phi^j, \qquad \dfrac{\partial \varGamma(\phi)}{\partial \phi^j} = -J_j \qquad (5.81)$$

$$-\varGamma(\phi) = \phi^j J_j - W(J) \qquad (5.82)$$

$$\sum_k \frac{\partial^2 W(J)}{\partial J_j \, \partial J_k} \frac{\partial^2 \Gamma(\phi)}{\partial \phi^k \, \partial \phi^l} = -\delta_j^l \tag{5.83}$$

となる．このルジャンドル変換は古典力学でラグランジュ形式からハミルトン形式への変換を与え，熱力学で各種の熱力学関数の変換を与える．場の理論では以下に述べるように，汎関数に拡張してルジャンドル変換を用いる．

有効作用

(4.37) に与えたように，グリーン関数の生成汎関数 $Z[J]$ の対数をとると，連結グリーン関数の生成汎関数 $W[J]$ が得られた．この連結グリーン関数の生成汎関数 $W[J]$ についての汎関数ルジャンドル変換をしてみよう．

$$\frac{\delta W[J]}{\delta J(x)} = \phi(x) \quad \rightarrow \quad J = J[\phi] \tag{5.84}$$

によって $J(x)$ という関数から $\phi(x)$ という関数への変数変換を定義し，さらに

$$\Gamma[\phi] \equiv W[J] - \int d^4x \, \phi(x) J(x) \tag{5.85}$$

で，新しい汎関数 $\Gamma[\phi]$ を定義する．このとき，ルジャンドル変換の一般論に従って

$$\frac{\delta \Gamma[\phi]}{\delta \phi(x)} = -J(x) - \int d^4y \, \phi(y) \frac{\delta J(y)}{\delta \phi(x)} + \int d^4y \frac{\delta W[J]}{\delta J(y)} \frac{\delta J(y)}{\delta \phi(x)}$$
$$= -J(x) \tag{5.86}$$

となる．また2階微分は

$$\frac{\delta^2 W[J]}{\delta J(x) \, \delta J(y)} = \frac{\delta \phi(x)}{\delta J(y)} = \frac{\delta \phi(y)}{\delta J(x)} \tag{5.87}$$

$$\frac{\delta^2 \Gamma[\phi]}{\delta \phi(x) \, \delta \phi(y)} = -\frac{\delta J(x)}{\delta \phi(y)} = -\frac{\delta J(y)}{\delta \phi(x)} \equiv X(x,y) \tag{5.88}$$

で与えられる．ここで $X(x,y)$ などは行列の x, y 成分と考えるべきものである．したがって，(5.80) と同様に次式が成り立つ．

94   5. 摂動論のファインマン則

$$\int d^4y \frac{\delta^2 W[J]}{\delta J(x)\,\delta J(y)} \frac{\delta^2 \Gamma[\phi]}{\delta\phi(y)\,\delta\phi(z)} = \int d^4y \frac{\delta\phi(x)}{\delta J(y)}\left(-\frac{\delta J(y)}{\delta\phi(z)}\right)$$
$$= -\delta^4(x-z) \qquad (5.89)$$

一方,連結2点グリーン関数は外場Jのもとでの伝播関数を与える.特に外場がなければ,連結2点グリーン関数は通常の相互作用場のファインマン伝播関数 Δ'_F

$$-i\left.\frac{\delta^2 W[J]}{\delta J(x)\,\delta J(y)}\right|_{J=0} = \langle 0|T(\phi(x)\,\phi(y))|0\rangle$$
$$= i\,\Delta'_F(x-y) \qquad (5.90)$$

となる.ここで自由場の場合の伝播関数と異なり,相互作用のあるハイゼンベルク描像の場の伝播関数を (3.13), (3.25) のように ′ を付けて表している.これは相互作用の効果をすべて含んだ伝播関数である.したがって,(5.89) より,ルジャンドル変換した生成汎関数の2階微分は,x を行,y を列とみて,ファインマン伝播関数の逆行列を与える.

$$\left.\frac{\delta^2 \Gamma[\phi]}{\delta\phi(x)\,\delta\phi(y)}\right|_{J=0} = \Delta'^{-1}_F(x-y) \qquad (5.91)$$

一般に外場 J がある場合には,次のように連結2点グリーン関数は外場のもとでの伝播関数 X^{-1} を表し,生成汎関数の2階微分はその逆行列 X を表している.

$$-\frac{\delta^2 W[J]}{\delta J(x)\,\delta J(y)} = X^{-1}(x,y), \qquad \frac{\delta^2 \Gamma[\phi]}{\delta\phi(x)\,\delta\phi(y)} = X(x,y)$$
$$(5.92)$$

外場のもとでの伝播関数 X^{-1} とその逆行列 X の関係式 (5.89) をさらにもう一度 $J(u)$ で微分すると,

$$\int d^4y \frac{\delta^3 W[J]}{\delta J(x)\,\delta J(y)\,\delta J(u)} \frac{\delta^2 \Gamma[\phi]}{\delta\phi(y)\,\delta\phi(z)} + \int d^4y \frac{\delta^2 W[J]}{\delta J(x)\,\delta J(y)}$$
$$\frac{\delta^3 \Gamma[\phi]}{\delta\phi(y)\,\delta\phi(z)\,\delta\phi(v)} d^4v \frac{\delta\phi(v)}{\delta J(u)} = 0$$
$$(5.93)$$

§5.7 有効作用と1粒子既約グラフ　95

となり，(5.87), (5.92) を用いて $\delta^2 \Gamma[\phi]/\delta\phi(y)\,\delta\phi(z)$ をはずすと，

$$(-i)^2 \frac{\delta^3 W[J]}{\delta J(x)\,\delta J(y)\,\delta J(z)}$$
$$= \int d^4u\,d^4v\,d^4w\,i X^{-1}(x,u)\,i X^{-1}(y,v)\,i X^{-1}(z,w)\,i \frac{\delta^3 \Gamma[\phi]}{\delta\phi(u)\,\delta\phi(v)\,\delta\phi(w)}$$
(5.94)

が得られる．

　図5.3に示したように，3つの外線について左辺の3点関数から伝播関数 X^{-1} を取り除いたものが Γ の3回微分になる．(5.40) に与えたように，W の n 回微分は連結 n 点関数 $G_c^{(n)}$ を与える．3点関数の場合は，外線の伝播関数を取り除いただけで，これ以上どの1つの伝播関数を切断しても2つの部分図形に分かれることはない．このように，どの1つの伝播関数を切断しても，2つの部分に分かれることがない場合に，その図形は **1粒子既約** であるという．したがって，$\delta^3\Gamma[\phi]/(\delta\phi(u)\,\delta\phi(v)\,\delta\phi(w))$ は，外線の伝播関数を取り除いた1粒子既約な3点グリーン関数である．

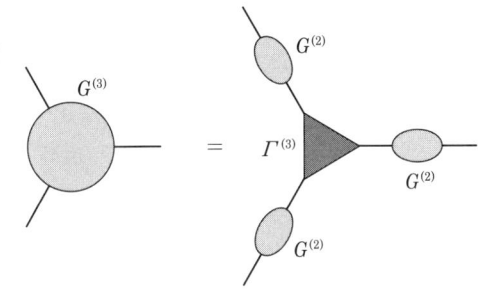

図5.3 1粒子既約な3点関数を三角形で表し，必ずしも既約でない，一般の連結 n 点関数を円または楕円で表す．既約な図形は外線の伝播関数を切り落としてある．

　(5.94) をさらにもう一度 $J(x_4)$ で微分すると，$iX(x_j, y_j)$ を微分した部分と Γ を微分した部分とがでてくる．

$$(-i)^3 \frac{\delta^4 W[J]}{\delta J(x_1)\cdots\delta J(x_4)}$$
$$= \prod_{j=1}^{4}\left(\int d^4y_j\,i X^{-1}(x_j, y_j)\right) i \frac{\delta^4 \Gamma[\phi]}{\delta\phi(y_1)\cdots\delta\phi(y_4)}$$

96   5. 摂動論のファインマン則

$$+ \prod_{j=1}^{3} \left(\int d^4 y_j \right) i \frac{\delta^3 \Gamma[\phi]}{\delta\phi(y_1) \cdots \delta\phi(y_3)}$$

$$\times \Big[i\, X^{-1}(x_1, y_1)\, i\, X^{-1}(x_2, y_2)\, (-i)^2 \frac{\delta^3 W[J]}{\delta J(x_3)\, \delta J(x_4)\, \delta J(y_3)}$$

$$+ i\, X^{-1}(x_2, y_2)\, i\, X^{-1}(x_3, y_3)\, (-i)^2 \frac{\delta^3 W[J]}{\delta J(x_1)\, \delta J(x_4)\, \delta J(y_1)}$$

$$+ i\, X^{-1}(x_3, y_3)\, i\, X^{-1}(x_1, y_1)\, (-i)^2 \frac{\delta^3 W[J]}{\delta J(x_2)\, \delta J(x_4)\, \delta J(y_2)} \Big]$$

(5.95)

$i\, X(x_j, y_j)$ を微分した部分からは，$y_i (i=1,2,3)$ という点で Γ と W とがつながった図形が得られる．W は y_i からの伝播関数を切り落としていないので，これらは図5.4のように，Γ と W の間を1本の伝播関数でつないだ図形となり，この内線を切断すると2つの部分に分かれてしまう．一般に，内線の伝播関数を1つ切断することで2つの部分に分かれる場合，その図形は **1粒子可約**であるという．したがって，$i\, X(x_j, y_j)$ を微分して得られる図形は，1粒子可約である．

いま考えている4点関数の場合，以上の3つの図形で1粒子可約な図形は尽くされる．したがって，Γ を微分した部分から得られる図形は，すべての1粒子可約な図形を取り除いた残りの図形だから，どの1つの内線を切断してもつながったままである．一般に，どの1つの内線の伝播関数を切断して

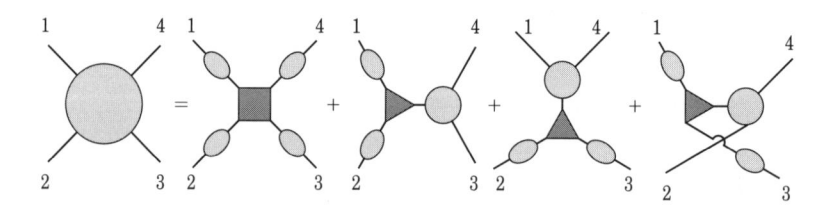

図5.4 1粒子既約な4点関数を四角形で表す．円で表した，必ずしも既約でない一般の連結4点関数から外線の伝播関数を切り落とし，1粒子可約な部分をすべて取り除いたものが1粒子既約な4点関数である．

も 2 つの部分に分かれないというのが，1 粒子既約図形の定義だった．したがって，Γ の 4 回微分は 1 粒子既約な 4 点関数を与える．

一般に n 点関数についても，$\Gamma^{(n)}$ が 1 粒子既約な図形の和になる．この事実は n についての帰納法で証明することができる．このように，$\Gamma[\phi]$ は 1 粒子既約な図形の全体を与えるので，$\Gamma[\phi]$ は **1 粒子既約なグリーン関数の生成汎関数**である．ϕ の運動量表示を (5.39) にならって導入し，1 粒子既約グリーン関数の運動量表示を (5.36) にならって次のように定義する．

$$\tilde{\phi}(p) \equiv \int \frac{d^4x}{(2\pi)^4} e^{-ipx} \phi(x) \tag{5.96}$$

$$\frac{\delta^n \Gamma[\phi]}{\delta\phi(x_1)\cdots\delta\phi(x_n)} = \Gamma^{(n)}(x_1,\cdots,x_n) \tag{5.97}$$

$$\begin{aligned}\Gamma[\phi] &= \sum_{n=1}^{\infty} \frac{i^n}{n!} \int \prod_{j=1}^{n} d^4x_j \, \phi(x_j) \, \Gamma^{(n)}(x_1,\cdots,x_n) \\ &= \sum_{n=1}^{\infty} \frac{i^n}{n!} \int \prod_{j=1}^{n} d^4p_j \, \tilde{\phi}(p_j) \, (2\pi)^4 \, \delta^4\!\left(\sum p_j\right) \tilde{\Gamma}^{(n)}(p_1,\cdots,p_n)\end{aligned}$$

(5.98)

この $\Gamma[\phi]$ は 1 粒子既約な図形の集りだから，$\hbar$ の最低次，すなわちループ展開の最低次では，古典的な相互作用項そのものを与える．$\hbar$ の高次では量子効果を取り入れたものになっており，**有効作用**とよばれる．1 粒子既約グリーン関数の運動量表示は (5.36) と同様に定義し，$d(\to 4)$ 次元時空でその質量次元は

$$[\Gamma^{(n)}(x_1,\cdots,x_n)] = M^{\frac{d+2}{2}n} \quad \to \quad M^{3n} \tag{5.99}$$

$$[\tilde{\Gamma}^{(n)}(p_1,\cdots,p_n)] = M^{-\frac{d-2}{2}n+d} \quad \to \quad M^{-n+4} \tag{5.100}$$

となる．Γ を求めるためのファインマン則にするには，§5.5 の連結グリーン関数を求めるためのファインマン則から少しだけ変更する必要がある．変

更点としては，まず，規則1の代りに，1粒子既約な図形だけをとる．さらに，規則2では外線の伝播関数は取り除く．最後に，作用にするために $-i$ を掛ければよい．

========== 演習問題 ==========

[1] ガウス積分の公式 (5.4) を証明せよ．

[2] ルジャンドル変換を2度行うと，もとにもどることを示せ．

[3] 図5.1に与えたファインマン図形の散乱振幅 $\mathcal{M}_{fi}$ への寄与を求め，微分散乱断面積，全断面積を求めよ．

[4] 質量 M の実スカラー場 Φ が質量 m の複素スカラー場 ϕ と次のように質量の次元をもつ結合定数 f で相互作用している場合に，実スカラー粒子 Φ の崩壊に最低次で寄与するファインマン図形を与え，崩壊振幅と崩壊確率を求めよ．

$$\mathcal{L} = \frac{1}{2}(\partial_\mu \Phi)^2 - \frac{1}{2}M^2(\Phi)^2 + \partial_\mu \phi^\dagger \partial^\mu \phi - m^2 \phi^\dagger \phi + f \phi^\dagger \phi \Phi$$

(5.101)

[5] 前問のラグランジアン (5.101) にもう1種類の複素スカラー場 ϕ' (質量 m) が加わり，Φ と結合定数 f' で相互作用しているとする．4元運動量 p_a, p_b の複素スカラー粒子 ϕ と ϕ' が衝突して，4元運動量 p_1, p_2 の複素スカラー粒子 ϕ と ϕ' が終状態にでる散乱過程に最低次で寄与するファインマン図形を与え，散乱振幅，微分散乱断面積を求めよ．

公理論的場の量子論

　相対論的な場の量子論は，永年にわたって相互作用のある場合にはっきりした結果をだすことはできなかった．そのため，初期には，正当化できるかどうかわからない仮定を用いた近似的な計算で混乱が生じたこともあった．そこで，確率の保存や因果律などのぜひとも必要と思われる仮定だけを公理として要請し，そこから厳密な数学的結果を導こうとする公理論的な場の量子論の立場が発展した．さらに，数学的に場の量子論の状態空間や演算子を実際に厳密に構成しようとする構成論的な場の量子論が，低次元から徐々に発展している．

6 くり込み

ϕ^4型相互作用するスカラー場の場合を例にとって,ループを計算し,発散をくり込む必要があることを示す.質量のくり込み,波動関数のくり込みと結合定数のくり込みだけで,すべての発散はくり込むことができる.くり込まれたパラメーターでの摂動論を行い,次元正則化の方法を導入する.結合定数の質量次元が正またはゼロの場合には,対称性で許されるすべての項を加えておけば,一般に理論はくり込み可能となる.くり込み群を導き,その帰結を簡単にみる.

§6.1 1粒子既約図形の例

2点関数と自己エネルギー

ここでは簡単な例として,ϕ^4相互作用するスカラー場を取り上げる.

$$\mathcal{L} = \mathcal{L}_{\text{free}} + \mathcal{L}_{\text{int}} \tag{6.1}$$

$$\mathcal{L}_{\text{free}} = \frac{1}{2} \partial_\mu \phi(x) \, \partial^\mu \phi(x) - \frac{1}{2} m^2 (\phi(x))^2, \qquad \mathcal{L}_{\text{int}} = -\frac{\lambda}{4!} \phi^4 \tag{6.2}$$

この理論では $\phi \to -\phi$ のもとでの対称性があるので,この対称性が破れない限り,一般に偶数個の外線をもつグリーン関数だけを考えればよい.この理論について,1粒子既約なグリーン関数の生成汎関数である,有効作用を考え,そのくり込みをしたい.

まず最初の簡単な例として,2点関数を考える.摂動論のファインマン図

§6.1　1粒子既約図形の例　101

形は1粒子既約な2点グリーン関数を $-i\Sigma(p^2)$ と書くと

$$i\Delta'_F(p) \equiv \int d^4x\, e^{ipx} \langle 0|T(\phi(x)\,\phi(0))|0\rangle$$

$$= \frac{-i}{m^2-p^2-i\varepsilon} + \frac{-i}{m^2-p^2-i\varepsilon}\{-i\Sigma(p^2)\}\frac{-i}{m^2-p^2-i\varepsilon} + \cdots$$

$$= \frac{-i}{m^2-p^2+\Sigma(p^2)-i\varepsilon} \tag{6.3}$$

となり，この Σ を**自己エネルギー**とよぶ．この関係式を図6.1に示した．このように，2点関数は自己エネルギーを伝播関数でつないで等比級数和として得られる．

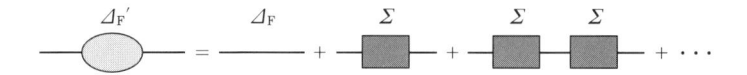

図6.1　2点関数のファインマン図形は自己エネルギー Σ の等比級数和である．

以下では，グリーン関数としては連結した，1粒子既約なグリーン関数を考えることにする．

摂動論に従ってファインマン図形を作ると，1ループでは自己エネルギーのファインマン図形は，図6.2に示したような図形だけとなり，

$$-i\Sigma(p^2) = \frac{-i\lambda}{2}\int\frac{d^4l}{(2\pi)^4}\frac{-i}{m^2-l^2-i\varepsilon} \tag{6.4}$$

で与えられる．この4元運動量積分の発散のオーダーを見積もるために，4元運動量積分の上限を導入し，4元運動量の**切断** Λ とよぶと

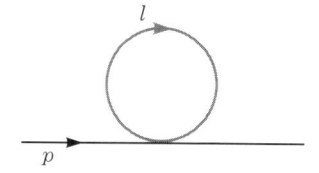

図6.2　ϕ^4理論での1ループ自己エネルギーのファインマン図形

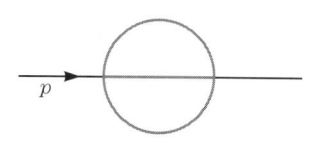

図6.3　2ループ自己エネルギーのファインマン図形の例

$$\Sigma(p^2) \propto \int^\Lambda d^4l \frac{1}{l^2} \propto \Lambda^2 \tag{6.5}$$

と表せる.発散は 4 元運動量の大きな領域から生じるので,4 元運動量の大きな領域を近似的にオーダーだけ評価した.

切断 Λ を導入して評価したとき,切断 Λ の 2 乗で発散することを **2 次発散**するという.自己エネルギー $\Sigma(p^2)$ は本来,外線運動量 p の関数である.この理論では,たまたま 1 ループでは図 6.2 の 1 つしかファインマン図形はなく,外線運動量によらない値である.この事実は,この理論の特殊性であり,他の理論では一般に外線運動量に依存する.また,この理論でも,図 6.3 のような図形からわかるように,2 ループ以上では自己エネルギーは外線運動量の関数となる.

ファインマン伝播関数では,$m^2 - l^2 - i\varepsilon$ という $i\varepsilon$ 処方を行うことによって,この図形の 4 元運動量に関する積分での特異点 $l^2 = m^2$ を避けている.これは,4 元運動量を複素数として,4 元運動量の複素平面上に積分路を拡張したわけである.微小に積分路を実数軸からずらすだけでなく,もっと大きく回転すると,積分が容易に行える.図 6.4 のように,特異点を避けて,エネルギー l^0 の複素数平面で左回りに 90 度回転すると,4 元運動量の 2 乗を作る際に,すべての成分の 2 乗が同じ符号で足し合され,

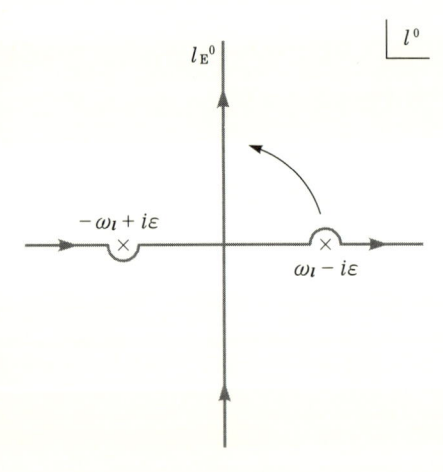

図 6.4 複素数平面でのウィック回転

$$l^0 \equiv il_E^0 \tag{6.6}$$

$$l^2 \equiv (l^0)^2 - (l)^2 = -\{(l_E^0)^2 + (l)^2\} \equiv -l_E^2 \tag{6.7}$$

となる．ここで複素数平面に回転した空間は**ユークリッド空間**になるので，ユークリッド空間になったエネルギーと4元運動量には添字Eを付けて表した．また，

$$\Sigma(p^2) = \frac{\lambda}{2} \int \frac{d^4 l}{(2\pi)^4} \frac{-i}{m^2 - l^2 - i\varepsilon}$$
$$= \frac{\lambda}{2} \int \frac{d^4 l_E}{(2\pi)^4} \frac{1}{l_E^2 + m^2} \tag{6.8}$$

となり，右辺で，ユークリッド空間では4元運動量の2乗は常に正またはゼロだから，もはや特異点を避けるために積分路を複素数にとる必要はない．したがって，分母の $i\varepsilon$ を無視してある．また，この回転に際して無限遠の積分路からの寄与は無視できるとする．このように，複素数平面内で回転して，ミンコフスキー空間とユークリッド空間とをつなぐ回転を**ウィック (G. C. Wick) 回転**とよぶ．ユークリッド空間へ回転した後は，積分路上に極はないので，$i\varepsilon$ を付け加える必要がない．

積分するに際しての4元運動量の切断も，ユークリッド空間に移ってから定義するのが通例である．2点関数の場合に，4元運動量の切断を用いて具体的に値を求めてみると

$$\Sigma(p^2) = \frac{\lambda}{2} \int^{|l_E| \leq \Lambda} \frac{d^4 l_E}{(2\pi)^4} \frac{1}{l_E^2 + m^2} = \frac{\lambda}{2} \int_0^\Lambda dl_E \frac{2\pi^2 l_E^3}{(2\pi)^4} \frac{1}{l_E^2 + m^2}$$
$$= \frac{\lambda}{32\pi^2} \left[\Lambda^2 - m^2 \log\left(\frac{\Lambda^2}{m^2}\right) + O\left(\frac{m^4}{\Lambda^2}\right) \right] \tag{6.9}$$

となる．このように，自己エネルギー $\Sigma(p^2)$ は2次発散と**対数発散**を含んでいる．

4点関数

次に簡単な1粒子既約グリーン関数は4点関数である．1ループでは，4点関数には図6.5に示したような3つのファインマン図形があり，それぞれ異なる組合せの外線運動量に依存する．図6.5の第1の図形(a)では，外線運動量 p_1 と p_2 への依存性があり，

104   6. くり込み

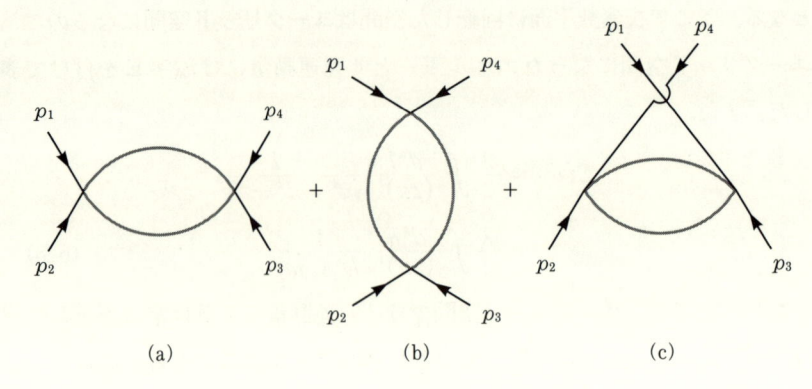

図 6.5 ϕ^4 理論での 1 ループでの 1 粒子既約な 4 点関数のファインマン図形

$$i\,\tilde{\Gamma}^{(4)\mathrm{a}}((p_1+p_2)^2)$$
$$=\frac{(-i\lambda)^2}{2}\int\frac{d^4l}{(2\pi)^4}\frac{-i}{m^2-l^2-i\varepsilon}\frac{-i}{m^2-(p_1+p_2-l)^2-i\varepsilon} \tag{6.10}$$

となる.したがって,この図形は対数発散する.

$$\tilde{\Gamma}^{(4)\mathrm{a}}((p_1+p_2)^2)\propto\int^\Lambda d^4l\,\frac{1}{l^4}\propto\log\Lambda \tag{6.11}$$

このようなファインマン図形の運動量積分があるとき,発散部分と有限部分とを分けるには,次のような方法がある.この (6.11) に与えられた自己エネルギーは外線運動量 $p\equiv p_1+p_2$ だけに依存する.自己エネルギーを外線運動量についてベキ級数展開するために,被積分関数を外線運動量について展開してみると

$$\int\frac{d^4l}{(2\pi)^4}\frac{-i}{m^2-l^2-i\varepsilon}\frac{-i}{m^2-(p-l)^2-i\varepsilon}$$
$$=\int\frac{d^4l}{(2\pi)^4}\left(\frac{-i}{m^2-l^2-i\varepsilon}\right)^2$$
$$+\int\frac{d^4l}{(2\pi)^4}\left(\frac{-i}{m^2-l^2-i\varepsilon}\right)^2\frac{p^2-2pl}{m^2-(p-l)^2-i\varepsilon} \tag{6.12}$$

となり，第1項にのみ対数発散があって，第2項は有限である．この方法を精密化すると，発散を分離する系統的な方法が得られる．

一般に，発散するファインマン振幅は外線運動量や質量のような質量次元をもつ量に関して展開すると，分母の質量次元が増え，それにともなって，分母にあるループ積分の運動量のベキが大きくなる．したがって，大きな運動量の積分領域での収束性が良くなり，十分な項だけ展開してやると，残りの項は有限となる．このように，展開の最初の数項にだけ発散があり，それらを引き算すれば，残った項は有限である．したがって，1つ1つのファインマン図形は，十分な数の項を引き算すれば，必ず有限にできる．

ここで述べた方法は精密化されて，くり込みの厳密な証明を与える方法となる．† それを遂行するには，各段階でファインマン図形が意味のある有限な量になる必要がある．そのためには，たとえば運動量積分の切断か，または後で述べる次元正則化などの方法を用いればよい．

図 6.5 の図形 (a) の場合と同様にして，図 6.5 の図形 (b) は，図形 (a) で外線運動量を $p_1 \to p_2$ と $p_2 \to p_3$ におきかえて得られる．したがって，2点関数への図形 (b) からの寄与 $\tilde{\Gamma}^{(4)b}((p_2+p_3)^2)$ は，外線運動量 p_2 と p_3 に依存する．同様に，図 6.5 の図形 (c) では外線運動量 p_3 と p_1 に依存する．

2点関数の場合と同様に，4点関数の1ループ図形に登場する運動量積分についても，ユークリッド空間にウィック回転して，

$$\tilde{\Gamma}^{(4)a}((p_1+p_2)^2)$$
$$= \frac{1}{i}\frac{(-i\lambda)^2}{2}\int\frac{d^4l}{(2\pi)^4}\frac{-i}{m^2-l^2-i\varepsilon}\frac{-i}{m^2-(p_1+p_2-l)^2-i\varepsilon}$$
$$= \frac{\lambda^2}{2}\int\frac{d^4l_E}{(2\pi)^4}\frac{1}{m^2+l_E^2}\frac{1}{m^2+(p_{1E}+p_{2E}-l_E)^2} \tag{6.13}$$

---

† ボゴリューボフ (N. N. Bogoliubov) - パラジウク (O. Parasiuk) - ヘップ (K. Hepp) - ツィンマーマン (W. Zimmermann) らによって作られた引き算とくり込みの方法は，このやり方でのくり込み理論の集大成であり，精密な手法を与えている．

で定義する．ここで，外線の4元運動量についても，(6.6)と同様にウィック回転してユークリッド空間での4元運動量 p_{1E}^μ, p_{2E}^μ を用いて表している．4点関数の場合のように被積分関数に伝播関数が複数ある場合は，次のような**ファインマンパラメター** x を導入して分母を1つにまとめると便利である．

$$\frac{1}{A}\frac{1}{B} = \int_0^1 dx \frac{1}{\{Ax + B(1-x)\}^2} \tag{6.14}$$

$p_1 + p_2 = p$ と表記すると，4点関数は

$$\tilde{\Gamma}^{(4)a}(p^2) = \frac{\lambda^2}{2}\int \frac{d^4 l_E}{(2\pi)^4}\int_0^1 dx \frac{1}{\{m^2 + x(p_E - l_E)^2 + (1-x)l_E^2\}^2} \tag{6.15}$$

となる．演習問題［1］に示すように，途中の段階で用いたユークリッド化した外線の4元運動量 p_E^μ をもとのミンコフスキー空間の4元運動量 p^μ にもどして，$p^2 = -p_E^2$ とおきかえると，次のような結果が得られる．

$$\tilde{\Gamma}^{(4)a}(p^2)$$
$$= \frac{\lambda^2}{16\pi^2}\left\{\sqrt{1 + \frac{4m^2}{-p^2}}\log\left(\sqrt{1 + \frac{-p^2}{4m^2}} - \frac{\sqrt{-p^2}}{2m}\right) + \log\frac{\Lambda}{m} + \frac{1}{2}\right\} \tag{6.16}$$

§6.2 次元正則化

以上でみたように，一般に摂動論ではファインマン図形は発散する．そこで意味のある取扱いをするために，最終的に意味のある物理量を計算するまで発散を一時的に抑える操作が必要になる．これを**正則化**とよぶ．前節では，ユークリッド化した4元運動量の大きさの上限を運動量切断 Λ として与える方法を示した．その他にも正則化には幾通りもの方法があるが，最も便利な方法の一つとして，次元正則化という方法がある．この方法では，ファインマン図形を運動量空間で考え，その運動量積分が収束するような時空

の次元で積分を定義する．その上で，得られた積分結果を，時空の次元 d をパラメターとして解析接続して複素数次元に拡張する．このように，あたかも時空の次元が複素数であるかのように取扱うので，**次元正則化**とよぶ．

たとえば，2 点関数の 1 ループ図形に登場する運動量積分は，ユークリッド空間にウィック回転した後の (6.8) を d 次元に拡張し

$$\Sigma(p^2) = \frac{\lambda}{2} \int \frac{d^4 l_E}{(2\pi)^4} \frac{1}{m^2 + l_E^2} \rightarrow \frac{\lambda \mu^{4-d}}{2} \int \frac{d^d l_E}{(2\pi)^d} \frac{1}{m^2 + l_E^2} \tag{6.17}$$

と定義する．これは複素次元 $d < 2$ で収束する．ただしここで，結合定数 λ が無次元量にとどまるように，質量次元1をもったパラメター μ を導入して，μ^{4-d} を掛けておいた．この μ をくり込みスケールとよぶ．一般の時空 d 次元での n 点1粒子既約なグリーン関数 $\tilde{\Gamma}^{(n)}(p)$ の質量次元は (5.100) に与えたとおりである．この因子 μ^{4-d} がくり込みの過程でどのような意味をもつかは後の§6.4 で述べる．

分母のベキ α が一般の場合について積分するには，ガンマ関数の定義式

$$\Gamma(\alpha) \equiv \int_0^\infty dt\, t^{\alpha-1} e^{-t} \tag{6.18}$$

を用いて，補助変数 t での積分表示を考えるとよい．この補助変数 t を相対論での用語にならって"固有時間"とよぶこともある．"固有時間"を導入すると

$$\begin{aligned}
I(\alpha) &\equiv \int \frac{d^d l_E}{(2\pi)^d} \frac{1}{(l_E^2 + m^2)^\alpha} \\
&= \int \frac{d^d l_E}{(2\pi)^d} \frac{1}{\Gamma(\alpha)} \int_0^\infty dt\, t^{\alpha-1} e^{-(l_E^2 + m^2)t} \\
&= \frac{1}{\Gamma(\alpha)} \int_0^\infty dt\, t^{\alpha-1} e^{-m^2 t} \frac{1}{(4\pi t)^{d/2}} \\
&= \frac{\Gamma\left(\alpha - \dfrac{d}{2}\right)}{\Gamma(\alpha)} \frac{1}{(4\pi)^{d/2}} (m^2)^{-(\alpha - d/2)}
\end{aligned} \tag{6.19}$$

となる．積分運動量 l_E の小さな領域は，固有時間 t の大きな積分領域 $t \sim \infty$ に対応する．このように小さな運動量の領域を**赤外領域**とよぶ．逆に，積分運動量 l_E の大きな領域は，固有時間 t の小さな積分領域 $t \sim 0$ に対応する．このように大きな運動量の領域を**紫外領域**とよぶ．上の積分 $I(a)$ が赤外領域で収束するためには $m^2 > 0$ であればよく，紫外領域での収束性は $a > d/2$ で保証される．したがって，質量有限の粒子の場合には，**赤外発散**はない．

$a = 1$ についてこの結果を用いると，2 点関数は

$$\Sigma(p^2) = \frac{\lambda}{2} \Gamma\left(1 - \frac{d}{2}\right) \frac{1}{(4\pi)^{d/2}} m^2 \left(\frac{\mu}{m}\right)^{4-d} \tag{6.20}$$

となる．得られた結果を用いて，$d \sim 4$ まで解析接続すると，ファインマン振幅は複素数次元 d について $1/(d-4)$ という**極**をもつ．この極は $d = 4$ で振幅が発散していたことを表している．これは運動量の大きな領域からの寄与によるもので，**紫外発散**を表している．ここでは時空 4 次元の理論に興味があるので，複素数次元 d を 4 の周りにベキ級数展開する．

$$\Sigma(p^2) = m^2 \frac{\lambda}{32\pi^2} \left(-\frac{2}{4-d} - 1 + \gamma_E - \log \frac{4\pi\mu^2}{m^2}\right) \tag{6.21}$$

この次元正則化を用いて得た結果と，4 元運動量の切断による正則化を用いた結果 (6.9) とを比較すると，次元についての極が切断の 2 乗と対数との和に対応することがわかる．すなわち，両者は次のおきかえで一致する．

$$\frac{2}{4-d} - \gamma_E + 1 + \log(4\pi\mu^2) \longleftrightarrow \log \Lambda^2 - \frac{\Lambda^2}{m^2} \tag{6.22}$$

同様に 4 点関数の 1 ループ図形に登場する運動量積分の場合は $p^\mu \equiv p_1^\mu + p_2^\mu$ とし，ユークリッド空間にウィック回転してファインマンパラメター積分を導入した式 (B.54)(演習問題 [1] の解答)を複素 d 次元に拡張する．一般の時空 d 次元では，n 点 1 粒子既約なグリーン関数 $\tilde{\Gamma}^{(n)}(p)$ の質量次元は (5.100) に与えられているから，くり込みスケール μ のベキも決まって，

$$\tilde{\Gamma}^{(4)\text{a}}(p^2) = \frac{(\lambda\mu^{4-d})^2}{2}\int_0^1 dx \int \frac{d^d l'_{\text{E}}}{(2\pi)^d} \frac{1}{\{m^2 + l'^2_{\text{E}} + x(1-x)p_{\text{E}}^2\}^2}$$

$$= \lambda\mu^{4-d}\frac{\lambda}{32\pi^2}\,\Gamma\!\left(2 - \frac{d}{2}\right)\int_0^1 dx \left\{\frac{4\pi\mu^2}{m^2 + x(1-x)p_{\text{E}}^2}\right\}^{2-d/2}$$
(6.23)

となる．$d \approx 4$ 次元付近でベキ級数展開した結果は

$$\tilde{\Gamma}^{(4)\text{a}}(p^2) = \lambda\mu^{4-d}\frac{\lambda}{32\pi^2}\left[\frac{2}{4-d} - \gamma_{\text{E}} + \int_0^1 dx \log\left\{\frac{4\pi\mu^2}{m^2 + x(1-x)p_{\text{E}}^2}\right\}\right]$$
(6.24)

となり，この場合も，$d = 4$ での対数発散に対応してファインマン振幅は $1/(d-4)$ の極をもつ．

この次元正則化を用いて得た結果と，4元運動量の切断による正則化を用いた結果とを比較すると，次元についての極が切断の対数 $\log \Lambda^2$ と対応することがわかる．すなわち，両者は次のおきかえで一致する．

$$\frac{2}{4-d} - \gamma_{\text{E}} + 1 + \log(4\pi\mu^2) \quad \longleftrightarrow \quad \log \Lambda^2 \qquad (6.25)$$

§6.3 くり込み

実際に観測される物理量は，すべての量子効果を含んだ結果である．したがって，発散や極が量子効果に現れたとしても，**裸の量**と一緒にして初めて観測量となる．そこで，この発散や極は裸のパラメターに含まれている逆符号の発散や極で打ち消されていて，観測量としては有限な量だけがでてくると考えることができる．この考え方を**くり込み**という．

具体的に4点関数の場合は対数発散だったから，1回引き算すれば有限な量となる．引き算する量としては，たとえば運動量空間のどこか1点での4点関数の値の発散を考えることができ，これは結合定数とみることができる．したがって，4点関数については，**結合定数のくり込み**だけで発散を処理することができる．

2点関数,すなわち自己エネルギー Σ の場合は,それ自身の次元が質量の2乗であり,実際に1ループでは2次発散していた.また,この1ループでの自己エネルギー Σ は,たまたま外線運動量 p^μ に依存しない.これはこの ϕ^4 型理論 (6.1), (6.2) の特殊性のためであり,この理論でも,たとえば図 6.3 のような,2ループまたはそれ以上の一般のループ次数の図形では,自己エネルギー $\Sigma(p^2)$ は外線の4元運動量 p^μ の関数である.

一般の理論では,1ループから外線運動量に依存する.そこで,自己エネルギーを外線運動量について展開しよう.ローレンツ不変性から,自己エネルギー $\Sigma(p^2)$ は外線運動量の2乗の関数である.したがって,外線運動量について展開すると,最初の項は2次発散し,次の項は1次発散ではなく,対数発散する.すなわち,最初の2項 $\Sigma(m^2)$ と $\Sigma'(m^2)$ だけに発散があり,それらをくり込むと

$$\Sigma(p^2) = \Sigma(m^2) + \Sigma'(m^2)(p^2 - m^2) + \tilde{\Sigma}(p^2) \quad (6.26)$$

のように有限項 $\tilde{\Sigma}$ だけになる.また,自己エネルギー Σ は最終的には伝播関数に寄与するから,

$$\frac{1}{\Delta'_F(p)} = p^2 - m_0^2 - \Sigma(p^2)$$
$$= \{1 - \Sigma'(m^2)\}\{p^2 - m_0^2 - \Sigma(m^2)\} - \tilde{\Sigma}(p^2) \quad (6.27)$$

となる.ここで初めのラグランジアン密度の中に入っていた質量は**裸の質量**という意味で添字0を付けてあり,量子効果を入れた全体の伝播関数 Δ' の極として物理的質量は定義されるので,

$$m^2 \equiv m_0^2 + \Sigma(m^2) \quad (6.28)$$

が得られる.これが**質量のくり込み**である.こうして得られた伝播関数の物理的質量極での留数は $1/\{1 - \Sigma'(m^2)\}$ となり,一般に1からずれる.正準量子化での同時刻交換関係の条件 (3.11) に適合した正しい規格化をするには,場の演算子の規格化因子を変更しなければならない.これを**波動関数の**

くり込みという．

§6.4 くり込まれた結合定数での摂動論

いままでみたように，最初に与えられるラグランジアン密度の中のパラメターは実際に観測される量と一般に異なっている．このパラメターは観測される量ではなく，量子効果のループによる補正を受けるべき量，すなわち裸の量という意味で添字 0 を付けておく．一方，くり込まれた量には添字を付けないことにする．したがって，出発点のラグランジアン密度は

$$\mathcal{L}_0 = \frac{1}{2}\,\partial_\mu \phi_0(x)\,\partial^\mu \phi_0(x) - \frac{1}{2}\,m_0^2(\phi_0(x))^2 - \frac{\lambda_0}{4!}\,\phi_0^4 \quad (6.29)$$

と表せる．ここに現れた裸の結合定数は，くり込まれた結合定数が有限になるように，ループからくる無限大と相殺するはずだから，無限大の量である．一方，摂動論では，結合定数が小さいことを仮定して，結合定数についてベキ級数展開しようとする．その展開パラメターとして，無限大である裸の結合定数を使うのは論理的に不満足である．そこで，裸の結合定数ではなく，くり込まれた有限な結合定数についてベキ級数展開するのが，**くり込まれた結合定数での摂動論**である．

くり込まれた場の演算子 ϕ は，裸の場の演算子 ϕ_0 に比例するはずで，比例係数は**波動関数のくり込み因子** Z_ϕ を用いて表すことができる．

$$\phi = Z_\phi^{-1/2} \phi_0 \quad (6.30)$$

第 1 章の演習問題［5］の解答の (B.12) に示したように，一般の d 次元では，スカラー場の場の演算子の質量次元は $[\phi] = M^{(d-2)/2}$ なので，裸の結合定数 λ_0 は $[\lambda_0] = M^{-d+4}$ という次元をもつ．しかし，くり込まれた結合定数は一般の d 次元でも無次元量にしたいので，質量次元をもつ**くり込みスケール**のパラメター μ を導入する．

また，くり込まれた結合定数 λ と裸の結合定数 λ_0 との間の関係は，波動

関数のくり込み因子 Z_ϕ の他に**結合定数のくり込み因子** Z_λ も必要となり，

$$\lambda = Z_\lambda^{-1} Z_\phi^2 \lambda_0 \mu^{d-4} \tag{6.31}$$

となる．そして，裸の質量の 2 乗 m_0^2 に**質量の 2 乗のシフト** δm^2 を加えて，くり込まれた質量の 2 乗 m^2 が得られる．

$$m^2 \equiv m_0^2 + \delta m^2 \tag{6.32}$$

したがって，一般の $n \geq 5$ の運動量表示での n 点グリーン関数 (5.36) について，くり込まれた量 $\tilde{G}^{(n)}$ と裸の量 $\tilde{G}_0^{(n)}$ との関係は，波動関数のくり込み因子 Z_ϕ を用いて

$$\tilde{G}^{(n)}(p_1, \cdots, p_n) = Z_\phi^{-n/2} \tilde{G}_0^{(n)}(p_1, \cdots, p_n) \tag{6.33}$$

特に，くり込まれた伝播関数は裸の伝播関数と次のように関係する．

$$\Delta'(p) = Z_\phi^{-1} \Delta_0'(p) \tag{6.34}$$

したがって，外線の伝播関数を切り落とした 1 粒子既約な n 点グリーン関数について，くり込まれた量 $\tilde{\Gamma}^{(n)}$ と裸の量 $\tilde{\Gamma}_0^{(n)}$ との関係は

$$\tilde{\Gamma}^{(n)}(p_1, \cdots, p_n) = Z_\phi^{n/2} \tilde{\Gamma}_0^{(n)}(p_1, \cdots, p_n) \tag{6.35}$$

となる．

くり込まれたパラメターでの摂動論では，くり込まれたラグランジアン密度 (6.1) とそれ以外の項とに分けて，後者を**相殺項** $\mathcal{L}_\text{counter}$ とよぶ．

$$\mathcal{L}_0 = \mathcal{L} + \mathcal{L}_\text{counter} \tag{6.36}$$

くり込まれたラグランジアン密度 $\mathcal{L}$ を自由場部分 $\mathcal{L}_\text{free}$ と相互作用項 $\mathcal{L}_\text{int}$ とに分けて，くり込まれた結合定数 λ について摂動論を行う．4 次元のラグランジアン密度 (6.1) に比して，一般の d 次元では，自由場部分 $\mathcal{L}_\text{free}$ は同じだが，相互作用項 $\mathcal{L}_\text{int}$ はくり込まれた結合定数を無次元量にするための変更を行い

$$\mathcal{L} = \mathcal{L}_\text{free} + \mathcal{L}_\text{int} \tag{6.37}$$

§6.4 くり込まれた結合定数での摂動論

$$\mathcal{L}_{\text{free}} = \frac{1}{2}\,\partial_\mu\phi(x)\,\partial^\mu\phi(x) - \frac{1}{2}\,m^2\,(\phi(x))^2, \qquad \mathcal{L}_{\text{int}} = -\frac{\lambda\mu^{4-d}}{4!}\,\phi^4 \tag{6.38}$$

を得る．したがって，ファインマン図形のループの計算によって生じる発散を相殺するはずの相殺項 $\mathcal{L}_{\text{counter}} = \mathcal{L}_0 - \mathcal{L}$ は，(6.29)，(6.37)，(6.38) から

$$\mathcal{L}_{\text{counter}} = \frac{1}{2}(Z_\phi - 1)\left[\partial_\mu\phi(x)\,\partial^\mu\phi(x) - m^2(\phi(x))^2\right]$$
$$+ \frac{1}{2}Z_\phi\delta m^2\,(\phi(x))^2 - (Z_\lambda - 1)\frac{\lambda\mu^{4-d}}{4!}\phi^4 \tag{6.39}$$

で与えられる．

(6.27) に示したように，ループの計算から生じる自己エネルギーの発散項は伝播関数の物理的質量に対応する極での留数を1からずらす．この留数のずれが $-\Sigma'(m^2)$ で与えられるので，伝播関数の極の留数が1になるように，相殺項との間でずれが相殺される条件は

$$-\Sigma'(m^2) + (Z_\phi - 1) = 0 \tag{6.40}$$

となる．したがって，波動関数のくり込み因子は自己エネルギーの物理的質量での値から決まり，

$$Z_\phi = 1 + \Sigma'(m^2) \tag{6.41}$$

となる．

量子効果を入れる前は，くり込み因子は1である．1ループの量子効果で生じる波動関数のくり込み因子への寄与を $Z_\phi^{(1)}$，結合定数のくり込み因子への寄与を $Z_\lambda^{(1)}$ と表そう．

$$Z_\phi = 1 + Z_\phi^{(1)} + \cdots, \qquad Z_\lambda = 1 + Z_\lambda^{(1)} + \cdots \tag{6.42}$$

この $Z_\lambda^{(1)}$ の寄与と4点関数の1ループでの振幅を加えると，有限量となる．一方，いま取り上げている ϕ^4 相互作用の理論では，図6.2に与えた1ループの2点関数，すなわち自己エネルギーは，(6.4)にみるようにたまたま

振幅が運動量に依存していない ($\Sigma^{(1)\prime}(m^2) = 0$) ので, 質量のくり込みだけで有限となる. したがって, 波動関数のくり込みは 1 ループでは不要である ($Z_\phi^{(1)} = 0$).

§6.5 くり込み可能性

ファインマン図形の中に現れるループ積分の運動量を一様に大きくしたときに積分が発散する場合, そのファインマン図形が**全体として発散する**という. この全体としての発散以外に, ファインマン図形の各部分のループ積分だけで発散するかどうかは, もう少しくわしい議論が必要である. しかし, くわしい解析を行った結果として, このファインマン図形全体での発散の次数を数えるだけで, この理論がくり込み可能かどうかを判定できることがわかる. このように, 図形の全体としての発散を数えることを**次数勘定** (Power Counting) という.

自由場のラグランジアン $\mathcal{L}_{\text{free}}$ に加えて, いくつかの相互作用ラグランジアン $\mathcal{L}_{\text{Int},j}$ があるとしよう.

$$\mathcal{L} = \mathcal{L}_{\text{free}} + \sum_j \mathcal{L}_{\text{Int},j} \qquad (6.43)$$

b_j 個のスカラー場, f_j 個のフェルミ場と d_j 個の微分 ∂ から成る相互作用 $\mathcal{L}_{\text{Int},j}$ の結合定数を g_j とすると,

$$\mathcal{L}_{\text{Int},j} = g_j (\partial)^{d_j} (\phi)^{b_j} (\psi)^{f_j} \qquad (6.44)$$

となる. 一般の時空次元 d で考えよう. 第 1 章の演習問題 [5] の解答の (B.12) に示したように, スカラー場 ϕ の次元は $(d-2)/2$ で, 第 2 章の演習問題 [2] の解答に示したように, フェルミ場の次元は $(d-1)/2$ である. したがって, 結合定数の次元は

$$\dim(g_j) = d - \frac{d-2}{2} b_j - \frac{d-1}{2} f_j - d_j \equiv -\delta_j \qquad (6.45)$$

となり, δ_j を相互作用 $\mathcal{L}_{\text{Int},j}$ の**発散の指数**という. これは結合定数の質量次元の逆符号にほかならない.

§6.5 くり込み可能性

任意のファインマン図形を考え，相互作用 $\mathcal{L}_{\text{int},j}$ 型の頂点の個数を n_j とする．外線のスカラー粒子の数を B，外線のフェルミ粒子の数を F，内線のスカラー粒子の数を IB，内線のフェルミ粒子の数を IF とすると

$$B + 2(IB) = \sum_j n_j b_j, \qquad F + 2(IF) = \sum_j n_j f_j \qquad (6.46)$$

となる．各頂点で運動量保存則が成り立つが，そのうち一つは全運動量保存則となるので内線運動量を拘束しない．したがって，ループ積分の独立な運動量の数 L は

$$L = (IB) + (IF) - \sum_j n_j + 1 \qquad (6.47)$$

また，ファインマン図形の全体としての発散の次数 D は，(6.47) を用いて

$$\int (d^d l)^L \left(\frac{1}{l^2}\right)^{IB} \left(\frac{1}{l}\right)^{IF} \prod_j (l^{d_j})^{n_j} \sim \Lambda^D \qquad (6.48)$$

$$D = dL - 2(IB) - (IF) + \sum_j n_j d_j$$

$$= d + (d-2)(IB) + (d-1)(IF) + \sum_j n_j(d_j - d) \qquad (6.49)$$

となる．この D をファインマン図形の**見かけの発散の次数**という．(6.46) を用いて IF, IB を消去すると

$$D = d - \frac{d-2}{2}B - \frac{d-1}{2}F + \sum_j n_j \delta_j \qquad (6.50)$$

となり，外線の数が増えると発散は抑えられる．

この見かけの発散の次数 D の表式は次のように理解してもよい．有効作用を考えるとしよう．有効作用の次元はラグランジアン密度 $\mathcal{L}$ と同じく d であるが，その有効作用が B 個のスカラー場と F 個のフェルミ場とでできているとすれば，その有効演算子の次元が $(d-2)B/2 + (d-1)F/2$ である．そのとき，どれだけ結合定数が掛かっているかによって，結合定数の積の次元が $-\sum_j n_j \delta_j$ となる．これらに運動量積分の因子を掛けて有効作用の次元 d になるはずだから，運動量積分の次元は残っている次元で $D = d -$

$\{(d-2)B/2 + (d-1)F/2\} - (-\sum_j n_j \delta_j)$ となる．この結果，得られたファインマン図形の発散の次数は (6.50) の D で与えられる．

一方，相互作用の種類によって発散の現れ方が異なり，相互作用の発散の次数 δ_j が正か負かによって大きく性質が異なるので，次のように分類する．

(1) **超くり込み可能な理論**

$$\delta_j < 0 \tag{6.51}$$

結合定数は質量の正のベキの次元をもつ．(6.50) から，任意のファインマン図形で頂点の数を十分増やしていくと，必ず見かけの発散の次数は負になる：$D < 0$．したがって，このような結合定数だけの理論では，発散する1粒子既約な図形は有限個しかない．

(2) **くり込み可能な理論**

$$\delta_j = 0 \tag{6.52}$$

結合定数は無次元である．(6.50) から，見かけの発散の次数 D は頂点の数によらず外線の数だけで決まる．したがって，発散する1粒子既約な図形は任意の高次でも存在する．しかし，発散するグリーン関数のタイプとしては，外線の数の少ない有限個のタイプに限られる．

(3) **くり込み不可能な理論**

$$\delta_j > 0 \tag{6.53}$$

結合定数は質量の負ベキ次元である．(6.50) から，任意個の外線のグリーン関数について，十分高次の図形を考えれば見かけの発散の次数は正 $D > 0$ になり，発散する．したがって，無限個の異なる形の相殺項を必要とする．

したがって，(3) の $\delta_j > 0$ 相互作用項が1つでもあると，くり込み不可能

になる．くり込み可能であるためには，(2)の $\delta_j = 0$ か，または(1)の $\delta_j < 0$ 相互作用項だけでなければならない．しかし，一般に十分高次のループでは，対称性など何らかの理由で禁止される項以外はすべての形の項がでてくる．次々と摂動論の各次数でくり込むためには，でてくる可能性のある発散をくり込むための裸の相互作用項をすべて用意しておく必要がある．したがって，理論が本当にくり込み可能となるためには，対称性から許されるすべての相互作用項が，もとのラグランジアンの中に調節可能な裸のパラメターとして入っていることが必要である．

4次元のスカラー場は質量次元が1だから，相互作用項の係数の次元 δ_j がゼロまたは負になるためには，スカラー場 ϕ についてのたかだか4次までの多項式でなければならない．これが最も一般のくり込み可能な相互作用ラグランジアン密度である．さらに，スカラー場 ϕ についての反転対称性 $\phi \to -\phi$ を課すと，偶数ベキのみが許される．したがって，§1.4で述べたように，スカラー場 $\phi(x)$ が1つだけある場合には，反転対称で最も一般のくり込み可能な相互作用ラグランジアンは ϕ^4 型のラグランジアン密度(1.24)のみとなる．

§6.6 くり込み条件

一般に発散量 ($\log \Lambda^2$ や $1/(d-4)$ の極) を引き算する操作を行うときに，有限量をどれだけ引き算するかは任意性がある．これを決めるのが，**くり込み条件**である．くり込み条件が異なると見かけは異なる理論になるが，もちろんもともと同じ裸の理論に対して異なる人為的な操作で定義されただけの違いなので，それらは発散を含まない関係でつながっている．これを**有限なくり込み**という．

もしも質量ゼロの粒子がない場合には，最も物理的なくり込み条件として，物理的質量のところでくり込み条件を設定することが普通に行われる．具体的には，1粒子既約な2点関数 $\tilde{\Gamma}^{(2)}(p^2)$ に対しては，物理的質量のとこ

ろでゼロ点をもち,その微係数が1になるようにとると,正しい物理的質量と,正しい規格化条件を満たすように波動関数のくり込みを行ったことになる.

$$\tilde{\Gamma}^{(2)}(p^2 = m^2) = 0, \qquad \frac{d\tilde{\Gamma}^{(2)}(p^2)}{dp^2}\bigg|_{p^2=m^2} = 1 \qquad (6.54)$$

4点関数の4元運動量保存則は $p_1^\mu + \cdots p_4^\mu = 0$ だから,この4元運動量の2乗を作ると,次のような恒等式が成り立つ.

$$0 = \sum_{i=1}^{4} p_i^\mu \sum_{j=1}^{4} p_{j\mu} = \sum_{j=1}^{4} p_j^2 + 2 \sum_{1 \leq i < j \leq 4} p_i \cdot p_j \qquad (6.55)$$

外線運動量が物理的質量をもつ $(p_1)^2 = \cdots = (p_4)^2 = m^2$ とする.このとき,1粒子既約な4点関数 $\tilde{\Gamma}^{(4)}(p_1,\cdots,p_4)$ は,外線運動量間の内積の値に依存する.粒子 $1,\cdots,4$ について対称な点は $p_1 \cdot p_2 = \cdots = p_3 \cdot p_4 = -m^2/3$ となるので,この点での4点関数の値を結合定数と定義すればよい.

$$\tilde{\Gamma}^{(4)}\left(p_1 \cdot p_2 = \cdots = p_3 \cdot p_4 = -\frac{m^2}{3}\right) = -\lambda \qquad (6.56)$$

このようにくり込み条件を設定して発散を相殺しておけば,4点関数はもはや有限になり,量子効果によってどのような運動量依存性をもつかを予言できる.(6.54) と (6.56) が,**質量殻上のくり込み条件**である.

質量のない場合 ($m = 0$) は特別で,一般に4元運動量の2乗がゼロのところで**赤外発散**がある.そのため,4元運動量ゼロのところでくり込むことはできない.したがって,物理的質量の点でのくり込み処方では不十分である.具体的には2点関数の場合,2点関数の値そのものは赤外発散がないので,4元運動量がゼロのところでくり込み条件を指定してもよい.

$$\tilde{\Gamma}^{(2)}(p^2)|_{p^2=0} = 0 \qquad (6.57)$$

これによって,2次の発散が取り除かれる.しかし,さらに対数発散を取り除くために,もう1つのくり込み条件を課さねばならない.ϕ^4 相互作用理論でも,たとえば図 6.3 のようなファインマン図形からわかるように,2ループ以上では自己エネルギーは外線運動量に依存し,外線4元運動量がゼロ

の点で発散する．すなわち，赤外発散がある．そこでゼロでない運動量の値をくり込み点とするために，質量次元をもつパラメター μ を導入しなければならない．典型的なくり込み条件として，たとえば

$$\tilde{\Gamma}^{(2)}(p^2)|_{p^2=-\mu^2} = -\mu^2 \tag{6.58}$$

をとることができる．(6.57), (6.58) によって，質量のくり込みと波動関数のくり込みが行われた．その結果として，2点関数の2次発散と対数発散とを取り除くことができた．

結合定数のくり込み条件を設定するためには，1粒子既約な4点関数を考える．粒子 $1, \cdots, 4$ の間の対称性を要求すると $p_1^2 = \cdots = p_4^2$, $p_1 \cdot p_2 = \cdots = p_3 \cdot p_4$ となる．くり込みのスケール μ を用いて，4元運動量の2乗は，$p_1^2 = \cdots = p_4^2 = -\mu^2$ と指定しよう．これらの条件と4元運動量保存則から得られる恒等式 (6.55) を用いると，4元運動量の内積が $p_i \cdot p_j = -\mu^2 \{(4/3)\delta_{ij} - 1/3\}$ と，すべて決まる．この点でのくり込み条件を，**質量によらない対称なくり込み条件**とよぶ．

$$\tilde{\Gamma}^{(4)}(p_1, \cdots, p_4)|_{p_i \cdot p_j = -\mu^2 \left(\frac{4}{3}\delta_{ij} - \frac{1}{3}\right)} = \lambda \tag{6.59}$$

§6.7 くり込み群

ここでは簡単のために，4元運動量の切断 Λ を入れて正則化する場合を考えてみよう．4元運動量の切断を入れる正則化では，たとえば (6.16) の4点関数について，図 6.5 のファインマン図形 (a) の場合を例にとると，
$\tilde{\Gamma}^{(4)a}((p_1+p_2)^2)$

$$= \frac{\lambda^2}{16\pi^2}\left\{\sqrt{1 + \frac{4m^2}{-p^2}} \log\left(\sqrt{1 + \frac{-p^2}{4m^2}} - \frac{\sqrt{-p^2}}{2m}\right) + \log\frac{\Lambda}{m} + \frac{1}{2}\right\} \tag{6.60}$$

である．このように，裸の4点関数は切断 Λ の対数 $\log \Lambda^2$ の関数となる．この1ループの次数では図 6.5 のように，ファインマン図形は (a), (b), (c) の3つがある．図形 (b), (c) の寄与は図形 (a) で外線運動量をそれぞ

れ $p_1 + p_2 \to p_2 + p_3$, $p_1 + p_2 \to p_3 + p_1$ におきかえることで得られる．これに加えて，相殺項ラグランジアンからの寄与 $-(Z_\lambda - 1)\lambda$ もある．これらの和を作ると，最終的に1ループの4点関数が得られる．

$$\tilde{\Gamma}^{(4)}(p_1, \cdots, p_4)$$
$$= \tilde{\Gamma}^{(4)\mathrm{a}}((p_1+p_2)^2) + \tilde{\Gamma}^{(4)\mathrm{a}}((p_2+p_3)^2) + \tilde{\Gamma}^{(4)\mathrm{a}}((p_3+p_1)^2) - (Z_\lambda - 1)\lambda \tag{6.61}$$

こうして得られた4点関数に対して，質量によらない対称なくり込み条件 (6.59) を課す．

くり込み条件を課した結果，くり込まれた4点関数が決まり，裸の4点関数との間で比例関係がある．比例定数は，くり込み定数 Z_ϕ, Z_λ で与えられる．したがって，このくり込み定数は，裸の理論を特徴づける4元運動量の切断 Λ と，裸の結合定数とに依存する．また，くり込まれた結合定数は，くり込み条件によって決まるので，くり込みのスケール μ にも依存する．それら以外には，Z_ϕ, Z_λ はどんな変数にもよらない．くり込み定数 Z_ϕ, Z_λ は無次元の量なので，質量次元のあるパラメター Λ と μ はそれらの比でしか現れることはできない．結局，くり込み定数は

$$Z_\phi = Z_\phi\left(\lambda_0, \frac{\Lambda}{\mu}\right), \qquad Z_\lambda = Z_\lambda\left(\lambda_0, \frac{\Lambda}{\mu}\right) \tag{6.62}$$

のように，裸の結合定数 λ_0 と，4元運動量の切断 Λ とくり込みスケール μ の比だけの関数である．もしも，4元運動量の切断の代わりに次元正則化を採用した場合には，運動量の切断 Λ とくり込みスケール μ の比の代わりに，くり込み定数 Z_ϕ と Z_λ は複素数次元の極 $1/(d-4)$ に依存する．また，裸の結合定数に対する依存性は，裸の結合定数から作った無次元量 $\lambda_0 \mu^{d-4}$ という形で現れる．

くり込みスケール μ はくり込みの処方を確定するために勝手に導入したものであるから，物理的な結果は μ の大きさによらず，もとの裸の理論

(と，それに意味を与えるための正則化のパラメター Λ) によって決まっているはずである．したがって，もとの裸の理論に対して同じ結果を与えるくり込まれた理論がいくつもあることになる．もちろん，くり込まれた結合定数 λ はくり込み条件によっているので，図6.6のように，くり

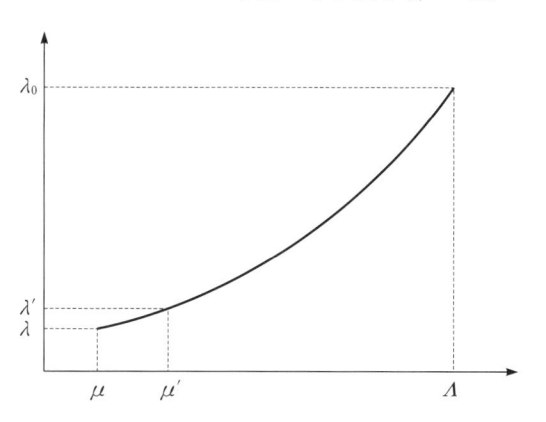

図6.6 くり込みスケール μ を変えたとき，くり込まれた結合定数はくり込み群に従って変化すると，同一の裸の理論に対応する．

込みのスケールに依存して変更する必要がある．そうして初めて，同一の裸の理論に対応する．

$$(\lambda_0, \Lambda) \longleftrightarrow (\lambda, \mu) \tag{6.63}$$

くり込み点 μ を少しずつ変えると，それに応じて少しずつ異なるくり込まれた結合定数をもつ くり込まれた理論が得られる．このくり込みスケール μ の大きさを変えるのは，連続的な変換であり，続けて変換を行った結果もやはり同種の変換の一つになっている．このように，続けて行う変換操作が意味のある操作になることを，変換の掛け算と解釈することができる．ちょうど回転を続けて行うことが意味のある回転を与えるのと同じである．掛け算が定義できるこのような集りを数学的には**群**とよぶ（掛け算の逆元，すなわち元に戻す操作が定義されていない場合は，群ではなく半群という）．回転は群になっている．くり込みスケールの変換は半群だが，簡単のため**くり込み群**とよばれる．

同一の正則化された裸の理論に対してくり込み点 μ を少しずつ微小に変化させてみることで，くり込み群を導くことができる．裸の理論は同一だか

ら，くり込みスケールを変化させても裸の n 点グリーン関数 $\tilde{\Gamma}_0^{(n)}$ は変化せず，

$$\mu\frac{\partial}{\partial\mu}\bigg|_{\lambda_0,\Lambda}\tilde{\Gamma}_0^{(n)}(\lambda_0,\Lambda)=0 \qquad (6.64)$$

となる．ここで，偏微分に対する添字は，裸の理論を固定するために，裸の結合定数 λ_0 と 4 元運動量の切断 Λ を固定して，μ について偏微分するという意味である．この恒等式に，裸の量とくり込まれた量との関係 (6.35) を代入すると，[†]

$$\mu\frac{\partial}{\partial\mu}\bigg|_{\lambda_0,\Lambda}\left[Z_\phi^{-n/2}\Big(\lambda_0,\frac{\Lambda}{\mu}\Big)\tilde{\Gamma}^{(n)}(p_1,\cdots,p_n;\lambda,\mu)\right]=0 \qquad (6.65)$$

が得られる．

くり込まれた結合定数 λ や波動関数のくり込み定数 Z_ϕ を通じた，くり込みスケール μ への間接的な依存性をあらわに取り出しておく方が便利である．これらに対する微分から，β と γ という 2 つの関数を定義する．

$$\beta(\lambda)=\mu\frac{\partial}{\partial\mu}\lambda\bigg|_{\lambda_0,\Lambda}, \qquad \gamma(\lambda)=\frac{1}{2}\mu\frac{\partial}{\partial\mu}\log Z_\phi\bigg|_{\lambda_0,\Lambda} \qquad (6.66)$$

β は**ベータ関数**，γ は**異常次元**とよばれる．異常次元とよばれることの意味は後でみることにしよう．1 つの同一の理論は，裸の結合定数 λ_0 と切断 Λ の組でも指定できるし，くり込まれた結合定数 λ とくり込みスケール μ の組でも指定できる．もしもベータ関数をくり込まれた結合定数 λ とくり込みスケール μ で表したとすると，ベータ関数は無次元量なので，くり込みスケールに依存することができない．したがって，くり込まれた結合定数 λ だけの関数となる．同様に，異常次元 γ もくり込まれた結合定数 λ だけの関数である．

したがって，恒等式 (6.65) は β と γ という 2 つの関数を用いて，次のように表される．

[†] ここでは簡単のため，裸の理論には切断 Λ 以外に質量次元をもつパラメターがない場合を考える．

§6.7 くり込み群

$$\left\{\mu\frac{\partial}{\partial\mu} + \beta(\lambda)\frac{\partial}{\partial\lambda} - n\,\gamma(\lambda)\right\}\tilde{\Gamma}^{(n)}(p_1,\cdots,p_n;\lambda,\mu) = 0$$

(6.67)

ここに現れた偏微分 $\mu\partial/\partial\mu$ はくり込まれた結合定数を固定して，くり込みスケール μ について微分するという意味の偏微分である．この方程式が (6.64) から出発していることからわかるように，くり込みスケールの変化に応じて，くり込まれた結合定数をこの方程式に従って変化させていけば，一連の異なるくり込まれた理論が，同一の裸の理論に対応する．この方程式を**くり込み群方程式**とよぶ．

このくり込み群方程式の解を求めるには，次のような量を考えると便利である．くり込みスケール μ から μ' に変えることを考え，その比の対数を変数とする．

$$t \equiv \log\frac{\mu'}{\mu}, \qquad \mu' = \mu e^t \qquad (6.68)$$

初期値 λ と t の関数として**有効結合定数** $\bar{\lambda}(t,\lambda)$ を

$$\frac{\partial}{\partial t}\bar{\lambda}(t,\lambda) = \beta(\bar{\lambda}), \qquad \bar{\lambda}(t=0,\lambda) = \lambda \qquad (6.69)$$

と定義すると，この解は次の積分表示で与えられる．

$$\int_{\lambda}^{\bar{\lambda}(t,\lambda)}\frac{dx}{\beta(x)} = t \qquad (6.70)$$

このように，くり込み点スケールと共に変化する結合定数なので，$\bar{\lambda}(t,x)$ は**走る結合定数**ともいわれる．

ベータ関数を有効結合定数の関数として図 6.7 に示した．ベータ関数は摂動論では常に原点でゼロになる．結合定数が大きくなるときにベータ関数が負になれば，エネルギースケールが大きくなると有効結合定数が小さくなることになる．このように，エネルギーの大きい領域で漸近的に結合定数がゼ

ロに近づく場合を**漸近的に自由な理論**とよぶ．このような振舞を示す4次元の場の量子論は，次節以降に述べる非可換ゲージ理論の場合だけである．

一般に，ベータ関数がゼロになる点があるとする．その点で傾きが負であれば，高エネルギーになればなるほど，その点に近づくことになる．逆に傾きが正であれ

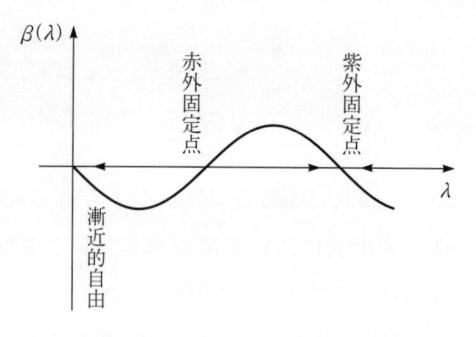

図6.7 くり込み群のベータ関数を結合定数の関数として示す．傾き負のゼロ点を紫外固定点，傾き正のゼロ点を赤外固定点とよぶ．

ば，低エネルギーになればなるほど，その点に近づくことになる．前者は高エネルギー，すなわち紫外領域で一定の値に近づくので，**紫外固定点**とよぶ．後者は低エネルギー，すなわち赤外領域で一定の値に近づくので，**赤外固定点**とよぶ．このように，一定の結合定数に近づく場合，その結合定数を**くり込み群の固定点**とよぶ．固定点ではくり込みスケールを変えても理論の振舞は変らない．このようにスケール不変な理論は第1章の演習問題 [4] で与えたように共形不変となる．これを**共形場理論**という．固定点はベータ関数のゼロ点で与えられる．この固定点での結合定数がゼロでなければ，固定点での場の量子論は自由場の理論ではなく，非自明な相互作用をする共形場理論となる．

くり込み群方程式 (6.67) の一般解は，この有効結合定数を用いて次のように与えられる．

$$\tilde{\Gamma}^{(n)}(p_1, \cdots, p_n; \lambda, \mu) \\ = \exp\left[-n\int_0^t dt'\, \gamma(\bar{\lambda}(t', \lambda))\right] \tilde{\Gamma}^{(n)}(p_1, \cdots, p_n; \bar{\lambda}(t, \lambda), \mu e^t)$$

(6.71)

§6.7 くり込み群

実際，この表式の左辺はスケールを変えるパラメター t を含まないから，$\mu' = \mu e^t$ を用いて

$$0 = \frac{d}{dt} \tilde{\Gamma}^{(n)}(p_1, \cdots, p_n; \lambda, \mu)$$

$$= \exp\left[-n \int_0^t dt' \, \gamma(\bar{\lambda}(t', \lambda))\right]$$

$$\times \left[-n \, \gamma(\bar{\lambda}(t, \lambda)) + \frac{\partial \bar{\lambda}(t, \lambda)}{\partial t} \frac{\partial}{\partial \bar{\lambda}} + \mu' \frac{\partial}{\partial \mu'}\right] \tilde{\Gamma}^{(n)}(p_1, \cdots, p_n; \bar{\lambda}(t, \lambda), \mu') \quad (6.72)$$

となり，(6.69)を用いるとくり込み群方程式(6.67)を満たすことがわかる．

これはくり込みのスケール μ を $\mu' = \mu e^t$ に変えても，同時にくり込まれた結合定数 λ を $\bar{\lambda}(t, \lambda)$ に変え，波動関数のくり込みからくる因子を掛けてやれば，もとと同じグリーン関数が得られることを示している．

さらに次元解析から得られる情報と組み合せると，γ の物理的意味が次のようにわかる．すべての運動量を e^t 倍することを考える．n 点グリーン関数は(5.100)で示したように4次元時空で $D_n \equiv 4 - n$ という次元をもつ．次元解析から

$$\tilde{\Gamma}^{(n)}(e^t p_1, \cdots, e^t p_n, \lambda, \mu) = e^{D_n t} \tilde{\Gamma}^{(n)}(p_1, \cdots, p_n, \lambda, \mu e^{-t}) \quad (6.73)$$

となり，これをくり込み群の解(6.71)と組み合せると

$$\tilde{\Gamma}^{(n)}(e^t p_1, \cdots, e^t p_n, \lambda, \mu)$$
$$= \exp\left[D_n t - n \int_0^t dt' \, \gamma(\bar{\lambda}(t', \lambda))\right] \tilde{\Gamma}^{(n)}(p_1, \cdots, p_n; \bar{\lambda}(t, \lambda), \mu)$$

$$(6.74)$$

となる．運動量のスケールを e^t だけ大きくすると，結合定数は有効結合定数 $\bar{\lambda}(t, \lambda)$ として動くことになる．このような結合定数の変化を**結合定数が走る**という．一方，グリーン関数の本来の次元は $D_n = 4 - n$ だから，グリ

ーン関数は e^{Dnt} 倍されるのが本来であるが，実際には，くり込み群の結果によると，量子効果のために，1つの場当りに γ の重みだけずれている．したがって，この"次元のずれ" γ は場の異常次元とよばれる．

ここでみたように，くり込み群方程式の解と次元解析とを組み合せることによって得られた公式 (6.74) は，異なるエネルギースケールでの現象の間の関係をつけている．たとえば，同一の理論で記述されている場合に，e^t だけ高いエネルギーになると，結合定数は強さがベータ関数で決まる (6.69) に従って変化し，有効結合定数 $\bar{\lambda}(t,\lambda)$ としてはたらくことを示している．

演習問題

[1] 4点関数の1ループ運動量積分 (6.16) を求めよ．

7 ゲージ場の経路積分量子化

局所ゲージ対称性が成り立つためには，ゲージ場がなければならない．共変微分を導入し，ゲージ不変なラグランジアン密度の構成法を与える．局所ゲージ対称性がある場合，正準変数に拘束条件が生じる．このような場合の量子化を行い，経路積分表示を与える．経路積分に現れる関数行列式を，ファデーエフ‐ポポフ・ゴースト場の経路積分を導入してラグランジアンの形に表す．その結果を用いて，共変的ゲージでのファインマン則を導く．

§7.1 局所ゲージ変換

4次の相互作用をしている実スカラー場を多成分に一般化してみよう．N個の実スカラー場 $\phi_i(x)$ $(i=1,\cdots,N)$ を N 成分の実ベクトルとみて，それらの間の相互作用がこのベクトルの大きさにしかよらないとする．4次までの相互作用の場合のラグランジアン密度は

$$\mathcal{L} = \frac{1}{2}\partial_\mu \phi_i(x)\,\partial^\mu \phi_i(x) - \frac{m^2}{2}\phi_i(x)\,\phi_i(x) - \frac{\lambda}{4}(\phi_i(x)\,\phi_i(x))^2 \tag{7.1}$$

となる．N 成分実ベクトル ϕ_i の大きさを変えずに互いの間で回転しても，このラグランジアン密度の形は変らない．すなわち，直交行列 O を用いて

$$\phi_i(x) \rightarrow \phi'_i(x) = O_i{}^j\phi_j(x), \qquad O^T O = OO^T = 1 \tag{7.2}$$

と変換しても，ラグランジアン密度は不変 $\mathcal{L}(\phi') = \mathcal{L}(\phi)$ である．これは

§1.5で取扱った対称性のうちで,内部対称性の場合の一つになっている.この場合は,内部対称性の変換が N 行 N 列の直交行列の全体で表されるもので,**$O(N)$ 群**という.同様に,もしも N 個の複素スカラー場 $\phi_i, \phi_i^*(i=1,\cdots,N)$ の場合には,複素 N 成分ベクトルとみて,相互作用がその大きさにだけよるとすると,ラグランジアン密度は

$$\mathcal{L} = \partial_\mu \phi_i^*(x)\,\partial^\mu \phi_i(x) - m^2 \phi_i^*(x)\,\phi_i(x) - \lambda\,(\phi_i^*(x)\,\phi_i(x))^2 \tag{7.3}$$

となる.この場合には直交行列による変換の代りに,ユニタリー行列による変換でラグランジアン密度は不変であり,

$$\phi_i(x) \to \phi_i'(x) = U_i{}^j\,\phi_j(x), \qquad U^\dagger U = UU^\dagger = 1 \tag{7.4}$$

となる.このように,内部対称性の変換が N 行 N 列のユニタリー行列の全体で表されるものを **$U(N)$ 群**という.この変換のうち,すべての複素スカラー場の位相を同じだけ回転する変換は特殊で,他の変換と順序を入れ替えても答えが変らない.この部分は位相回転なので **$U(1)$ 群**とよび,これだけを別に扱う.残りの変換は行列式が 1 の N 行 N 列の行列で定義され,**$SU(N)$ 群**とよばれる.

一般に,有限な変換 U は変換のパラメーター θ^a と (1.38) の無限小変換の生成子 T^a を用いて

$$U = \exp(i\theta^a T^a) \tag{7.5}$$

と表される.具体的な表現を与えると,生成子や有限変換は行列で表現できるが,個々の表現ごとに異なる行列で表される.$U(1)$ 群の場合は,無限小変換の生成子がただ 1 つで互いに非可換なものはない.そこで,$U(1)$ 群のことを**可換群(アーベル群)**とよぶ.これに対して,$U(N)$ 群のような場合は,そのうち,すべての複素スカラー場の位相を同じだけ回転する $U(1)$ 変換群を取り除いた残りの群 $SU(N)$ が,$U(1)$ 群と異なり,すべてと交換するような無限小変換の生成子が存在せず,全体として 1 つの構造を成している.このような変換群のことを**非可換群(非アーベル群)**とよぶ.

たとえば，最もなじみのある変換群は $SU(2)$ であり，その無限小変換の生成子が角運動量である．角運動量の大きさ $1/2$ の表現に対する角運動量演算子の行列はパウリスピン行列 σ^a ($a = 1, 2, 3$) を用いて $T^a = \sigma^a/2$ で与えられる．したがって，$SU(2)$ 変換 U は

$$U = \exp\left(i\theta^a \frac{\sigma^a}{2}\right) \tag{7.6}$$

となる．また，無限小変換の生成子の交換子は群に固有の構造をもち，

$$[T^a, T^b] = if_{abc}T^c \tag{7.7}$$

となり，ここに現れた係数 f_{abc} を**群の構造定数**とよぶ．ヤコビの恒等式

$$[A, [B, C]] + [B, [C, A]] + [C, [A, B]] = 0 \tag{7.8}$$

を $A = T^a, B = T^b, C = T^c$ として適用すると，構造定数に対する次の恒等式が得られる．

$$f_{bcd}f_{ade} + f_{cad}f_{bde} + f_{abd}f_{cde} = 0 \tag{7.9}$$

上に挙げた変換はパラメーター θ が時空点の座標 x によらないので，§1.5 で述べた大局的変換である．これから以下では，この変換のパラメーターが次のように時空の座標に依存する場合を考える．

$$\phi_i(x) \rightarrow \phi'_i(x) = U_i{}^j(x)\,\phi_j(x), \qquad U(x) = \exp\left[i\,\theta^a(x)\,T^a\right] \tag{7.10}$$

このような変換を**局所的 (local) 変換**とよぶ．このような変換に対してラグランジアン密度 (7.3) はそのままでは不変でない．相互作用項は不変になっている．しかし，運動項は微分を含むので，時空座標に依存する変換パラメーターの微分の分だけ不変でなくなる．このような場合にラグランジアン密度を不変にするには，新たな場を導入する必要がある．局所的な変換は時空の各点で勝手に変換の座標軸を設定することに対応するので，隣り合う時空点の座標軸の違いを表現する量が必要になる，というのが新たな場を導入することの物理的意味である．

7. ゲージ場の経路積分量子化

そこで，**ゲージ場** A_μ^a を導入し，場の微分 ∂_μ を次のような**共変微分** D_μ というものにおきかえる．$\phi(x)$ と書いただけで N 成分縦ベクトルを表しているとし，**ゲージ結合定数** g を導入して[†]

$$D_\mu \, \phi(x) \equiv \{\partial_\mu + ig \, A_\mu^a(x) T^a\} \, \phi(x) \tag{7.11}$$

そしてゲージ場の変換性としてこの共変微分が変換パラメターの微分項を含まず，場 ϕ と同じように変換することを要求する．このように変換パラメターの微分を含まず，群の1つの表現として変換するとき，**共変**であるという．

$$D_\mu \, \phi(x) \quad \to \quad U(x) \, D_\mu \, \phi(x) \tag{7.12}$$

このようになるためのゲージ場の変換性 $A_\mu^a(x) \to A_\mu'^a(x)$ を求めると，

$$U(x)(\partial_\mu + ig \, A_\mu^a(x) \, T^a) \, \phi(x)$$
$$= (\partial_\mu + ig \, A_\mu'^a(x) \, T^a) \, \phi'(x)$$
$$= (\partial_\mu + ig \, A_\mu'^a(x) \, T^a) \, U(x) \, \phi(x)$$
$$= U(x) \, \{\partial_\mu + U^{-1}(x) \, \partial_\mu U(x) + ig \, U^{-1}(x) \, A_\mu'^a(x) \, T^a \, U(x)\} \, \phi_i(x)$$
$$\tag{7.13}$$

したがって，ゲージ場の変換性は

$$ig \, A_\mu^a(x) T^a = U^{-1}(x) \, \partial_\mu U(x) + ig \, U^{-1}(x) \, A_\mu'^a(x) \, T^a \, U(x) \tag{7.14}$$

となるので，

$$A_\mu^a(x) \, T^a \quad \to \quad A_\mu'^a(x) \, T^a$$
$$= U(x) \, A_\mu^a(x) \, T^a \, U^{-1}(x) - \frac{1}{ig} \, \partial_\mu U(x) \, U^{-1}(x)$$
$$= U(x) \, A_\mu^a(x) \, T^a \, U^{-1}(x) - \frac{i}{g} \, U(x) \, \partial_\mu U^{-1}(x)$$
$$\tag{7.15}$$

[†] 本書での結合定数の符号は，九後汰一郎：「ゲージ場の量子論 I, II」や，E. S. Abers and B. W. Lee: Phys. Rep. **C9** (1973) 1 とは逆符号である．

が得られる．このようにゲージ場は共変ではなく，変換パラメターの微分を含む変換性をもつ．ゲージ場は変換のパラメターと同じ数だけ，すなわち群の無限小変換の生成子の数だけ存在する．また，ゲージ場に行列を掛けたものをまとめて次のように定義しておくと便利である．

$$A_\mu(x) \equiv A_\mu^a(x)\, T^a \tag{7.16}$$

ゲージ場の強さを表す量は，共変微分を 2 回続けて行い，その順序を変えたものとの差を作ると得られる．

$$\begin{aligned}
[D_\mu, D_\nu]\, \phi(x) &= (D_\mu D_\nu - D_\nu D_\mu)\, \phi(x) \\
&= ig\,(\partial_\mu A_\nu(x) - \partial_\nu A_\mu(x) + ig\,[A_\mu(x), A_\nu(x)])\, \phi(x) \\
&\equiv ig\, F_{\mu\nu}(x)\, \phi_i(x) \\
&= ig\, F_{\mu\nu}^a(x)\, T^a\, \phi_i(x)
\end{aligned} \tag{7.17}$$

場 $\phi(x)$ に対する微分は相殺するので，ここに現れた量 $F_{\mu\nu}^a(x)$ はもはや演算子ではなく，単なる場に過ぎない．これを**ゲージ場の強さ**とよび，

$$F_{\mu\nu}^a(x) = \partial_\mu A_\nu^a(x) - \partial_\nu A_\mu^a(x) - g f_{abc}\, A_\mu^b(x)\, A_\nu^c(x) \tag{7.18}$$

で与えられる．(7.17) に対してもう 1 度共変微分を施して反対称部分をとると，ヤコビ恒等式 (7.8) から恒等的にゼロになる．

$$\begin{aligned}
0 &= \varepsilon^{\sigma\rho\mu\nu}\,[D_\rho, [D_\mu, D_\nu]]\, \phi(x) \\
&= \varepsilon^{\sigma\rho\mu\nu}\,[D_\rho, ig\, F_{\mu\nu}(x)]\, \phi(x)
\end{aligned} \tag{7.19}$$

したがって，次の**ビアンキ恒等式**が成り立つ

$$\varepsilon^{\sigma\rho\mu\nu} D_\rho\, F_{\mu\nu}(x) \equiv \varepsilon^{\sigma\rho\mu\nu}(\partial_\rho F_{\mu\nu}(x) + ig\,[A_\rho(x), F_{\mu\nu}(x)]) = 0 \tag{7.20}$$

この恒等式は，場の強さ $F_{\mu\nu}$ がベクトルポテンシャル A_μ の（共変）微分で表されるための必要十分条件である．もしも考えている群が位相変換の群 $U(1)$ であるときには，場の強さ $F_{\mu\nu}(x)$ は，ちょうど電場と磁場の強さを 4 次元的にまとめて表す 2 階の反対称テンソルである．ビアンキ恒等式は電

磁場の場合にも成り立っている．実際，マクスウェル方程式のうちの半分はこのビアンキ恒等式であり，場の強さがベクトルポテンシャルで表されることを保証する．

後の便宜のために，ゲージ変換を無限小変換の形で書いておこう．無限小変換パラメーターを $\theta^a(x) = -g\,\varepsilon^a(x)$ と表す．**随伴 (adjoint) 表現**の生成子の行列表示は $(T^a(adj))_{bc} = -if_{abc}$ で与えられるので

$$\left.\begin{array}{l}\delta\phi(x) = -ig\,\varepsilon^a(x)\,T^a\,\phi(x)\\ \delta A_\mu^a(x) = \partial_\mu\varepsilon^a(x) - gf_{abc}\,A_\mu^b(x)\,\varepsilon^c(x) \equiv D_\mu\,\varepsilon^a(x)\end{array}\right\} \quad (7.21)$$

となる．ここで，D_μ は変換のパラメーターが随伴表現なので，それに対する共変微分になっている．

§7.2 ゲージ不変なラグランジアン密度と拘束条件

ゲージ変換のもとで共変な変換性をもつ場の共変微分を構成できたので，これを用いると場の運動項を書き下すことができる．先の複素スカラー場の場合は (7.3) のラグランジアン密度を変更して

$$\mathcal{L}_{\text{scalar}} = (D_\mu\,\phi(x))^\dagger D^\mu\,\phi(x) - m^2\,\phi^\dagger(x)\,\phi(x) - \lambda\,(\phi^\dagger(x)\,\phi(x))^2 \tag{7.22}$$

とすればよい．ここで，N 成分のスカラー場を N 成分ベクトルとして表した．もしもディラック場であれば，(7.11) と同様な共変微分を用いて

$$\mathcal{L}_{\text{dirac}} = \bar{\psi}(x)(i\gamma^\mu D_\mu - m)\,\psi(x) \tag{7.23}$$

となる．

一方，ゲージ場の運動項を表すラグランジアン密度は古典電磁気学でのマクスウェル方程式を与えるラグランジアン密度と同様に，微分について 2 次までの項で，ゲージ不変であることを要請すると，規格化因子を除いて一意的に決まる．まず，ゲージ群が $U(1)$ 群の場合を考えると，古典電磁気学の**マクスウェルのラグランジアン密度**に帰着し，

§7.2 ゲージ不変なラグランジアン密度と拘束条件　133

$$\mathcal{L}_{U(1)} = -\frac{1}{4} F_{\mu\nu} F^{\mu\nu} \tag{7.24}$$

$$F_{\mu\nu}(x) = \partial_\mu A_\nu(x) - \partial_\nu A_\mu(x) \tag{7.25}$$

となる．さらに一般の非可換群の場合には，同様にゲージ場の運動項を与えるラグランジアン密度は

$$\mathcal{L}_{\text{gauge}} = -\frac{1}{4} F^a_{\mu\nu} F^{a\mu\nu} \tag{7.26}$$

$$F^a_{\mu\nu}(x) = \partial_\mu A^a_\nu(x) - \partial_\nu A^a_\mu(x) - g f_{abc} A^b_\mu(x) A^c_\nu(x) \tag{7.27}$$

となる．ゲージ不変性から，ゲージ場はベクトルポテンシャル A_μ そのものの 2 次の項がラグランジアン密度に直接現れてこないで，ゲージ場の強さ $F_{\mu\nu}$ というかたまりで登場する．したがって，ゲージ不変性が成り立つ限り，ゲージ場は質量項をもてないので，質量ゼロの粒子となる．

非可換ゲージ場のラグランジアン密度を時間微分と空間微分とに分けると

$$\mathcal{L}_{\text{gauge}} = \frac{1}{2}(E^{ai})^2 - \frac{1}{2}(B^{ai})^2 \tag{7.28}$$

$$E^{ai} \equiv F^{ai0} = -\partial_i A^{a0} - \partial_0 A^{ai} - g f_{abc} A^{bi} A^{c0} \tag{7.29}$$

$$-\varepsilon_{ijk} B^{ak} \equiv F^{aij} = -\partial_i A^{aj} + \partial_j A^{ai} - g f_{abc} A^{bi} A^{cj} \tag{7.30}$$

となる．$U(1)$ ゲージ理論の場合の類推から，E^{ai} を電場，B^{ak} を磁場とよぶ．

以下では，典型的な物質場の例として，ディラック粒子の場 ψ がある場合を考えよう．ディラック場が属する表現で，ゲージ群の生成子が T^a という表現行列で表されるとする．ゲージ場と物質場を合せた全ラグランジアン密度は

$$\mathcal{L}(A, \psi) = \mathcal{L}_{\text{gauge}} + \mathcal{L}_{\text{dirac}} \tag{7.31}$$

$$\mathcal{L}_{\text{gauge}} = -\frac{1}{4} F^a_{\mu\nu} F^{a\mu\nu} \tag{7.32}$$

$$\mathcal{L}_{\text{dirac}} = \bar{\psi}(x)(i\gamma^\mu D_\mu - m)\psi(x) \tag{7.33}$$

であり，力学変数 A^a_μ に対する**正準共役運動量**は

$$\pi^{a\mu} \equiv \frac{\partial \mathcal{L}_{\text{gauge}}}{\partial(\partial_0 A_\mu^a)} = F^{a\mu 0}$$

$$= \partial^\mu A^{a0} - \partial^0 A^{a\mu} - g f_{abc} A^{b\mu} A^{c0} \qquad (7.34)$$

と定義される．一方，ディラック場に対する運動量はグラスマン数 $\partial_0 \psi$ について右からの微分で定義すると

$$\pi_\psi \equiv \frac{\partial \mathcal{L}_{\text{gauge}}}{\partial(\partial_0 \psi)} = i\overline{\psi}\gamma^0 = i\psi^\dagger \qquad (7.35)$$

と与えられる．したがって，ディラック場に関しては，共役運動量は $i\psi^\dagger$ であるとして量子化すればよい．ゲージ理論では，ゲージ場の時間成分 A_0^a の時間微分がラグランジアン密度に含まれていない．したがって，共役運動量 π^{a0} はゼロになる．

$$\pi^{a0} \equiv \frac{\partial \mathcal{L}_{\text{gauge}}}{\partial(\partial_0 A_0^a)} = 0 \qquad (7.36)$$

このように座標と運動量の全部が独立ではない場合に，**拘束条件**があるという．

正準ハミルトニアン密度 $\mathcal{H}_c(x)$ は

$$\mathcal{H}_c = \pi^{a\mu} \dot{A}_\mu^a + \pi_\psi \, \partial_0 \psi - \mathcal{L} \qquad (7.37)$$

なので，これにすでに導入した非可換ゲージ理論での磁場の定義 (7.30) を用いると，

$$\mathcal{H}_c(x) = \mathcal{H}_{\text{gauge}}(x) + \mathcal{H}_{\text{dirac}}(x) \qquad (7.38)$$

$$\mathcal{H}_{\text{gauge}}(x) = \frac{1}{2}(\pi^{ai})^2 + \frac{1}{2}(B^{ai})^2 + \pi^{ai}\left(\partial_i A^{a0} + g f_{abc} A^{bi} A^{c0}\right) \qquad (7.39)$$

$$\mathcal{H}_{\text{dirac}}(x) = \phi^\dagger(x)\, g T^a A_0^a\, \phi(x) - \overline{\phi}(x)(i\gamma^j D_j - m)\, \phi(x) \qquad (7.40)$$

が得られる．拘束条件があるので，正準ハミルトニアン密度には拘束条件の線形結合を加えるだけの不定性がある．(7.36) の拘束条件 $\psi^a(x) \equiv \pi^{a0}(x)$ にラグランジュ未定係数 v^a を掛けて正準ハミルトニアンに付け加えてよいので，全ハミルトニアンは

$$\tilde{\mathcal{H}}(x) = \mathcal{H}_c(x) + \pi^{a0}(x)\, v^a(x) \tag{7.41}$$

となる．

本節では，量子化する前に，古典論として時間発展を考えよう．力学変数の時間変化を決定するために，**ポアソン括弧**が有用である．付録 A.3.1 に，古典力学でのポアソン括弧の定義式 (A.99) などをまとめた．基本的なポアソン括弧としては

$$\{A^{a\mu}(x), \pi_\nu^b(y)\}_{\mathrm{P}}|_{x^0=y^0} = \delta_\nu^\mu \delta^{ab} \delta^{(3)}(\boldsymbol{x} - \boldsymbol{y}) \tag{7.42}$$

$$\{\psi(x), i\psi^\dagger(y)\}_{\mathrm{P}}|_{x^0=y^0} = \delta^{(3)}(\boldsymbol{x} - \boldsymbol{y}) \tag{7.43}$$

である．ここで，ディラック場に対してはフェルミ統計を考慮に入れて，順序を変える際に符号を付ける必要がある．そのため，ディラック場のポアソン括弧は，(A.99) の第 2 項目の符号を変えたもので定義する．一般に，座標 q^i も運動量 p_i も反交換するグラスマン数である場合には，力学量 F_1, F_2 の間のポアソン括弧は

$$\{F_1, F_2\}_{\mathrm{P}} = F_1 \frac{\partial}{\partial q^i} \cdot \frac{\partial}{\partial p_i} F_2 + \frac{\partial}{\partial p_i} F_1 \cdot F_2 \frac{\partial}{\partial q^i} \tag{7.44}$$

となる．ここで，座標での微分は右微分，運動量での微分は左微分にとってある．それを明確にするために，(4.44) に従って，左微分は左側に，右微分は右側に書いた．たとえば，右辺第 1 項の q^i 微分は F_1 に作用する．ボソンの場合の (A.99) と異なり，第 2 項目の符号が正になることに注意しよう．

これらを用いて拘束条件の時間発展を与えるポアソン括弧を計算すると，

$$\frac{d\pi^{a0}(x)}{dt} = \left\{\pi^{a0}(x), \int d^3y\, \tilde{\mathcal{H}}(y)\right\}_{\mathrm{P}}\bigg|_{x^0=y^0} = D_j\, \pi^{aj}(x) - g\, \rho^a(x) \tag{7.45}$$

$$\rho^a(x) = \frac{1}{g}\frac{\partial \mathcal{H}_{\mathrm{dirac}}(x)}{\partial A^{a0}(x)} = \psi^\dagger(x)\, T^a\, \psi(x) \tag{7.46}$$

となる．(7.45) の右辺に $v^a(x)$ が現れないので，(7.41) のラグランジュ未定係数 $v^a(x)$ を調節しても，$d\pi^{a0}/dt$ をゼロにすることができないことは明

らかである．したがって，第2次拘束条件 $\psi_2^a(x) \equiv D_j \pi^{aj}(x) - g\rho^a(x) = 0$ が生じた．この拘束条件は電磁気学（$U(1)$ゲージ理論）では**ガウスの法則**とよばれるもので，物質の電荷密度によって電場が決まるという式である．それにならって，非可換ゲージ理論でも，**ガウス法則拘束条件**とよばれる．ここで出てきた $\rho^a(x)$ は，生成子 T^a に対応する**カラー電荷密度**である．ディラック場の場合は上にみたように，$\psi^\dagger T^a \psi$ という具体的な形をとるが，スカラー場など，他の物質場でもその物質場に応じた形でカラー電荷密度 $\rho^a = g^{-1} \partial \mathcal{H}_{\text{matter}} / \partial A^{a0}$ が得られる．カラー電荷密度の間のポアソン括弧を計算すると，

$$\{\rho^a(x), \rho^b(y)\}_{\text{P}}|_{x^0=y^0} = f_{abc}\, \rho^c(x)\, \delta^{(3)}(x-y) \qquad (7.47)$$

となる．このカラー電荷の間のポアソン括弧は，ディラック場でなくても，スカラー場など他の物質場の場合でも同様に成り立つ．

このガウス法則拘束条件の時間変化をさらに計算すると，

$$\frac{d}{dt}(D_j \pi^{aj}(x) - g\rho^a(x)) = \left\{D_j \pi^{aj}(x) - g\rho^a(x), \int d^3y\, \tilde{\mathcal{H}}(y)\right\}_{\text{P}}\Bigg|_{x^0=y^0}$$
$$= -g f_{abc}(D_j \pi^{bj}(x) - g\rho^b(x))\, A^{c0}(x) \qquad (7.48)$$

となり，すでに出ている拘束条件 $\psi_2^a(x) \equiv D_j \pi^{aj}(x) - g\rho^a(x) = 0$ を用いるとゼロになることがわかる．ここで用いたのは，物質場については，カラー電荷密度の間のポアソン括弧 (7.47) だけである．したがって，スカラー場のような他の物質場の場合にも同様に成り立つ．これ以上時間変化を計算しても，新しい拘束条件が出てこないことが，これでわかった．

そこで，これらの拘束条件の間のポアソン括弧を計算すると，

$$\{\pi^{a0}(x), \pi^{b0}(y)\}_{\text{P}}|_{x^0=y^0} = 0 \qquad (7.49)$$

$$\{\pi^{a0}(x), (D_i \pi^{bi}(y) - g\rho^b(y))\}_{\text{P}}|_{x^0=y^0} = 0 \qquad (7.50)$$

$$\{(D_i\,\pi^{ai}(x) - g\,\rho^a(x)), (D_j\,\pi^{bj}(y) - g\,\rho^b(y))\}_{\mathrm{P}}|_{x^0=y^0}$$
$$= -\,g\,f_{abc}(D_j\,\pi^{cj}(x) - g\,\rho^c(x))\,\delta^{(3)}(x-y)$$

(7.51)

となり，拘束条件の間のポアソン括弧はゼロになるか，拘束条件を使うと消えるかのどちらかである．これが，ゲージ対称性から出てくる拘束条件の特徴であり，**第1類拘束条件**とよぶ．

一般の拘束条件のある場合の量子化の概説は付録にまとめた．以下では，次節でまず，より簡単な量子力学の場合を例にとって，ゲージ理論の量子化に役立つ経路積分公式を得ることにしよう．

§7.3 量子力学で拘束条件がある場合の経路積分量子化

座標を $q^i\,(i=1,\cdots,N)$ とし，座標と速度 $\dot{q}^i = dq^i/dt$ の関数であるラグランジアン L が与えられたとする．座標 q^i に共役な運動量 p_i は

$$p_i = \frac{\partial L(q,\dot{q})}{\partial \dot{q}^i} \tag{7.52}$$

となる．座標と運動量の間に第1類拘束条件 $\psi_a(q,p)=0\,(a=1,\cdots,m)$ があるとすると，これらの拘束条件の間のポアソン括弧 $\{\psi_a,\psi_b\}$ は，拘束条件 $\psi_a(q,p)=0$ を使うと消える．一般に，拘束条件を使った結果 初めて成り立つ等式の場合に，**弱い等式**が成り立つとよび，$\approx$ で表す．この記法を用いると

$$\{\psi_a,\psi_b\} \approx 0 \tag{7.53}$$

と表せる．

ハミルトニアンには，未定係数 v^a の係数で拘束条件の線形結合を加えるだけの不定性がある．その結果，座標や運動量の時間発展は不定なラグランジュ未定係数 v^a に依存してしまい，決まらず

$$\frac{dq^i}{dt} = \{q^i, \tilde{H}\}_P \approx \{q^i, H'\}_P + \{q^i, \psi_a\}_P\, v^a \tag{7.54}$$

$$\frac{dp_i}{dt} = \{p_i, \tilde{H}\}_P \approx \{p_i, H'\}_P + \{p_i, \psi_a\}_P\, v^a \tag{7.55}$$

となる．この不定性は，これらの拘束条件が**ゲージ変換を生成する母関数**になっており，ゲージ変換を行っても物理的に同じであることを意味する．つまり，系が**ゲージ不変性**をもつことを示している．このように，ゲージ変換を行っても物理的に同じなのだから，ゲージ対称性を表す第1類拘束条件がある場合に系の時間発展の仕方を確定するには，特定のゲージを選んでゲージ変換の自由度を固定すればよい．

したがって，m 個の第1類拘束条件のそれぞれに対応して，**ゲージ固定条件** χ_a を選び，新たな拘束条件として手で課すことにする．

$$\chi_a(q, p) = 0 \qquad (a = 1, \cdots, m) \tag{7.56}$$

この新たに加えた拘束条件がゲージ固定という役割を果たすための必要十分条件は，これによってゲージ変換の自由度がなくなり，第1類拘束条件の時間発展を定めるハミルトニアンに不定性がなくなることである．すなわち

$$\frac{d\chi_a}{dt} = \{\chi_a, \tilde{H}\}_P$$

$$\approx \{\chi_a, H'\}_P + \{\chi_a, \psi_b\}_P\, v^b \approx 0 \tag{7.57}$$

という条件でハミルトニアンの中のラグランジュ未定係数 v^b が決まるために，拘束条件のポアソン括弧の行列 $\{\chi_a, \psi_b\}_P$ が逆をもつ必要があるから，

$$\det\{\chi_a, \psi_b\}_P \not\approx 0 \tag{7.58}$$

のように行列式がゼロでない．(7.58) の条件を満たしさえすれば，ゲージ固定条件 χ_a はなんでもよい．

したがって，ゲージ固定条件と第1類拘束条件とを合せて考えると，(7.53) より $\{\psi_a, \psi_c\} \approx 0$ だから

$$\det \begin{pmatrix} \{\psi_a, \psi_c\}_P & \{\psi_a, \chi_d\}_P \\ \{\chi_b, \psi_c\}_P & \{\chi_b, \chi_d\}_P \end{pmatrix} \approx \det{}^2(\{\chi_a, \psi_b\}_P) \not\approx 0 \tag{7.59}$$

§7.3 量子力学で拘束条件がある場合の経路積分量子化

となる．このように，拘束条件の間のポアソン括弧がゼロでない場合を**第2類拘束条件**とよぶ．

このように，拘束条件としてゲージ固定条件を手で後から加える代りに，ラグランジアンそのものにゲージ固定を行うための適切な項を付け加えることも考えられる．この方法が最もよく用いられる方法である．§7.7 でゲージ場に対して実際にこの方法を与える．

第1類拘束条件にゲージ固定を行ったとして，経路積分で量子化する．拘束条件を満たす部分空間上の独立な正準変数 q^*, p^* を用いて経路積分で与えた遷移振幅は，(4.12) にならって

$$T = \int \mathcal{D}p^* \mathcal{D}q^* \exp\left[i\int dt\,(p^*\dot{q}^* - H^*(p^*, q^*))\right] \quad (7.60)$$

となる．ここで H^* はハミルトニアン H を独立変数 q^*, p^* で書き表したものである．また，終状態と始状態の波動関数の指定はあらわに書いていない．

互いにポアソン括弧がゼロになる（量子論では交換する）m 個の拘束条件 ψ_a は座標変数としての資格がある．そこで，拘束条件を満たす部分空間の座標変数 q^* と運動量変数 p^* に加えて，座標変数として $q'^a \equiv \psi_a\,(a=1,\cdots,m)$ と，運動量変数として その共役運動量 $p'_a\,(a=1,\cdots,m)$ を採用し，全位相空間の正準変数座標にとる．残りの m 個の拘束条件を $\chi_a\,(a=1,\cdots,m)$ とし，拘束条件を満たす p'_a の値を $p'_a(q^*, p^*)$ と書くと

$$\chi_a(q^*, q'=0, p^*, p'=p'(q^*, p^*)) = 0 \quad (7.61)$$

となる．これらを用いると，(7.60) の遷移振幅 T は拘束条件が成り立つ部分空間だけの積分ではなく，位相空間全体での積分に拡張できる．

$$T = \int \mathcal{D}p^* \mathcal{D}q^* \mathcal{D}p' \mathcal{D}q' \left[\prod_{a=1}^{m} \delta(q'^a)\,\delta(p'_a - p'_a(q^*, p^*))\right]$$
$$\times \exp\left[i\int dt\,(p^*\dot{q}^* + p'\dot{q}' - H(p^*, p', q^*, q'))\right]$$

$$= \int \mathcal{D}p^* \mathcal{D}q^* \mathcal{D}p' \mathcal{D}q' \left[\prod_{a=1}^{m} \delta(q'^a)\, \delta(\chi_a) \right] \left| \det \frac{\partial \chi_a}{\partial p'_b} \right|$$

$$\times \exp\left[i \int dt\, (p^* \dot{q}^* + p' \dot{q}' - H(p^*, p', q^*, q')) \right]$$

$$= \int \mathcal{D}p^* \mathcal{D}q^* \mathcal{D}p' \mathcal{D}q' \left[\prod_{a=1}^{m} \delta(\psi_a)\, \delta(\chi_a) \right] |\det \{\psi_a, \chi_b\}_{\mathrm{P}}|$$

$$\times \exp\left[i \int dt\, (p^* \dot{q}^* + p' \dot{q}' - H(p^*, p', q^*, q')) \right]$$
(7.62)

ここで，p'_a から χ_a への変数変換のヤコビアンが次のようになることを用いた．

$$\left| \det \frac{\partial \chi_a}{\partial p'_b} \right| = |\det \{q'^a, \chi_b\}_{\mathrm{P}}| = |\det \{\psi_a, \chi_b\}_{\mathrm{P}}| \qquad (7.63)$$

一般の正準変数 p, q を用いて書くと，第1類拘束条件 $\psi_a \approx 0\,(a=1,\cdots,m)$ を $\chi_a \approx 0\,(a=1,\cdots,m)$ でゲージ固定した場合の遷移振幅 T の**経路積分表示**は結局

$$T = \int \mathcal{D}p \mathcal{D}q \left[\prod_{a=1}^{m} \delta(\psi_a)\, \delta(\chi_a) \right] |\det \{\chi_a, \psi_b\}_{\mathrm{P}}| \exp\left[i \int dt (p\dot{q} - H(p, q)) \right]$$
(7.64)

となる．（より一般の拘束条件の場合の経路積分量子化は，付録 A.3 を参照．）

§7.4 ゲージ場のゲージ固定と経路積分量子化

拘束条件のある場合の量子化をゲージ場に適用しよう．ゲージ場では，ゲージ不変性に起因して第1類拘束条件 (7.49) 〜 (7.51) がある．前節の方法に従って，ゲージ不変性が完全に固定されるように，**ゲージ固定条件**を選ぶ．すなわち，すべての拘束条件と固定条件を合せた結果，系はゲージ不変性をもたず，全体として第2類拘束条件になる必要がある．

最もポピュラーなゲージ固定条件の一つとして，**クーロンゲージ**とよばれ

§7.4 ゲージ場のゲージ固定と経路積分量子化 141

るゲージ固定条件がある．このゲージ固定では，拘束条件 $\psi_1^a(x) \equiv \pi^{a0}(x) = 0$ に対応して $\chi_1^a(x) \equiv A^{a0}(x) = 0$ というゲージ固定条件を課し，拘束条件 $\psi_2^a(x) \equiv D_j \pi^{aj}(x) - g\,\rho^a(x)$ に対応して $\chi_2^a(x) \equiv \partial_j A^{aj}(x) = 0$ というゲージ固定条件を課する．拘束条件とゲージ固定条件との間のポアソン括弧を求めると，

$$\{\chi_1^a(x), \psi_1^b(y)\}_\mathrm{P}|_{x^0=y^0} = \delta^{ab}\,\delta^{(3)}(x-y)$$
$$\{\chi_1^a(x), \psi_2^b(y)\}_\mathrm{P}|_{x^0=y^0} = \{\chi_2^a(x), \psi_1^b(y)\}_\mathrm{P}|_{x^0=y^0} = 0$$
$$\{\chi_2^a(x), \psi_2^b(y)\}_\mathrm{P}|_{x^0=y^0} = -\partial_j(\delta^{ab}\partial^j + gf_{abc}\,A^{cj}(x))\,\delta^{(3)}(x-y)$$
$$\equiv [M_\mathrm{C}(x,y)]^{ab} \qquad (7.65)$$

となる．ここでみたように，第1類拘束条件が2つあり，それに対するゲージ固定条件がやはり2つある．これらによって，位相空間で4自由度が固定される．もともとベクトル場は4成分あって，それに対する運動量4成分と合せて8自由度あるが，拘束条件とゲージ固定によって自由度は座標と運動量を合せて4成分になる．座標空間では半分だから，2自由度がある．§2.7でみたように，ポアンカレ群のユニタリー表現で，質量ゼロのベクトル粒子には，物理的な自由度はヘリシティーが±1の2自由度しかない．この事実を保証しているのが，ゲージ対称性によって生じる拘束条件とそのゲージ固定条件である．

第1類拘束条件をゲージ固定した場合の遷移振幅の経路積分表示は (7.64) で与えられる．したがって，ゲージ理論に対しては，

$$T = \int \mathcal{D}\pi \mathcal{D}A\, \mathcal{D}\bar{\psi} \mathcal{D}\psi$$
$$\times \left[\prod_{x,a} \delta(\pi^{a0}(x))\,\delta(D_j\pi^{aj}(x) - g\,\rho^a(x))\,\delta(A_0^a(x))\,\delta(\partial_j A^{aj}(x))\right]$$
$$\times \left(\prod_t \varDelta_\mathrm{C}[A]\right) \exp\left[i\int d^4x\,(\pi^{a\mu}\partial_0 A_\mu^a + \pi_\phi \partial_0 \phi - \mathcal{H}_\mathrm{C}(A,\pi,\psi,\pi_\phi))\right]$$
$$(7.66)$$

となる．ここで，終状態と始状態の波動関数の指定をあらわに書かず，クー

ロンゲージへの固定条件 $\chi^a = 0$ と拘束条件 $\psi_2^a = 0$ とのポアソン括弧 (7.65) に現れてくる微分演算子 M_C に対する関数行列式を

$$\Delta_C[A] \equiv \mathrm{Det}\, M_C \tag{7.67}$$

と書いた．経路積分のうち，A_0^a, π^{a0} の積分はデルタ関数があるので，すぐにできて，その結果は空間成分 A^{ai}, π^{ai} の積分が残り，

$$T = \int \mathcal{D}\pi^i \mathcal{D}A^i \mathcal{D}\bar{\psi}\mathcal{D}\psi \left[\prod_{x,a} \delta(D_j \pi^{aj}(x) - g\,\rho^a(x))\,\delta(\partial_j A^{aj}(x)) \right]$$
$$\times \left(\prod_t \Delta_C[A] \right) \exp\left[i\int d^4x\,(\pi^{ai}\partial_0 A_i^a + \pi_\psi \partial_0 \psi - \mathcal{H}_C(A_0^a = 0, \pi^{a0} = 0)) \right] \tag{7.68}$$

となる．ここで，できるだけ相対論的に共変な形にするために，デルタ関数に対して積分表示を導入する．

$$\prod_{a,x} \delta(D_j \pi^{aj} - g\rho^a) = \int \mathcal{D}\lambda^a \exp\left[i\int d^4x\,\lambda^a(x)(D_i\pi^{ai}(x) - g\rho^a(x)) \right] \tag{7.69}$$

これを使ってデルタ関数を積分でおきかえ，さらに積分変数 $\lambda^a(x)$ の名前を変えて A_0^a とよぶことにする．もとの積分変数 A_0^a はすでに積分されてしまっているのだが，それに代る役割をする新たな積分変数を，拘束条件デルタ関数の積分表示 (7.69) の変数 λ^a から名前を付け替えたものとして再登場させるのである．この結果，遷移振幅は

$$T = \int \mathcal{D}\pi^i \mathcal{D}A \mathcal{D}\bar{\psi}\mathcal{D}\psi \left[\prod_{x,a} \delta(\partial_j A^{aj}(x)) \right]$$
$$\times \left(\prod_t \Delta_C[A] \right) \exp\left[i\int d^4x\,(\pi^{ai}\partial_0 A_i^a + \pi_\psi \partial_0 \psi - \mathcal{H}_C(A_0^a = 0, \pi^{a0} = 0) \right.$$
$$\left. + (D_j \pi^{aj} - g\rho^a) A_0^a) \right] \tag{7.70}$$

となる．ここで指数関数の指数の被積分関数の中で，ハミルトニアンは (7.38)，(7.39)，(7.40) から

§7.4 ゲージ場のゲージ固定と経路積分量子化   143

$$\mathcal{H}_c(A_0^a = 0, \pi^{a0} = 0) = \frac{1}{2}\left[(\pi^{ai})^2 + (B^{ai})^2\right] - \bar{\psi}(i\gamma^j D_j - m)\psi \tag{7.71}$$

となるから，π^{ai} についてたかだか 2 次式なので，平方完成して π^{ai} をガウス積分することができる．その結果は

$$T = \int \mathcal{D}A\,\mathcal{D}\bar{\psi}\,\mathcal{D}\psi \left[\prod_{x,a}\delta(\partial_j A^{aj}(x))\right]\left(\prod_t \Delta_c[A]\right)\exp\left[i\int d^4x\,\mathcal{L}(A,\psi)\right] \tag{7.72}$$

となり，被積分関数は (7.31)，(7.32)，(7.33) の古典的ラグランジアン $\mathcal{L}(A,\psi) = \mathcal{L}_{\text{gauge}} + \mathcal{L}_{\text{dirac}}$ と同じ形にもどる．結局，拘束条件がない場合の本来の経路積分の表式に比べて，ゲージ固定条件に依存するデルタ関数 $\prod_{x,a}\delta(\partial_j A^{aj}(x))$ と，それにともなう関数行列式 $\prod_t \Delta_c[A]$ が入っている点が異なるだけである．

ゲージ理論では，作用 S はゲージ変換のもとで不変である．ゲージ変換 U でゲージ場 $A_\mu(x)$ を変換したものを $A_\mu^U(x)$ とすると，(7.15) から

$$A_\mu(x) \quad \to \quad A_\mu^U(x) = U(x)\,A_\mu(x)\,U^{-1}(x) - \frac{i}{g}U(x)\,\partial_\mu U^{-1}(x) \tag{7.73}$$

と表せる．ゲージ場の一つの配位 $A_\mu(x)$ からゲージ変換して得られる場の配位全部をひとまとめにして，**ゲージ軌跡**とよぶ．ゲージ不変性がある場合には，ゲージ変換の方向に経路を変化させても物理的に同じ場の配位を数えることになり，ゲージ固定をしなければ，

$$\int \mathcal{D}U = \int \prod_x dU(x) \tag{7.74}$$

という無限大の因子の分だけ数え過ぎになってしまう．むしろ，ゲージ理論ではゲージ変換でつながっている配位は物理的に同じものだと考えるべきなので，ゲージ理論の経路積分では，異なるゲージ軌跡だけを足し上げること

で，正しく配位を数えたことになる．これを実現するためには，図7.1のようにゲージ変換と交わる方向に適切なゲージ固定条件を課し，ゲージ軌跡から1つずつ**代表元**を取り出す．その際，ゲージ固定条件がどういう角度でゲージ軌跡と交わるかに応じて，それぞれの軌跡の重みが異なってくるので，それを補正する因子も必要になる．これが**関数行列式** $\varDelta_{\mathrm{c}}[A]$ の意味である．

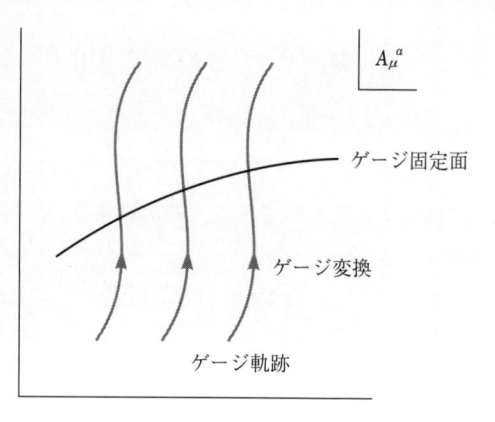

図7.1 ゲージ軌跡に交わるようにゲージ固定条件を課し，交わる点を代表元に選ぶ．

§7.5 ファデーエフ-ポポフ行列式

いままでは，クーロンゲージという特定のゲージ固定条件を用いて経路積分量子化を行ってきた．これを一般のゲージ固定条件の場合に拡張しよう．

一般のゲージ固定条件を表す関数を f^a としよう．

$$f^a(A_\mu) = 0 \tag{7.75}$$

このようなゲージ固定条件に対応して，ファデーエフ（L. D. Faddeev）とポポフ（V. N. Popov）は，次のような量を考察した．

$$(\varDelta_{\mathrm{f}}[A])^{-1} \equiv \int \mathcal{D}U \, \delta(f^a(A^U(x))) \tag{7.76}$$

ここでゲージ変換全体についての積分は**不変測度**とよばれるもので，余分に U' でゲージ変換しても，変換全体についての積分が

$$\int \mathcal{D}U = \int \mathcal{D}(UU') = \int \mathcal{D}(U'U) \tag{7.77}$$

のように不変になるように定義されている．この不変性の結果，$\varDelta_{\mathrm{f}}[A]$ はゲ

ージ不変であることがわかる．
$$\Delta_{\mathrm{f}}[A^U] = \Delta_{\mathrm{f}}[A] \tag{7.78}$$

遷移振幅 T の経路積分は (7.72) で与えられる．これに恒等式

$$\int \mathcal{D}U \prod_{x,a} \delta(f^a(A^U(x)))\, \Delta_{\mathrm{f}}[A] = 1 \tag{7.79}$$

を挿入すると

$$\begin{aligned}
T = \int \mathcal{D}A\, \mathcal{D}\bar\psi\, \mathcal{D}\psi\, \mathcal{D}U &\left[\prod_{x,a}\delta(\partial_j A^{aj}(x))\right]\left(\prod_t \Delta_{\mathrm{c}}[A]\right) \\
&\times \left[\prod_{x,a}\delta(f^a(A^U(x)))\right]\Delta_{\mathrm{f}}[A]\exp\left[i\int d^4x\, \mathcal{L}(A,\psi)\right]
\end{aligned} \tag{7.80}$$

となる．ここで，さらに変数変換 $A \to A'$

$$A = A'^{U^{-1}}, \qquad \phi = \phi'^{U^{-1}} \tag{7.81}$$

を行うと，積分測度も作用もゲージ不変なので，$\mathcal{D}A'^{U^{-1}} = \mathcal{D}A'$，$\mathcal{D}\psi'^{U^{-1}} = \mathcal{D}\psi'$，$S(A'^{U^{-1}}, \psi'^{U^{-1}}) = S(A', \psi')$，また (7.78) から $\Delta_{\mathrm{f}}[A'^{U^{-1}}] = \Delta_{\mathrm{f}}[A']$ が成り立つ．これらを用い，さらに変数の名前を A' から A に付け替えて ' を取り除く．最後に，U を U^{-1} に変更し，$\int \mathcal{D}U = \int \mathcal{D}U^{-1}$ を用いると

$$\begin{aligned}
T = \int \mathcal{D}A\, \mathcal{D}\bar\psi\, \mathcal{D}\psi &\left[\int \mathcal{D}U \left(\prod_{x,a}\delta(\partial_j(A^U)^{aj}(x))\right)\left(\prod_t \Delta_{\mathrm{c}}[A^U]\right)\right] \\
&\times \left[\prod_{x,a}\delta(f^a(A(x)))\right]\Delta_{\mathrm{f}}[A]\exp\left[i\int d^4x\, \mathcal{L}(A,\psi)\right]
\end{aligned} \tag{7.82}$$

が得られる．

ここで (7.76) の定義に従って，関数行列式 $\Delta_{\mathrm{f}}[A]$ を評価しよう．ゲージ固定しているので，評価に当ってゲージ固定されている場の配位付近でだけ考察すればよい．$f^a(A(x)) = 0$ の付近では，

$$U(x) \approx 1 - ig\, \varepsilon^a(x) T^a \tag{7.83}$$

$$(A^U)^a_\mu(x) \approx A^a_\mu(x) + (D_\mu\varepsilon)^a(x) \tag{7.84}$$

$$f^a(A^U(x)) \approx f^a(A(x)) + \int d^4y \sum_b [M_f(x,y)]^{ab}\, \varepsilon^b(y) \quad (7.85)$$

となる．ここに現れた積分核 $M_f(x,y)$ はこの式で定義され，具体的なゲージ固定条件が与えられれば決まり，多くの場合，微分演算子などで表される．したがって，関数行列式 $\Delta_f[A]$ は

$$(\Delta_f[A])^{-1} = \int \prod_x \prod_a d\varepsilon^a(x)\, \delta(M_f \varepsilon) = [\det M_f]^{-1}, \qquad \Delta_f[A] = \det M_f$$
$$(7.86)$$

となる．ここに現れた $\Delta_f[A] = \det M_f$ を一般のゲージ固定条件 (7.75) に対する，**ファデーエフ‐ポポフ行列式**という．

同様に，クーロンゲージの場合の関数行列式 $\Delta_c[A]$ を評価しよう．$\partial_j A^{aj}(x) = 0$ の付近では，ゲージ変換は微小変換 $U(x) \approx 1 - ig\, \varepsilon^a(x)\, T^a$ の場合だけを考察すれば十分で，

$$\partial_j (A^U)^{aj}(x) \approx \partial_j A^{aj}(x) + \int d^3y\, [M_c(x,y)]^{ab}\, \varepsilon^b(y) \quad (7.87)$$

$$[M_c(x,y)]^{ab} \equiv \partial_j(\delta^{ab}\partial_j + gf_{acb}\, A^{cj}(x))\, \delta^{(3)}(x-y) \quad (7.88)$$

となり，クーロンゲージ固定条件を採用した場合にゲージ固定条件と拘束条件とのポアソン括弧 (7.65) に現れた微分演算子 $[M_c(x,y)]^{ab}$ そのものになる．したがって，もしも経路積分として次の量を考えると，微分演算子 $[M_c(x,y)]^{ab}$ に対する関数行列式で

$$\int \mathcal{D}U \prod_{x,a} \delta(\partial_j(A^U)^{aj}(x)) = [\det M_c]^{-1} \quad (7.89)$$

のように与えられる．(7.78) で示したように，クーロンゲージでの関数行列式 $\Delta_c[A]$ もゲージ変換 U にはよらないから，

$$\Delta_c[A^U] = \Delta_c[A] = \det M_c \quad (7.90)$$

となる．したがって，経路積分 (7.82) のうちで，クーロンゲージによる2つの因子は相殺してなくなり，

$$\int \mathcal{D}U \left\{ \prod_{x,a} \delta(\partial_j(A^U)^{aj}(x)) \right\} \prod_t \Delta_c[A^U] = 1 \quad (7.91)$$

となる．結局，遷移振幅 T の経路積分表示は，(7.75) に与えた任意のゲージ固定条件 $f^a(A(x)) = 0$ の場合，

$$T = \int \mathcal{D}A\mathcal{D}\bar{\psi}\mathcal{D}\psi \left[\prod_{x,a} \delta(f^a(A(x))) \Delta_f[A] \right] \exp\left[i\int d^4x \, \mathcal{L}(A,\psi) \right]$$
(7.92)

で最終的に与えられる．

もともとクーロンゲージで構成した (7.72) の経路積分表示が，このように，一般のゲージ固定条件での経路積分表示と一致したのだから，こうして得られた遷移振幅の経路積分表示は，ゲージ固定条件 $f^a(A)$ によらないことがわかる．ただし，これまでの式変形ではゲージ不変性を使って経路積分の変数変換を行ってきたので，始状態と終状態の波動関数がゲージ不変な状態でなければ これまでの操作は成り立たない．したがって，遷移振幅 T がゲージ固定条件によらないということが成り立つのは，ゲージ不変な状態間の遷移振幅についてのみである．

表式 (7.92) は，(7.76) を用いて次のようにとらえることもできる．前節で述べたように，ゲージ理論の経路積分では，積分するべき変数はゲージ場 A そのものではなく，ゲージ変換でつながるゲージ場を同一視したゲージ軌跡 A^{orbit} である．ゲージ変換でつながる配位を同一視するとは，経路積分をゲージ変換の積分で割り算することであるから，

$$\int \mathcal{D}A^{\text{orbit}} = \frac{\int \mathcal{D}A}{\int \mathcal{D}U} = \int \mathcal{D}A \left[\prod_{x,a} \delta(f^a(A)(x)) \right] \Delta_f[A] \quad (7.93)$$

となる．

§7.6 ファデーエフ - ポポフのゴースト場

クーロンゲージと異なり，ゲージ条件として相対論的に共変で最もよく使われるゲージを具体的に考えよう．(7.75) のゲージ固定条件 $f^a(A(x)) = 0$

の1例として，任意関数 $f^a(x)$ を考え，
$$\partial^\mu A_\mu^a(x) - f^a(x) = 0 \tag{7.94}$$
を，ゲージ固定条件として採用しよう．このゲージ固定条件の周りでの微小ゲージ変換 (7.83)，(7.84) を行うと，
$$\partial^\mu (A^U)_\mu^a(x) \approx \partial^\mu A_\mu^a(x) + \partial^\mu (D_\mu \varepsilon)^a(x) \tag{7.95}$$
なので，(7.85)，(7.86) で定義されたファデーエフ-ポポフ行列式は，この共変ゲージで
$$[\Delta_{\mathrm{f}}[A]]^{-1} \equiv \int \mathcal{D}U \prod_{x,a} \delta(\partial^\mu (A^U)_\mu^a(x) - f^a(x))$$
$$= \int \prod_x \prod_a d\varepsilon^a(x) \prod_{x,a} \delta(\partial^\mu (D_\mu \varepsilon)^a(x)) = [\det(\partial^\mu D_\mu)]^{-1} \tag{7.96}$$
で与えられる．ここに現れた微分演算子をくわしく表記すると
$$(\partial^\mu D_\mu)^{ab}(x,y) = \partial_x^\mu (\delta^{ab} \partial_\mu^x - g f_{acb} A_\mu^c(x)) \delta^{(4)}(x-y) \tag{7.97}$$
となり，したがって，遷移振幅 T の経路積分表示 (7.92) は，共変ゲージ (7.94) の場合，
$$T = \int \mathcal{D}A \mathcal{D}\bar{\psi} \mathcal{D}\psi \left[\prod_{x,a} \delta(\partial^\mu A_\mu^a(x) - f^a(x)) \right] \det(\partial^\mu D_\mu)$$
$$\times \exp\left[i \int d^4 x \, \mathcal{L}(A, \psi) \right] \tag{7.98}$$
となる．

さらに，遷移振幅はゲージ固定条件に現れる関数 $f^a(x)$ によらないはずだから，この関数について汎関数積分した次の恒等式を挿入しても値は変らない．
$$1 = \int \mathcal{D}f \exp\left[i \int d^4 x \left\{ -\frac{1}{2\alpha} f^a(x) f^a(x) \right\} \right] \tag{7.99}$$
$f^a(x)$ についての積分はデルタ関数のおかげで直ちに遂行できて，

§7.6 ファデーエフ - ポポフのゴースト場 149

$$\begin{aligned}T = &\int \mathcal{D}A\mathcal{D}\overline{\psi}\mathcal{D}\psi \det(\partial^\mu D_\mu) \\ &\times \int \mathcal{D}f \exp\left[i\int d^4x\left\{-\frac{1}{2\alpha}f^a(x)f^a(x)\right\}\right] \\ &\times \left[\prod_{x,a}\delta(\partial^\mu A^a_\mu(x)-f^a(x))\right]\exp\left[i\int d^4x\, \mathcal{L}(A,\psi)\right] \\ = &\int \mathcal{D}A\mathcal{D}\overline{\psi}\mathcal{D}\psi \det(\partial^\mu D_\mu)\exp\left[i\int d^4x\left(\mathcal{L}(A,\psi)-\frac{1}{2\alpha}(\partial^\mu A^a_\mu)^2\right)\right]\end{aligned}$$
(7.100)

と与えられる．このように，共変ゲージ固定の経路積分では，ファデーエフ - ポポフ行列式 $\det(\partial^\mu D_\mu)$ 以外には，結果として**ゲージパラメーター α を係数として含む 2 次の項が付け加わるだけである**ことがわかった．

この結果をさらに使いやすい形にするために，補助場 $B^a(x)$ を導入し，恒等式 (7.99) の代りに別の恒等式

$$1 = \int \mathcal{D}B\mathcal{D}f \exp\left[i\int d^4x\left\{\frac{\alpha}{2}B^a(x)B^a(x)+B^a(x)f^a(x)\right\}\right]$$
(7.101)

を (7.98) に挿入すると，遷移振幅は

$$\begin{aligned}T = &\int \mathcal{D}A\mathcal{D}B\mathcal{D}\overline{\psi}\mathcal{D}\psi \det(\partial^\mu D_\mu) \\ &\times \exp\left[i\int d^4x\left(\mathcal{L}(A,\psi)+\frac{\alpha}{2}(B^a(x))^2+B^a(x)\partial^\mu A^a_\mu(x)\right)\right]\end{aligned}$$
(7.102)

と与えられる．ここで，補助的に現れた場 $B^a(x)$ は**中西 - ロートラップ (B. Lautrup) 場**とよばれる．

ファデーエフ - ポポフ行列式 $\det(\partial^\mu D_\mu)$ は共変ゲージ固定の場合，フェルミ統計に従う場 $c^a(x), \overline{c}^a(x)$ を導入して，経路積分で表すことができる．

$$\det(\partial^\mu D_\mu) = \int \mathcal{D}c\mathcal{D}\overline{c}\exp\left[i\int d^4x\, i\,\overline{c}^a(x)\,\partial^\mu D_\mu\, c^a(x)\right]$$
(7.103)

行列式 $\det(\partial^\mu D_\mu)$ が負ベキではなく,正のベキで現れるようにするために,(4.48) でみたように,経路積分の変数としてはグラスマン数を採用する.したがって,ここで積分変数として導入したスカラー場 $c^a, \bar{c}^a$ はフェルミ統計に従う.この場 c^a を**ファデーエフ‐ポポフのゴースト場**,$\bar{c}^a$ を**反ゴースト場**とよび,まとめてゴースト場という.

§7.7 共変的ゲージでのファインマン則

ゴースト場を用いると,遷移振幅の経路積分表示は

$$T = \int \mathcal{D}A\,\mathcal{D}B\,\mathcal{D}c\,\mathcal{D}\bar{c}\,\mathcal{D}\bar{\phi}\,\mathcal{D}\phi \exp\left[i\int d^4x\,\widetilde{\mathcal{L}}(A, c, \bar{c}, \phi)\right] \tag{7.104}$$

となる.この経路積分表示に現れる全ラグランジアン $\widetilde{\mathcal{L}}$ は,(7.31) のゲージ場と物質場のラグランジアン $\mathcal{L}$ に,ゲージ固定するためのラグランジアン密度 $\mathcal{L}_{\text{GF}}$ と,ファデーエフ‐ポポフのゴースト場のラグランジアン密度 $\mathcal{L}_{\text{FP}}$ を加えたもので与えられ,

$$\widetilde{\mathcal{L}}(A, B, c, \bar{c}, \phi) = \mathcal{L}(A, \phi) + \mathcal{L}_{\text{GF}}(A, B) + \mathcal{L}_{\text{FP}}(A, c, \bar{c}) \tag{7.105}$$

$$\mathcal{L}(A, \phi) = \mathcal{L}_{\text{gauge}} + \mathcal{L}_{\text{dirac}} = -\frac{1}{4}F^a_{\mu\nu}F^{a\mu\nu} + \bar{\psi}(x)\left(i\gamma^\mu D_\mu - m\right)\psi(x) \tag{7.106}$$

$$\mathcal{L}_{\text{GF}}(A, B) = \frac{\alpha}{2}(B^a)^2 + B^a\partial^\mu A^a_\mu, \qquad \mathcal{L}_{\text{FP}}(A, c, \bar{c}) = i\bar{c}^a\partial^\mu D_\mu c^a \tag{7.107}$$

となる.

§7.7 共変的ゲージでのファインマン則 151

この遷移振幅と同様にして，グリーン関数の生成汎関数も経路積分表示できる．場 $\Phi_i = (A_\mu^a, c^a, \bar{c}^a, B^a, \psi, \bar{\psi})$ に対する外場 $J^i = (J^{a\mu}, \bar{J}_c^a, J_{\bar{c}}^a, J_B^a, \bar{J}, J)$ の汎関数として生成汎関数は次のように与えられる．

$$Z[J] = \int \mathcal{D}A\mathcal{D}B\mathcal{D}c\mathcal{D}\bar{c}\mathcal{D}\bar{\psi}\mathcal{D}\psi \exp\left[i\int d^4x \{\tilde{\mathcal{L}}(A, c, \bar{c}, \psi) + J^i(x)\,\Phi_i(x)\}\right]$$
(7.108)

$$J^i(x)\,\Phi_i(x) = J^{a\mu}A_\mu^a + \bar{J}_c^a c^a + J_{\bar{c}}^a \bar{c}^a + J_B^a B^a + \bar{J}\psi + \bar{\psi}J$$
(7.109)

ここで採用したゲージ固定は相対論的な共変性をあらわに示すゲージなので，**共変的ゲージ**とよび，パラメター α を含んでいる．特に $\alpha = 1$ をファインマン・ゲージ，$\alpha = 0$ をランダウ・ゲージとよび，それぞれに便利なゲージである．

経路積分表示ができたので，これを用いてスカラー場やディラック場の場合と同様に，ゲージ場のファインマン則を求めることができる．ここでは，**共変的ゲージでのファインマン則**をみておこう．まず，全ラグランジアン密度 $\tilde{\mathcal{L}}$ は，中西‐ロートラップ補助場 B^a について高々2次であり，微分を含まない．したがって，この補助場の運動方程式 $\partial\tilde{\mathcal{L}}/\partial B^a = 0$ を作ると，他の場の単なる多項式になり，

$$B^a = -\frac{1}{\alpha}\partial_\mu A^{a\mu}$$
(7.110)

が得られる．この運動方程式を使うと，B^a は消去することができる．その結果は $\mathcal{L}_{\text{GF}}(A, B)$ が次のように変るだけである．

$$\mathcal{L}_{\text{GF}}(A, B) \rightarrow \mathcal{L}_{\text{GF}}(A) = -\frac{1}{2\alpha}(\partial^\mu A_\mu^a)^2$$
(7.111)

以下では，この形でファインマン則を考えよう．

摂動論を行うには，自由場の部分 $\mathcal{L}_{\text{free}}$ と，残りの相互作用の部分 $\mathcal{L}_{\text{int}}$ と

に分ける. 自由場の部分とは, 場について 2 次の項である. 部分積分を行って

$$\mathcal{L}_{\text{free}}(A, c, \bar{c}, \psi) = \frac{1}{2} A^{a\mu} \left[\partial_\lambda \partial^\lambda \eta_{\mu\nu} - \left(1 - \frac{1}{\alpha_{\text{r}}}\right) \partial_\mu \partial_\nu \right] A^{a\nu}$$
$$+ \bar{\psi}(x) \left(i\gamma^\mu \partial_\mu - m\right) \psi(x) + \bar{c}^a i \partial^\mu \partial_\mu c^a$$
(7.112)

となる. ここでゲージパラメター α_{r} は, くり込まれたゲージパラメターという意味で添字 r が付いている. このラグランジアンに従って, §5.5 のファインマン則 (2) で使うべきゲージ場の伝播関数が決まる.

スカラー場 (5.43) やディラック場 (5.47) の場合と対比して考えよう. スカラー場の場合の自由場のラグランジアン密度は (1.22) で部分積分して

$$\mathcal{L}_{\text{free scalar}} = \frac{1}{2} \phi(x) \left(- \partial_\mu \partial^\mu - m^2 \right) \phi(x) \qquad (7.113)$$

この微分演算子の逆演算子が伝播関数だから, 運動量表示では

$$\int d^4 x \, e^{ipx} \langle 0| T(\phi(x)\phi(0))|\rangle = \frac{i}{p^2 - m^2 + i\varepsilon} = \int d^4 x \, e^{ipx} \, i \, \Delta_{\text{F}}(x)$$
(7.114)

で与えられることをみた. また, ディラック場の場合の自由場のラグランジアン密度は (2.76) で与えられ, ファインマン則で使うべきディラック場の伝播関数は, 運動量表示で (5.47) で与えられることをみた. これに対し, ゲージ場 A_μ^a の 2 次のラグランジアン密度は (7.112) で与えられる. ファインマン則で使うべきゲージ場の伝播関数は, この微分演算子の逆演算子であり, 運動量表示では

$$\int d^4 x \, e^{ipx} \langle 0| T(A_\mu^a(x) A_\nu^b(0))|\rangle = \delta^{ab} \frac{i}{-p^2 - i\varepsilon} \left\{ \eta_{\mu\nu} - (1 - \alpha_{\text{r}}) \frac{p_\mu p_\nu}{p^2} \right\}$$
$$\equiv \int d^4 x \, e^{ipx} \{ -i \, D_{\text{F}}(x)_{\mu\nu} \}$$

(7.115)

となる. ゴースト場 c^a, $\bar{c}^a$ の場合の 2 次のラグランジアン密度は (7.112)

§7.7 共変的ゲージでのファインマン則　153

で与えられ，ファインマン則で使うべきゴースト，反ゴースト場の伝播関数は，運動量表示では

$$\int d^4x\, e^{ipx} \langle 0|T(c^a(x)\bar{c}^b(0))|\rangle = \frac{i}{i(-p^2-i\varepsilon)}$$
$$= \int d^4x\, e^{ipx}\{-\Delta_F(x)\}$$

(7.116)

で与えられる．ゴースト場の伝播関数はスカラー場の質量ゼロの場合と似ているが，ラグランジアン密度に虚数因子 $-i$ が余分にあるのに対応して，伝播関数にも i が余分に掛かっていることに注意しよう．

ゲージ理論のファインマン則では，フェルミ統計に従う粒子として，ディラック場だけでなく，ゴースト，反ゴースト場についても，ループ1つ1つに符号因子 -1 が必要である．

最後に残っているのは，相互作用部分からくる頂点因子である．これには，いくつかの種類がある．

(1) ゲージ場の自己相互作用として，3点相互作用と4点相互作用がある．3点相互作用のラグランジアン密度は

$$\mathcal{L}_{3\text{gauge}} = \frac{g}{2} f_{abc} A^{a\mu} A^{b\nu} (\partial_\mu A^c_\nu - \partial_\nu A^c_\mu) \quad (7.117)$$

ベクトルの成分でゲージ粒子の偏極ベクトルを表現することにして，

$$\langle p_1, \mu, a; p_2, \nu, b; p_3, \lambda, c | i\mathcal{L}_{3\text{gauge}} | 0 \rangle \quad (7.118)$$

から波動関数を取り除いた部分で3点相互作用の頂点が次のように与えられる．

$$-gf_{abc}[(p_3-p_2)_\mu \eta_{\nu\lambda} + (p_1-p_3)_\nu \eta_{\lambda\mu} + (p_2-p_1)_\lambda \eta_{\mu\nu}]$$

(7.119)

また，4点相互作用のラグランジアン密度は

$$\mathcal{L}_{\text{4gauge}} = -\frac{g^2}{4} f_{eab} f_{ecd} A^{a\mu} A^{b\nu} A^c_\mu A^c_\nu \qquad (7.120)$$

この4点相互作用の頂点は，$\langle p_1, \mu, a\,;p_2, \nu, b\,;p_3, \lambda, c\,;p_4, \rho, d|\,i\mathcal{L}_{\text{4gauge}}|0\rangle$ から波動関数を取り除いた部分で与えられ，

$$-ig^2\left[f_{eab}f_{ecd}\left(\eta_{\mu\lambda}\eta_{\nu\rho} - \eta_{\nu\lambda}\eta_{\mu\rho}\right) + f_{eac}f_{ebd}\left(\eta_{\mu\nu}\eta_{\lambda\rho} - \eta_{\nu\lambda}\eta_{\mu\rho}\right)\right.$$
$$\left. + f_{ead}f_{ebc}\left(\eta_{\mu\nu}\eta_{\lambda\rho} - \eta_{\nu\rho}\eta_{\mu\lambda}\right)\right] \qquad (7.121)$$

となる．

(2) ゴースト，反ゴースト場はゲージ場とのみ相互作用し，その相互作用ラグランジアン密度は

$$\mathcal{L}_{\text{ghost-gauge}} = ig f_{abc} \partial_\mu \bar{c}^a A^{b\mu} c^c \qquad (7.122)$$

これに対する頂点は $\langle p_1, \mu, a\,;p_2, c^b\,;p_3, \bar{c}^c|\,i\mathcal{L}_{\text{ghost-gauge}}|0\rangle$ から波動関数を取り除いた部分で与えられ，

$$-ig f_{abc} p_{3\mu} \qquad (7.123)$$

となる．

(3) ディラック場との相互作用ラグランジアン密度は

$$\mathcal{L}_{\text{dirac-gauge}} = -g\bar{\psi}\gamma^\mu A^a_\mu T^a \psi \qquad (7.124)$$

これに対する頂点は $\langle p_1, \mu, a\,;p_2, \psi\,;p_3, \bar{\psi}|\,i\mathcal{L}_{\text{dirac-gauge}}|0\rangle$ から波動関数を取り除いた部分で与えられ，

$$-ig\gamma^\mu T^a \qquad (7.125)$$

となる．

(4) もしも表現行列 T^a の表現の複素スカラー場 ϕ があった場合は，ゲージ相互作用は (7.22) のラグランジアン密度で与えられるので，3点相互作用と4点相互作用がある．3点相互作用ラグランジアン密度は

$$\mathcal{L}_{\text{scalar-gauge,3}} = -ig\left(\phi^\dagger T^a \partial_\mu \phi - \partial_\mu \phi^\dagger T^a \phi\right) A^{a\mu} \qquad (7.126)$$

これに対する頂点は $\langle p_1, \mu, a\,;p_2, \phi\,;p_3, \phi^\dagger|\,i\mathcal{L}_{\text{scalar-gauge,3}}|0\rangle$ から波動

関数を取り除いた部分で与えられ，
$$igT^a(p_2 - p_3)_\mu \tag{7.127}$$
となる．4点相互作用ラグランジアン密度は
$$\mathcal{L}_{\text{scalar-gauge},4} = \frac{g^2}{2}\phi^\dagger\{T^a, T^b\}\phi A_\mu^a A^{b\mu} \tag{7.128}$$
この4点相互作用に対する頂点は，$\langle p_1, \mu, a\,;\,p_2, \nu, b\,;\,p_3, \phi\,;\,p_4, \phi^\dagger|$ $i\mathcal{L}_{\text{scalar-gauge},4}|0\rangle$ から波動関数を取り除いた部分で与えられ，
$$ig^2\{T^a, T^b\}\eta_{\mu\nu} \tag{7.129}$$
となる．

演習問題

[1] ゲージ場の1次の相互作用は大局的変換の保存カレントにゲージ場が結合した項になることを示せ．

[2] **無限小ゲージ変換の生成子** (7.42), (7.43) を用いて，次の演算子 $G[\theta]$ と場の演算子のポアソン括弧を求めよ．

$$\begin{aligned}G[\theta] &= \int d^3x\,[\pi^{a0}\{-\partial_0\theta^a(x) + gf_{abc}\,A_0^b(x)\theta^c(x)\} \\ &\qquad\qquad + \{D_j\pi^{aj}(x) - g\rho^a(x)\}\theta^a(x)] \\ &= -\int d^3x\,\{\pi^{a\mu}(x)(D_\mu\theta)^a(x) + g\rho^a(x)\theta^a(x)\}\end{aligned} \tag{7.130}$$

また，その結果が，ゲージ変換 (7.21) で変換パラメーターを $\varepsilon^a(x) = \lambda\theta^a(x)$ ととったものになることを示せ．

[3] 量子電磁力学は $U(1)$ ゲージ理論である．電子のラグランジアンは (7.23) のように共変微分を用いて書かれるので，電磁気力のゲージ場 A_μ との相互作用ラグランジアンは (7.124) で行列 T^a を取り除き，結合定数を $g \to -e$ とおいたものになる．

$$\mathcal{L}_{\text{QED int}} = e\bar{\psi}\gamma^\mu A_\mu \psi \qquad (7.131)$$

ここで，電子の電荷は負である $(-e<0)$ とした．ミュー粒子は質量 m が大きいだけで，電磁気力のゲージ場 A_μ との相互作用は電子とまったく同じである．4元運動量 p_a の電子とその反粒子である陽電子 p_b が対消滅して，ミュー粒子 p_1 とその反粒子 p_2 が終状態に生じる散乱過程に最低次で寄与するファインマン図形を与えよ．また，散乱振幅，微分散乱断面積，全断面積を求めよ．ただし，粒子のスピンは観測しないとする．また，電子の質量は小さいとして無視してよい．

8 BRS対称性と演算子形式

量子化のためにゲージ固定されたゲージ場の量子論では，局所ゲージ対称性の代りに BRS 対称性が成り立つことを示す．これをゲージ対称性に代る原理として採用すると，演算子形式での議論のために大変有用である．ゲージ固定を行う一般的な方法を与える．演算子形式での正準量子化も行う．

§8.1 BRS 対称性

共変ゲージ固定条件を採用した場合に得られた経路積分表示 (7.104) をみると，ゲージ固定の結果，もはやゲージ不変性 (局所的な不変性) は残っていない．しかし，それに代る大局的不変性がある．

まず，もともとの (7.106) のラグランジアン $\mathcal{L}$ に登場したゲージ場と物質場には，(7.21) に与えたゲージ不変性がある．そのゲージ不変性のパラメター $\varepsilon^a(x)$ を微小なグラスマン数 λ とファデーエフ - ポポフのゴースト場 $c^a(x)$ の積とすれば，ボソン的な場になるから，ちょうどゲージ変換のパラメターとして採用することができ，次式が得られる．

$$\left.\begin{array}{l}\delta\psi(x) = - ig\lambda\, c^a(x)\, T^a \psi(x) = \lambda(-ig\, c^a(x)\, T^a\, \psi(x)) \equiv \lambda\, \delta_{\rm B}\, \psi(x) \\ \delta A_\mu^a(x) = \partial_\mu \lambda\, c^a(x) - gf_{abc}\, A_\mu^b(x)\, \lambda\, c^c(x) = \lambda D_\mu\, c^a(x) \equiv \lambda\delta_{\rm B}\, A_\mu^a(x)\end{array}\right\}$$

(8.1)

微小なパラメター λ が x によらないから，この変換は大局的変換になって

いる.グラスマン・パラメター λ を除いた方が便利なことがあるので,λ を除いた上で,この大局的変換を δ_B と表記し,**BRS 変換**とよぶ.$C(x) \equiv c^a(x) T^a$, $A_\mu(x) \equiv A_\mu^a(x) T^a$ などの行列表示を用いると,BRS 変換は

$$\delta_B \psi(x) = - ig\, C(x)\, \psi(x), \qquad \delta_B A_\mu(x) = D_\mu C(x) \tag{8.2}$$

となる.この変換 δ_B はフェルミ粒子の場と同様に,グラスマン奇の量で,フェルミ粒子的な量を超えて,その右側にある量に作用するときに符号が変る.

さらにフェデーエフ - ポポフのゴースト場 $c^a(x)$,反ゴースト場 $\bar{c}^a(x)$,および中西 - ロートラップ場 $B^a(x)$ の BRS 変換性を決めなければならない.その際の方針として,このフェルミ粒子的な変換 δ_B を 2 回続けて行うとゼロになるという性質を要求しよう.この性質を**ベキ零性**とよび,これから先,大変有用になるので,基本的な要請にしようというわけである.

ディラック場 $\psi(x)$ に対して 2 回続けて BRS 変換を施し,ベキ零性を要求すると,ゴースト場 $c^a(x)$ に対する変換性が次のように決まる.

$$\begin{aligned}
0 = \delta_B \delta_B\, \psi(x) &= \delta_B(- ig\, C(x)\, \psi(x)) \\
&= - ig\, [\delta_B C(x)\, \psi(x) - C(x)\, \delta_B \psi(x)] \\
&= - ig\, [\delta_B C(x)\, \psi(x) - C(x)(- ig\, C(x)\, \psi(x))] \\
&= - ig\, [\delta_B C(x) + ig\, (C(x))^2]\, \psi(x)
\end{aligned} \tag{8.3}$$

ここで δ_B も $C(x)$ もグラスマン奇† の量なので,δ_B が $C(x)$ を超えて次の $\psi(x)$ に作用するときにはマイナス符号が付いた.したがって,**ゴースト場の BRS 変換**は

$$\delta_B C(x) = - ig\, (C(x))^2 \tag{8.4}$$

となる.行列を成分で表すと $C = c^a T^a$ となるから,(7.7) の行列 T^a の交換関係を用いて,ゴースト場を成分に分解した場合の変換性は

---

† グラスマン数を奇 (偶) 数個掛けた量は互いに反交換 (交換) する.このような量をグラスマン奇 (偶) とよぶ.

$$\delta_{\mathrm{B}} c^a(x) = \frac{g}{2} f_{abc}\, c^b(x)\, c^c(x) \tag{8.5}$$

となる．ゲージ場に対して BRS 変換を続けて行ってベキ零性を課した場合にも，$c^a(x)$ に対して同じ BRS 変換性 (8.5) が得られる．このゴースト場 $c^a(x)$ の BRS 変換性を用いると，さらに $c^a(x)$ の上での BRS 変換のベキ零性も成り立っている．

反ゴースト場 $\bar{c}^a(x)$ **に対する BRS 変換**は中西‐ロートラップ場 $B^a(x)$ になり，**中西‐ロートラップ場の BRS 変換**は消えると仮定する．

$$\delta_{\mathrm{B}}\, \bar{c}^a(x) = i\, B^a(x), \qquad \delta_{\mathrm{B}}\, B^a(x) = 0 \tag{8.6}$$

こうしておくと，これらの場の上でも BRS 変換はベキ零性を満たす．

$$\delta_{\mathrm{B}}\delta_{\mathrm{B}}\, \bar{c}^a(x) = \delta_{\mathrm{B}} i\, B^a(x) = 0, \qquad \delta_{\mathrm{B}}\delta_{\mathrm{B}}\, B^a(x) = 0 \tag{8.7}$$

これまでは，ゲージ固定条件を選んでから，それから得られるファデーエフ‐ポポフ行列式をゴーストを導入して書き直すという操作でゴーストが登場してきた．さらに，そうして得られるラグランジアン密度に BRS 対称性があることを見出した．しかし，いったん BRS 対称性という対称性があることがわかったら，論理を逆にして考え直し，**BRS 対称性をゲージ対称性に代る原理として採用する**と便利である．その結果，ゲージ固定条件そのものも一般化することができる．

まず，**ゴースト数**という保存量を定義しよう．

	c^a	$\bar{c}^a$	δ_{B}
ゴースト数	$+1$	-1	$+1$

ゲージ固定をラグランジアンの段階で直接行うことができる．これは多くのゲージ理論のゲージ固定で活用できる有用な方法である．それを行うために，ゴースト数は保存量だから，ゲージ固定条件を与える関数として，ゴースト数ゼロの関数 $F^a(A, \psi, c, \bar{c}, B)$ を考えよう．これを**ゲージ固定関数**と

よぶ．これに反ゴースト場 $\bar{c}^a$ を掛けたものを BRS 変換すれば，ゴースト数がゼロになり，しかも，BRS 変換のベキ零性から，もう1度 BRS 変換すると消える．すなわち，BRS 不変となる．したがって，ラグランジアン密度の一部として付け加えることのできる量ができる．これをゲージ固定条件のラグランジアン密度 $\mathcal{L}_{\text{GF}}$ とゴーストのラグランジアン密度 $\mathcal{L}_{\text{FP}}$ を同時に与えるラグランジアン密度 $\mathcal{L}_{\text{GF+FP}}$ として採用すると

$$\mathcal{L}_{\text{GF+FP}} = -i\,\delta_{\text{B}}(\bar{c}^a F^a) \tag{8.8}$$

が得られる．ゴースト数がゼロということ以外には，ゲージ固定が完全に行われるように選ばれなければならないということだけが，ゲージ固定関数 $F^a(A, \phi, c, \bar{c}, B)$ に対する条件である．

このゲージ固定の方法の特徴としては，次のような良い点がある．

(1) BRS 変換 (8.2)，(8.5)，(8.6) の形はゲージ固定の仕方によらない．

(2) もとのゲージ場と物質場のラグランジアンはゲージ不変なので，自動的に BRS 不変である．さらにゲージ固定ラグランジアン密度とゴーストラグランジアン密度の和 $\mathcal{L}_{\text{GF+FP}}$ は合せて $c^a F^a$ の BRS 変換で与えられるので，BRS 変換のベキ零性から，$\mathcal{L}_{\text{GF+FP}}$ は BRS 不変である．したがって，全ラグランジアンが BRS 不変である．

(3) ゲージ固定関数 F^a にゴースト $c^a, \bar{c}^a$ が含まれると，$\mathcal{L}_{\text{GF+FP}}$ には $c^a, \bar{c}^a$ の4次の相互作用項が生じる．もともと，ゴースト場はファデーエフ–ポポフ行列式を経路積分で表すために，ラグランジアンの中に2次で現れる変数として導入された．しかし，BRS 変換とゲージ固定関数を用いてゲージ固定条件を与える方法の方が，このようにゴースト場が相互作用するような より一般的な場合にも適用できる．

具体的に相対論的に共変なゲージ固定条件の例として，次の関数を採用してみよう．

$$F^a = \partial^\mu A^a_\mu + \frac{1}{2}\alpha B^a \tag{8.9}$$

$$\begin{aligned}\mathcal{L}_{\text{GF+FP}} &= -i\,\delta_{\text{B}}\left\{\bar{c}^a\left(\partial^\mu A^a_\mu + \frac{1}{2}\alpha B^a\right)\right\}\\ &= -i\left\{\delta_{\text{B}}\bar{c}^a\left(\partial^\mu A^a_\mu + \frac{1}{2}\alpha B^a\right) - \bar{c}^a\left(\partial^\mu \delta_{\text{B}}A^a_\mu + \frac{1}{2}\alpha\delta_{\text{B}}B^a\right)\right\}\\ &= -i\left\{iB^a\left(\partial^\mu A^a_\mu + \frac{1}{2}\alpha B^a\right) - \bar{c}^a\partial^\mu D_\mu c^a\right\}\end{aligned} \tag{8.10}$$

$$\mathcal{L}_{\text{GF}} = B^a\partial^\mu A^a_\mu + \frac{\alpha}{2}(B^a)^2, \qquad \mathcal{L}_{\text{FP}} = i\bar{c}^a\partial^\mu D_\mu c^a \tag{8.11}$$

このゲージ固定条件をローレンツ変換のもとで共変であるという意味で，**共変ゲージ固定条件**とよぶ．

§8.2 共変ゲージ固定でのゲージ場の正準量子化

これまでは，経路積分でゲージ場の量子化を行った．状態空間の性質などをみるためには，演算子形式が有用である．本章の以下の節では，ローレンツ共変性を尊重するゲージ固定を行い，演算子形式でのゲージ理論の正準量子化を行う．

共変ゲージ固定条件 (8.10) を少し変更して，ゲージ固定ラグランジアン密度とゴーストラグランジアン密度を部分積分したものを出発点として採用すると

$$\mathcal{L}_{\text{GF+FP}} = -i\,\delta_{\text{B}}\left(-\partial^\mu \bar{c}^a A^a_\mu + \frac{1}{2}\alpha \bar{c}^a B^a\right) \tag{8.12}$$

が得られる．したがって，ラグランジアン密度は全体として次のようになる．

$$\tilde{\mathcal{L}}(A, c, \bar{c}, \phi) = \mathcal{L}(A, \phi) + \mathcal{L}_{\text{GF}}(A, B) + \mathcal{L}_{\text{FP}}(A, c, \bar{c}) \tag{8.13}$$

8. BRS 対称性と演算子形式

$$\mathcal{L}(A, \psi) = \mathcal{L}_{\text{gauge}} + \mathcal{L}_{\text{dirac}}$$
$$= -\frac{1}{4} F^a_{\mu\nu} F^{a\mu\nu} + \overline{\psi}(x)(i\gamma^\mu D_\mu - m)\psi(x)$$

(8.14)

$$\mathcal{L}_{\text{GF}} = -\partial^\mu B^a A^a_\mu + \frac{\alpha}{2}(B^a)^2, \qquad \mathcal{L}_{\text{FP}} = -i\partial^\mu \overline{c}^a D_\mu c^a$$

(8.15)

このラグランジアン密度を正準量子化しよう．共役運動量はグラスマン数については右微分で定義して

$$\left.\begin{array}{l} \pi^{a\mu} = \dfrac{\partial \widetilde{\mathcal{L}}}{\partial \partial_0 A^a_\mu} = F^{a\mu 0}, \qquad \pi^a_B = \dfrac{\partial \widetilde{\mathcal{L}}}{\partial \partial_0 B^a} = -A^a_0, \qquad \pi_\psi = \dfrac{\partial \widetilde{\mathcal{L}}}{\partial \partial_0 \psi} = i\psi^\dagger \\[2mm] \pi^a_c = \dfrac{\partial \widetilde{\mathcal{L}}}{\partial \partial_0 c^a} = -i\partial_0 \overline{c}^a, \qquad \pi^a_{\overline{c}} = \dfrac{\partial \widetilde{\mathcal{L}}}{\partial \partial_0 \overline{c}^a} = i(\partial_0 c^a - gf_{abc}A^b_0 c^c) \end{array}\right\}$$

(8.16)

となる．この共役運動量の定義をみると，ディラック場の場合に $i\psi^\dagger$ を独立の座標とみないで，ψ の共役運動量とみればよいのと同様に，$-A^a_0$ を独立の座標とみないで，B^a の共役運動量とみればよい．したがって，独立な座標は $A^a_j, B^a, c^a, \overline{c}^a, \psi$ である．量子化するには，ポアソン括弧の i 倍を交換子（フェルミ粒子では反交換子）におきかえて

$$\begin{array}{l}[A^a_j(x), \pi^{bk}(y)]|_{x^0=y^0} = i\,\delta^{ab}\,\delta^k_j\,\delta^{(3)}(x-y) \\ [B^a(x), A^{b0}(y)]|_{x^0=y^0} = -i\,\delta^{ab}\,\delta^{(3)}(x-y)\end{array}$$

(8.17)

$$\{\psi(x), \pi_\psi(y)\}|_{x^0=y^0} = i\,\delta^{(3)}(x-y)$$

(8.18)

$$\{c^a(x), \pi^b_c(y)\}|_{x^0=y^0} = \{\overline{c}^a(x), \pi^b_{\overline{c}}(y)\}|_{x^0=y^0} = i\,\delta^{ab}\,\delta^{(3)}(x-y)$$

(8.19)

§8.2 共変ゲージ固定でのゲージ場の正準量子化

となる．

このようにラグランジアン段階で共変的ゲージ固定して，ゴースト場，反ゴースト場，中西-ロートラップ場を導入した結果，全ラグランジアン $\widetilde{\mathcal{L}}$ には拘束条件はなくなっている．したがって，通常の正準量子化を適用することができる．ハミルトニアン密度 $\mathcal{H}(x)$ は

$$\begin{aligned}
\mathcal{H} &= \pi^{aj}\partial_0 A_j^a + \pi_B^a \partial_0 B^a + \pi_c^a \partial_0 c^a + \pi_{\bar{c}}^a \partial_0 \bar{c}^a + \pi_\psi \partial_0 \psi - \widetilde{\mathcal{L}} \\
&= \pi^{aj}(-\pi_j^a - D_j \pi_B^a) + \pi_B^a \partial_0 B^a + \pi_c^a(-i\pi_{\bar{c}}^a - gf_{abc}\pi_B^b c^c) + \pi_{\bar{c}}^a i\pi_c^a \\
&\quad + \pi_\psi \partial_0 \psi - \frac{1}{2}(\pi^{aj})^2 + \frac{1}{2}(F^{aij})^2 - \partial^0 B^a \pi_B^a + \partial^j B^a A_j^a - \frac{\alpha}{2}(B^a)^2 \\
&\quad + i\pi_c^a \pi_{\bar{c}}^a + i\partial^j \bar{c}^a D_j c^a - \pi_\psi D_0 \psi - \pi_\psi \gamma^0 (\gamma^j D_j + im)\psi \\
&= \frac{1}{2}(\pi^{aj})^2 - \pi^{aj} D_j \pi_B^a + \frac{1}{2}(F^{aij})^2 + \partial^j B^a A_j^a - \frac{\alpha}{2}(B^a)^2 - i\pi_c^a \pi_{\bar{c}}^a \\
&\quad - gf_{abc}\pi_c^a \pi_B^b c^c + i\partial^j \bar{c}^a D_j c^a + i\pi_\psi g T^a \pi_B^a \psi - \pi_\psi \gamma^0(\gamma^j D_j + im)\psi
\end{aligned} \tag{8.20}$$

となる．ここでゴースト場 $c^a(x)$，反ゴースト場 $\bar{c}^a(x)$ のエルミート共役をとると自分自身にもどる，すなわちゴースト，反ゴーストはそれぞれエルミートであるとする．

$$(c^a(x))^\dagger = c^a(x), \qquad (\bar{c}^a(x))^\dagger = \bar{c}^a(x) \tag{8.21}$$

このようにエルミート性を指定しておくと，ラグランジアン密度がエルミートとなる．

$$(\mathcal{L}_{\mathrm{FP}})^\dagger = \mathcal{L}_{\mathrm{FP}} \tag{8.22}$$

ラグランジアン密度のエルミート性は，確率の保存と散乱行列のユニタリー性[†]を保証する条件である．

BRS 不変性は大局的不変性だから，ネーターの方法を用いて保存電荷を求めることができる．保存する **BRS カレント** は (1.40) または (1.32) を用いて

[†] ユニタリー性は，たとえば，九後汰一郎：「ゲージ場の量子論 I」にくわしく議論されている．

8. BRS 対称性と演算子形式

$$J_B^\mu(x) = \frac{\partial \widetilde{\mathcal{L}}}{\partial \partial_\mu A_\nu^a} D_\nu c^a(x) - \frac{\partial \widetilde{\mathcal{L}}}{\partial \partial_\mu \psi} \{-ig\, C(x)\, \psi(x)\}$$

$$- \frac{\partial \widetilde{\mathcal{L}}}{\partial \partial_\mu c^a} \frac{g}{2} f_{abc}\, c^b(x)\, c^c(x) - \frac{\partial \widetilde{\mathcal{L}}}{\partial \partial_\mu \bar{c}^a}\, i\, B^a(x)$$

$$= -F^{a\mu\nu} D_\nu c^a + gc^a j^{a\mu} + \frac{i}{2} g f_{abc} \partial^\mu \bar{c}^a c^b c^c + D^\mu c^a B^a \quad (8.23)$$

である。ここで，$j^{a\mu}$ は物質場のカレントを表している。

$$j^{a\mu} \equiv \frac{-1}{g} \frac{\partial \mathcal{L}_{\mathrm{dirac}}}{\partial A_\mu^a} = \bar{\psi} \gamma^\mu T^a \psi \quad (8.24)$$

BRS カレントの時間成分を全空間で積分すると，保存する **BRS 電荷** が得られる。これを正準座標と運動量で表すと

$$Q_B = \int d^3x\, J_B^0(x)$$

$$= \int d^3x \left[\pi^{aj} D_j c^a - \frac{1}{2} g f_{abc} \pi_c^a c^b c^c - iB^a \pi_{\bar{c}}^a - igc^a \pi_\psi T^a \psi \right](x) \quad (8.25)$$

となる。正準交換関係を用いると，この BRS 電荷 Q_B が **BRS 変換の生成子**であることと，そのベキ零性を確かめることができる（演習問題［3］，［4］参照）。

§8.1 で定義したゴースト数は保存量である。したがって，これに対応する大局的な変換のもとで作用は不変であるはずである。ところが，(8.21) に与えたように，ゴースト場は複素場ではなく，エルミートな場である。したがって，ディラック場や複素スカラー場のように，場の位相変換でこの大局的変換を表すことはできない。ゴースト数に対応する変換はゴースト場，反ゴースト場のスケール変換で表される。スケール変換のパラメターを ρ とすると，

$$c^a(x) \rightarrow e^\rho c^a(x), \qquad \bar{c}^a(x) \rightarrow e^{-\rho} \bar{c}^a(x) \quad (8.26)$$

無限小変換 $|\rho| \ll 1$ に対して $\delta c^a = \rho c^a, \delta \bar{c}^a = -\rho \bar{c}^a$ だから，ネーターの方法に従って**ゴースト数カレント** $J_c^\mu(x)$ を構成し，それから作られる保存

電荷 Q_c を求めると,

$$J_\mathrm{c}^\mu(x) = \frac{\partial \widetilde{\mathcal{L}}}{\partial \partial^\mu c^a} c^a + \frac{\partial \widetilde{\mathcal{L}}}{\partial \partial_\mu \bar{c}^a}(-\bar{c}^a)$$

$$= i\left(-\partial_\mu \bar{c}^a c^a - D_\mu c^a \bar{c}^a\right) \tag{8.27}$$

$$Q_\mathrm{c} = \int d^3x\, J_\mathrm{c}^0(x)$$

$$= \int d^3x\, (\pi_c^a c^a - \pi_{\bar{c}}^a \bar{c}^a) \tag{8.28}$$

となる.この Q_c を**ゴースト電荷**とよぶ.Q_c と,ゴースト場 c^a,反ゴースト場 $\bar{c}^a$ との交換関係を求めると,

$$[iQ_\mathrm{c}, c^a(x)] = c^a(x), \qquad [iQ_\mathrm{c}, \bar{c}^a(x)] = -\bar{c}^a(x) \tag{8.29}$$

となり, (8.26) に与えたスケール変換の無限小変換を正しく示している.この交換関係は,ゴースト数が**ゴースト数演算子** $N_\mathrm{FP} \equiv iQ_\mathrm{c}$ の固有値で与えられることを示している.

ゴースト場,反ゴースト場のエルミート性から,BRS 電荷 Q_B も,ゴースト電荷 Q_c もエルミートである.

$$(Q_\mathrm{B})^\dagger = Q_\mathrm{B}, \qquad (Q_\mathrm{c})^\dagger = Q_\mathrm{c} \tag{8.30}$$

したがって,ゴースト数演算子 $N_\mathrm{FP} \equiv iQ_\mathrm{c}$ は反エルミートである.

$$(N_\mathrm{FP})^\dagger = -N_\mathrm{FP} \tag{8.31}$$

ゴースト数演算子 N_FP は反エルミートだが,固有値は実数である.これはゴーストや反ゴーストの状態ベクトルが不定計量† であることに原因がある.

BRS 電荷 Q_B とゴースト電荷 Q_c の(反)交換関係を求めると

$$\{Q_\mathrm{B}, Q_\mathrm{B}\} = 0, \qquad [iQ_\mathrm{c}, Q_\mathrm{B}] = Q_\mathrm{B}, \qquad [Q_\mathrm{c}, Q_\mathrm{c}] = 0 \tag{8.32}$$

となり,最初の式は BRS 電荷のベキ零性を表し,2番目の式は BRS 電荷がゴースト数 1 であることを表す.

---

† 本書では状態ベクトルの計量について述べる余裕がない.たとえば,九後汰一郎:「ゲージ場の量子論 I」を参照.

§8.3 物理的状態を指定する補助条件

ゲージ場のポアソン括弧 (7.42) は，空間成分については通常のポアソン括弧の符号であるが，時間成分については逆符号になっている．これはそのまま受け取ると，時間成分に対応する状態の2乗（ノルム）は負になり，負の確率をもつことを意味している．この事実からも示唆されるように，共変的ゲージ固定で量子化したゲージ理論では，ゲージ場 A_μ^a は**負のノルムの状態を含む**．また，ゴースト場・反ゴースト場はスピンがゼロだが，統計性はフェルミ粒子なので，負ノルム状態を含む．このような場合，量子論として意味のある理論を作るためには，負の確率が観測されないよう，全状態空間 $\mathcal{V}$ の中から物理的状態の空間 $\mathcal{V}_{\text{phys}}$ を選ぶ必要がある．この**物理的状態を選び出す補助条件**を矛盾なく設定できるかどうかが大きな問題である．

BRS 電荷が構成できる理論では，ゲージ不変性は大局的な不変性である BRS 不変性におきかえられる．したがって，ゲージ不変な状態が物理的であることに対応して，BRS 不変であるべしと要請することができる．このアイデアに従って，**BRS 電荷によって消えることが物理的状態であるための必要十分条件**であると要請する．

$$Q_B |\text{phys}\rangle = 0 \tag{8.33}$$

これを物理的状態の空間を選ぶ補助条件として採用すると，正の確率だけが観測され，確率の保存を保証できることが知られている．[†]

ゲージ固定条件のラグランジアン密度とファデーエフ-ポポフのゴースト場のラグランジアン密度を合せた部分 $\mathcal{L}_{\text{GF+FP}}$ は，(8.8) や (8.12) のように，ある量に BRS 変換を施したもので与えられる．したがって，この補助条件 (8.33) の結果，ゲージ固定ラグランジアン密度とゴーストラグランジ

[†] たとえば，九後汰一郎：「ゲージ場の量子論 I」参照．

アン密度の和は物理的状態の空間ではゼロとなってしまう．
$$\langle \text{phys} | \mathcal{L}_{\text{GF+FP}} | \text{phys}' \rangle = 0 \tag{8.34}$$
これは，物理的な結果がゲージ固定条件によらないことを示している．

演習問題

［1］ $c^a(x)$ の BRS 変換性が (8.5) であると，ゲージ場に対して BRS 変換のベキ零性が成り立つことを示せ．また，$c^a(x)$ の上での BRS 変換のベキ零性も成り立つことを示せ．

［2］ (8.20) を積分して得られるハミルトニアン $H \equiv \int d^3x\, \mathcal{H}(x)$ と，すべての場および共役運動量との交換関係を計算せよ．その結果から，ハイゼンベルクの運動方程式に基づく時間変化が場の運動方程式を与えることを示せ．

［3］ 正準交換関係を用いて，BRS 電荷 (8.25) が BRS 変換の生成子になる，すなわち，場の演算子との（反）交換関係をとると (8.2), (8.5), (8.6) の BRS 変換を正しく与えることを示せ．

［4］ 前問［3］の結果を用いて，BRS 電荷 (8.25) のベキ零性を示せ．

［5］ 共役運動量やその他の BRS 電荷の中に現れる量と BRS 電荷との（反）交換子を求め，BRS 電荷 Q_B のベキ零性を直接示せ．

湯川理論と力を媒介する粒子

ハイゼンベルクとパウリによって相対論的な場の量子論が定式化されて以後，場の量子論を用いた自然界の記述が進展した．場の量子論の考え方による発展の著しい例として，湯川理論によるパイ粒子の予言が挙げられるだろう．湯川秀樹博士は陽子や中性子を結合させている強い力の特徴として，力が強いだけでなく，近距離でだけ作用することに着目した．

場の量子論では，粒子の生成・消滅を議論することができる．量子力学の不確定性原理に従って，エネルギー E の粒子を生成しても，$\hbar/E$ 程度の時間の間であれば，E 程度の誤差以上にはエネルギーの値を確定できない．短時間だけ生成されているこのような粒子のことを**仮想的粒子**とよんでいる．相対性理論によれば，事象の影響の伝わる速度は光の速度が最大限度である．そこで，粒子が生成されている時間の間に，その粒子の影響が光の速度で伝わったとすると，$\hbar c/E$ 程度の距離の範囲内に影響が伝わる．質量 m をもった粒子の最も小さなエネルギーは mc^2 である．したがって，到達できる最大限度の距離は $\hbar c/mc^2 = \hbar/mc$ 程度となる．この長さをその粒子の**コンプトン長**とよんでいる．これが生成された粒子の影響の到達距離を与える．

湯川博士は，これこそが強い力の到達距離であると考えた．この仮説から予言されたのが，パイ粒子にほかならない．この湯川理論は，力がはたらくのは，その背後に粒子があって，それが交換されることによって力がはたらく，すなわち，その粒子が力を媒介するという考え方を世界で初めて明確にしたものである．ここから，基本法則と基本粒子を探求しようとする素粒子物理学が始まった．

9 自発的対称性の破れとヒッグス機構

　連続パラメターをもつ大局的な対称性が自発的に破れると，南部‐ゴールドストン粒子というゼロ質量粒子が生じる．しかし，自発的に破れた対称性にゲージ場が結合すると，ゲージ粒子がこのゼロ質量粒子を吸収し，全体として重いベクトル粒子となる．このヒッグス機構の具体的な応用例として，電弱統一理論を取り上げる．この理論に関連して，本書では十分取扱えなかった問題についても最後に触れる．

§9.1　対称性の自発的な破れ

　§7.2でみたように，局所ゲージ不変性が成り立つ限り，ゲージ粒子の質量はゼロである．観測されるゲージ粒子には，確かに，光子のように質量ゼロのものがある．しかし，電磁気力と弱い力とを統一する電弱統一理論では，質量が有限の粒子が力を媒介するゲージ粒子として登場する．確率が保存しくり込み可能な理論を作るために，基本理論にゲージ対称性がなければならない．しかし，ゲージ粒子に質量をもたせるためには，ゲージ対称性が何らかの形で破れなければならない．そこで，理論そのものは対称的だが，それを解いて得られる状態が対称的でないという可能性を探す．これを**対称性の自発的な破れ**とよぶ．局所的なゲージ対称性が自発的に破れると，ゲージ粒子に質量が生じる．

　まず，最も簡単な大局的ゲージ対称性をもつ模型として，複素スカラー場

170   9. 自発的対称性の破れとヒッグス機構

が1つだけある場合を考え，複素数の位相回転の対称性

$$\phi(x) \;\;\rightarrow\;\; e^{i\alpha}\,\phi(x) \tag{9.1}$$

を考えよう．ここで位相 α は時空座標によらない数である．これは可換群であり，$U(1)$ 群とよばれる．大局的対称性だけがあるラグランジアン密度は，§7.2 の (7.22) で共変微分を普通の微分に変え，ポテンシャルを少し一般化すると，

$$\mathcal{L}_{\text{scalar}} = (\partial_\mu \phi(x))^\dagger \partial^\mu \phi(x) - V(\phi^\dagger(x)\,\phi(x)) \tag{9.2}$$

とする．ここで，スカラー場のポテンシャル V は位相回転不変性からスカラー場 ϕ とその複素共役 $\phi^\dagger$ の積の関数であるとした．

§6.5 の結果によると，くり込み可能な相互作用ポテンシャルはスカラー場の高々4次までの多項式である．位相回転不変性からスカラー場の偶数次しかポテンシャルに含まれないから，ゲージ不変でくり込み可能な最も一般的なポテンシャルは $\phi^\dagger(x)\phi(x)$ の1次と2次の2項から成る．具体的な形は，

$$V(\phi^\dagger \phi) = -\mu \phi^\dagger \phi + \lambda (\phi^\dagger \phi)^2 \tag{9.3}$$

である．この模型を**ゴールドストン模型**とよぶ．

古典論で，真空に対応する最も安定な場の配位を探そう．まず，運動エネルギーが少ない方が有利だから，場 ϕ は時空の座標 x に依存しないとする．スカラー場 ϕ の値が十分大きいところでポテンシャルが安定であるためには，$\lambda > 0$ であることが必要である．さらに，もしもパラメター μ が $\mu > 0$ だとすると，図 9.1 に示したように中心部が上に凸になり，いわゆる "メキシコ帽

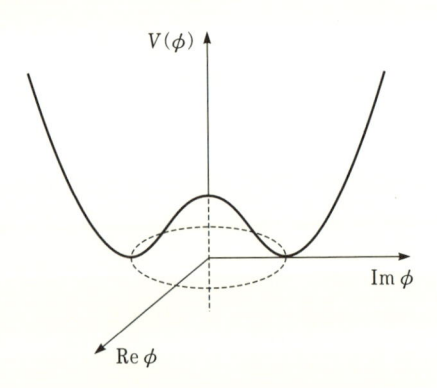

図 9.1 ゴールドストン模型の "メキシコ帽子" 形ポテンシャル．スカラー場がゼロでない値をもつ方が安定で，$U(1)$ 対称性に応じて，円周上に分布する．

子"形になる．このとき，場の配位が安定な点ではスカラー場の値がゼロでなく，有限の値となる．この安定点は ϕ の複素平面上で

$$\phi^\dagger \phi = \frac{\mu}{2\lambda} \tag{9.4}$$

という円周になる．$U(1)$ 対称性から，ϕ の複素平面上の原点を中心に回転でつながる点は対等である．円周上のどの点も安定点となるが，どれを選んでも原点以外の点なので，位相回転対称性を破る．この例では，ポテンシャルの形は ϕ の位相回転で不変であるにもかかわらず，安定な点として実際に実現する場の配位は位相回転不変性を破る．すなわち，**対称性が自発的に破れる**．実際に，どの点が選ばれるかは基本原理から決まらない．どこに落ち着いたとしても，それに対して次のように ϕ の位相回転を行い，この安定点が実軸方向になるように選べる．

$$\phi = \phi^* = \frac{v}{\sqrt{2}} \equiv \sqrt{\frac{\mu}{2\lambda}} \tag{9.5}$$

安定点の周りで粒子の質量を調べよう．安定点からのずれの実数部分と虚数部分をそれぞれ ϕ_1, ϕ_2 と定義して，ポテンシャルを書き直すと，

$$\phi = \sqrt{\frac{\mu}{2\lambda}} + \frac{1}{\sqrt{2}}(\phi_1 + i\phi_2) \tag{9.6}$$

$$V = -\frac{\mu^2}{4\lambda} + \mu\phi_1^2 + \sqrt{\lambda\mu}\,\phi_1(\phi_1^2 + \phi_2^2) + \frac{\lambda}{4}(\phi_1^2 + \phi_2^2)^2 \tag{9.7}$$

となる．場の2次の項をみると，ポテンシャルの曲率がわかる．ϕ_1 については正の曲率（下に凸）だが，ϕ_2 については曲率がゼロになる．もともとポテンシャルが ϕ の位相回転について不変であるという $U(1)$ 対称性 (9.1) をもつため，場の古典的な値に直交する方向に回転しても，ポテンシャルの高さは同じである．このため，図9.1からもわかるとおり，安定点として選んだ点から位相回転させる方向にポテンシャルは平坦になる．これが，ϕ_2 について曲率がゼロになる原因である．

この結果の物理的な意味をみるために,ラグランジアン密度全体について,安定な場の配位からのスカラー場のずれを2次の項までとると

$$\mathcal{L} = \frac{1}{2}\partial_\mu\phi_1\partial^\mu\phi_1 - \frac{1}{2}2\mu\phi_1^2 + \frac{1}{2}\partial_\mu\phi_2\partial^\mu\phi_2 + \cdots \qquad (9.8)$$

となる.実スカラー粒子のうちで,ϕ_1 は質量 $\sqrt{2\mu}$,ϕ_2 は質量ゼロである.このように,対称性が自発的に破れると,破れた対称性の方向に質量ゼロの粒子が必ず存在する.自発的に破れたときに必ず質量ゼロの粒子が存在するという定理を**南部 - ゴールドストン (J. Goldstone) の定理**といい,この質量ゼロの粒子を**南部 - ゴールドストン粒子**とよぶ.ただし,次節にみるように,この破れた対称性の方向にゲージ場が結合して,局所ゲージ対称性がある場合だけは例外となる.

§9.2 ヒッグス機構

ゴールドストン模型で自発的に破れた対称性は,時空点に依存しない大局的変換であった.この変換の全部または一部にゲージ場が結合して,局所ゲージ対称性が成り立つ場合は,南部 - ゴールドストン定理の例外となる.この節でみるように,対称性を自発的に破ってゲージ場に質量を与えるために導入されるスカラー場のことを**ヒッグス (P. Higgs) 場**,その粒子を**ヒッグス粒子**とよぶ.

$F_{\mu\nu}$ を (7.25) に定義した $U(1)$ ゲージ場の強さとし,D_μ を (7.11) に定義した共変微分とすると,ラグランジアン密度は次のように与えられる.

$$\mathcal{L}_{U(1)\,\text{Higgs}} = -\frac{1}{4}F_{\mu\nu}F^{\mu\nu} + (D_\mu\phi)^*D^\mu\phi + \mu\phi^*\phi - \lambda(\phi^*\phi)^2 \qquad (9.9)$$

$$F_{\mu\nu} = \partial_\mu A_\nu - \partial_\nu A_\mu \qquad (9.10)$$

$$D_\mu\phi = (\partial_\mu + igA_\mu)\phi, \qquad (D_\mu\phi)^* = (\partial_\mu - igA_\mu)\phi, \qquad (9.11)$$

この模型は $U(1)$ **ヒッグス模型**,またはアーベル型ヒッグス模型とよばれ,

§9.2 ヒッグス機構　173

$U(1)$ ゲージ対称性

$$\phi(x) \rightarrow e^{i\alpha(x)}\phi(x) \tag{9.12}$$

をもつ．ここで (9.1) と異なり，位相変換のパラメター $\alpha(x)$ は時空座標に依存する．

　この模型のポテンシャルはゴールドストン模型の場合の (9.3) と同じなので，パラメターの値が $\mu > 0$, $\lambda > 0$ だとすると，電荷をもったスカラー場 ϕ が値をもつ方が安定となり，$U(1)$ 対称性が自発的に破れる．(9.4) にすでにみたように，スカラー場ポテンシャルの安定点は $\phi^*\phi = \mu/2\lambda \equiv v^2/2$ で与えられる．ゲージ化される前と同じく，安定点として (9.5) という複素場 ϕ が実数値をとる点 $\phi = v/\sqrt{2}$ が選ばれたとしよう．この安定点の周りで理論を考えるのに適切な変数として (9.6) の代りに，非線形の変数 $\xi(x)$, $\eta(x)$ をとった方が便利である．

$$\phi(x) = e^{-i\xi(x)}\left(\frac{v+\eta(x)}{\sqrt{2}}\right) \tag{9.13}$$

ここで複素場 ϕ の自由度を 2 つの実場 $\eta(x)$ と $\xi(x)$ とでおきかえた．

　(9.12) の $U(1)$ ゲージ不変性を用いて次のようにゲージ変換しよう．

$$\left.\begin{array}{rl}\phi \rightarrow & \phi' = e^{i\xi(x)}\phi = \dfrac{v+\eta(x)}{\sqrt{2}} \\[2mm] A_\mu \rightarrow & A'_\mu = A_\mu - \dfrac{1}{g}\partial_\mu \xi(x)\end{array}\right\} \tag{9.14}$$

この結果，場 $\xi(x)$ はラグランジアン密度からまったく姿を消してしまい，ヒッグス場のうちで残るのは $\eta(x)$ だけである．このように，ゲージ変換を行うと場 $\xi(x)$ をラグランジアン密度からなくすことができる．その意味で，$\xi(x)$ は非物理的な自由度を表す場である．このゲージを**ユニタリーゲージ**とよび，物理的な自由度をみるのに最も適したゲージである．A'_μ を A_μ と書き直すと，結局 $\xi(x) = 0$ としたのと同じになって，得られたラグランジアン密度は

174   9. 自発的対称性の破れとヒッグス機構

$$\mathcal{L}_{U(1) \text{ Higgs}} = \mathcal{L}_{\text{gauge}} + \mathcal{L}_{\text{Higgs}} + \mathcal{L}_{\text{int}} \qquad (9.15)$$

$$\mathcal{L}_{\text{gauge}} = -\frac{1}{4} F_{\mu\nu} F^{\mu\nu} + \frac{(gv)^2}{2} A_\mu A^\mu \qquad (9.16)$$

$$\mathcal{L}_{\text{Higgs}} = \frac{1}{2} \partial_\mu \eta \partial^\mu \eta + \frac{\lambda v^2}{4} - \lambda v^2 \eta^2 - \lambda v \eta^3 - \frac{\lambda}{4} \eta^4 \qquad (9.17)$$

$$\mathcal{L}_{\text{int}} = g^2 \left(v\eta + \frac{1}{2} \eta^2 \right) A_\mu A^\mu \qquad (9.18)$$

となる.このように,電磁場の場合と異なり,ゲージ粒子 A_μ が質量

$$m_A = gv \qquad (9.19)$$

をもつ.

(9.18) のように,質量をもったゲージ粒子は中性のスカラー場 $\eta(x)$ とも相互作用をし,生き残ったスカラー場 η は (9.17) にみるように質量をもつ.このように,自発的に対称性が破れたときに通常生じる質量ゼロのスカラー粒子がなくなった.すなわち,局所ゲージ対称性がある理論には,南部‐ゴールドストンの定理が成り立たないことがわかった.

もともとゲージ場は質量がゼロである.§2.7 のポアンカレ群のユニタリー表現でみたとおり,質量ゼロのベクトル粒子はスピン角運動量の大きさは 1 だが,進行方向の角運動量成分が $+1$ か,-1 という 2 つの状態しかない.すなわち,光子の場合と同じように横波しか存在せず,右巻きか左巻きの偏光状態しかない.一方,質量をもったベクトル粒子は角運動量の大きさが 1 で,進行方向の成分は $+1$, 0, -1 の 3 つがあるはずである.したがって,ゲージ場が質量をもつためには,縦波(進行方向の角運動量成分がゼロ)の自由度が新たに必要となる.ヒッグススカラーの 2 つの自由度のうちで生き残ったのは $\eta(x)$ であったが,もう 1 つのスカラー場 $\xi(x)$ の自由度が縦波としてゲージ場に吸収されたので,ゲージ場 A_μ が質量をもつことができたのである.このようにして,ゲージ粒子が縦波の自由度を獲得し,質量をもつ機構を,**ヒッグス機構**という.

対称性が自発的に破れる模型で,さらにゲージ場が結合する場合には,質

量ゼロの南部 - ゴールドストン粒子が現れる代りに，ゲージ場に質量が生じることがわかった．この結論は一般的であって，自発的に破れた対称性の方向の数だけのゲージ場が質量をもち，その質量は対称性を破るスカラー場の値 v とゲージ結合定数 g の積で (9.19) のように与えられる．

§9.3 $SU(2) \times U(1)$ ゲージ理論

ヒッグス機構を用いて電磁相互作用と弱い相互作用を統一的に記述する**電弱統一ゲージ理論**を構成してみよう．ゲージ群として直積群 $SU(2) \times U(1)$ を考える．$SU(2)$ 群を弱いアイソスピン，$U(1)$ 群の電荷を弱いハイパー電荷とよぶ．複素ヒッグススカラー場 ϕ は $SU(2)$ の弱いアイソスピン 1/2 の表現で，弱いハイパー電荷は $Y = +1$ だとする．通常の電磁相互作用の電荷は

$$Q \equiv I_3^L + \frac{Y}{2} \tag{9.20}$$

とすると，ϕ は上成分が正の電荷をもつ場 ϕ^+，下成分が中性場 ϕ^0 の縦ベクトルである．複素共役場 $\phi^\dagger$ はそれらの反粒子で

$$\phi = \begin{pmatrix} \phi^+ \\ \phi^0 \end{pmatrix}, \qquad \phi^\dagger = (\phi^- \quad \overline{\phi^0}) \tag{9.21}$$

である．ゲージ場とヒッグススカラーから成る部分のラグランジアン密度は

$$\mathcal{L}_{\text{gauge Higgs}} = -\frac{1}{4} \sum_{a=1}^{3} F_{\mu\nu}^a F^{a\mu\nu} - \frac{1}{4} F_{\mu\nu} F^{\mu\nu} + (D_\mu \phi)^\dagger D^\mu \phi - V(\phi^\dagger \phi) \tag{9.22}$$

で与えられる．ここでヒッグススカラーに対する共変微分は

$$D_\mu \phi = \left(\partial_\mu + ig_2 A_\mu^a \frac{\tau^a}{2} + ig_1 B_\mu \frac{1}{2} \right) \phi(x) \tag{9.23}$$

である．

$SU(2)$ ゲージ場と結合定数を A_μ^a と g_2，$U(1)$ ゲージ場と結合定数を B_μ と $g_1/2$ と表記した．弱いアイソスピン 1/2 表現での行列は $\tau^a/2$ で与えられ

る．τ^a は付録の (A.30) のパウリスピン行列だが，内部対称性なので，σ^a と区別して τ^a と書いた．ヒッグススカラーのポテンシャル $V(\phi^\dagger \phi)$ はゴールドストン模型と同様に，

$$V(\phi^\dagger \phi) = -\mu \phi^\dagger \phi + \lambda (\phi^\dagger \phi)^2 \tag{9.24}$$

と仮定する．ゴールドストン模型と同様に，ポテンシャルのパラメーターが $\lambda > 0$, $\mu > 0$ を満たすと，$SU(2) \times U(1)$ 対称性が自発的に破れる．安定点は

$$v = \sqrt{\frac{\mu}{\lambda}}, \qquad \phi^\dagger \phi = \frac{v^2}{2} \tag{9.25}$$

となる．

$U(1)$ ヒッグス模型の場合と同様に，ユニタリーゲージをとれば物理的自由度がはっきり見やすい．そのために，ϕ^+, ϕ^0 とその反粒子 ϕ^-, $\overline{\phi^0}$ の4自由度を $\eta(x)$ と $\xi^a(x)$ ($a = 1, 2, 3$) で次のように表そう．

$$\phi = \exp\left(i\xi^a \frac{\tau^a}{2}\right) \begin{pmatrix} 0 \\ \dfrac{v+\eta}{\sqrt{2}} \end{pmatrix} \tag{9.26}$$

ここでも，$U(1)$ ヒッグス模型の場合と同様に，ゲージ変換を行ってユニタリーゲージに移ると変数 $\xi^a(x)$ がラグランジアン密度の中に現れない．前節と同様に，ユニタリーゲージでは結果として，非物理的自由度である $\xi^a(x)$ を無視したのと同じで

$$\phi = \frac{v+\eta}{\sqrt{2}} \tag{9.27}$$

である．

生き残ったヒッグススカラー場 $\eta(x)$ とゲージ場とでラグランジアン密度を表すと，$U(1)$ ヒッグス模型によく似ている．まず，場の2次の項だけを考えると，ヒッグススカラーの安定点での値を代入して，ゲージ場やヒッグス粒子の質量項が得られる．したがって，質量項を対角化するのに便利な変

§9.3 $SU(2) \times U(1)$ ゲージ理論

数をとることにすると，3種のベクトル粒子と1つのヒッグススカラーの項に分けられ

$$\mathcal{L}_{\text{gauge Higgs 2}} = \mathcal{L}_{\text{W2}} + \mathcal{L}_{\text{Z2}} + \mathcal{L}_{\text{A2}} + \mathcal{L}_{\eta 2} \tag{9.28}$$

と表せる．荷電ゲージ粒子 $W_\mu^\pm$ の2次項は

$$\mathcal{L}_{\text{W2}} = W_\mu^+ \left(\eta^{\mu\nu}\partial^2 - \partial^\mu\partial^\nu\right) W_\nu^- + \left(\frac{g_2 v}{2}\right)^2 W_\mu^+ W^{\mu-} \tag{9.29}$$

となる．ここで荷電ゲージ粒子は $SU(2)$ ゲージ場の第1・第2成分を用いて次のように定義される．

$$W_\mu^\pm = \frac{1}{\sqrt{2}} \left(A_\mu^1 \mp i A_\mu^2\right) \tag{9.30}$$

同様に，質量がある中性ベクトル粒子 Z_μ のラグランジアン密度の2次の項は

$$\mathcal{L}_{\text{Z2}} = \frac{1}{2} Z_\mu \left(\eta^{\mu\nu}\partial^2 - \partial^\mu\partial^\nu\right) Z_\nu + \frac{1}{2} (g_2^2 + g_1^2) \left(\frac{v}{2}\right)^2 Z_\mu Z^\mu \tag{9.31}$$

となる．中性ベクトル粒子 Z_μ は結合定数の比を表す**ワインバーグ (S. Weinberg) 角** θ_W（**弱い相互作用の混合角**ともいう）

$$\cos\theta_\text{W} = \frac{g_2}{\sqrt{g_2^2 + g_1^2}}, \qquad \sin\theta_\text{W} = \frac{g_1}{\sqrt{g_2^2 + g_1^2}} \tag{9.32}$$

を用いて，$SU(2)$ ゲージ場と $U(1)$ ゲージ場との混合状態として次のように与えられる．

$$Z_\mu = \cos\theta_\text{W} A_\mu^3 - \sin\theta_\text{W} B_\mu \tag{9.33}$$

一方，Z_μ に直交するゲージ場の組合せ A_μ には質量項がないので

$$A_\mu = \sin\theta_\text{W} A_\mu^3 + \cos\theta_\text{W} B_\mu \tag{9.34}$$

$$\mathcal{L}_{\text{A2}} = \frac{1}{2} A_\mu \left(\eta^{\mu\nu}\partial^2 - \partial^\mu\partial^\nu\right) A_\nu \tag{9.35}$$

となる．したがって，この粒子が光子にほかならない．

結局，ゲージ場のうち，荷電ゲージ場 W_μ の質量，中性ゲージ場 Z_μ の質量は

$$m_\text{W} = \frac{g_2 v}{2}, \qquad m_Z = \frac{\sqrt{g_2^2 + g_1^2}\, v}{2} \qquad (9.36)$$

で与えられる．

ゲージ粒子に吸収されずに残ったスカラー場 $\eta(x)$ を **物理的なヒッグス場** とよぶ．こうよぶのは，ヒッグススカラーの他の3自由度 ξ^a がゲージ粒子 $W_\mu^\pm$, Z_μ の縦波成分に吸収されてしまう非物理的自由度だからである．$\eta(x)$ の2次の項は，$U(1)$ ヒッグス模型と同様になるので，物理的ヒッグス粒子は質量 m_η をもち

$$\mathcal{L}_{\eta\,2} = \frac{1}{2}\,\partial_\mu \eta \partial^\mu \eta - \mu \eta^2, \qquad m_\eta = \sqrt{2\mu} = \sqrt{2\lambda}\, v \qquad (9.37)$$

となる．ここでは場について2次の項だけをくわしくみたが，ゲージ場とヒッグススカラーの部分には，(9.17)，(9.18) と同様に3次以上の相互作用項があるので，生き残ったスカラー粒子 η の特徴的な相互作用が予言されている．

§9.4　中性カレントと荷電カレント

ヒッグス機構の結果，$SU(2) \times U(1)$ ゲージ理論のゲージ粒子のうちで1つの粒子が質量ゼロのまま残って光子 A_μ となり，その他の粒子は質量を得て，重い荷電ベクトル粒子 $W_\mu^\pm$ と重い中性ベクトル粒子 Z_μ となった．また，光子 A_μ が電磁相互作用を媒介し，重いベクトル粒子 $W_\mu^\pm$ と Z_μ が弱い相互作用を媒介する．これらの粒子は，**レプトン**や**クォーク**との相互作用を通じて観測される．

レプトンとクォークの量子数を表9.1に挙げた．これらとまったく同じ量

§9.4 中性カレントと荷電カレント 179

表9.1 第1世代のレプトンとクォークの量子数

| | 弱いアイソスピン $SU(2)$ | | 弱いハイパー電荷 |
	大きさ I^L	第3成分 I_3^L	Y
左巻きレプトン $l_L = \begin{pmatrix} \nu_{eL} \\ e_L \end{pmatrix}$	$\frac{1}{2}$	$+\frac{1}{2}$ $-\frac{1}{2}$	-1
右巻きレプトン e_R	0	0	-2
左巻きクォーク $q_L = \begin{pmatrix} u_L \\ d_L \end{pmatrix}$	$\frac{1}{2}$	$+\frac{1}{2}$ $-\frac{1}{2}$	$\frac{1}{3}$
右巻きクォーク u_R d_R	0 0	0 0	$\frac{4}{3}$ $-\frac{2}{3}$

子数で3つの組がくり返して存在することが実験でわかっている．そこで，これら3つの組を区別して第1・第2・第3世代とよぶ．表には，第1世代だけを挙げた．

ゲージ理論では，レプトンやクォークとの相互作用は共変微分に現れる．$SU(2) \times U(1)$ ゲージ相互作用に関する限り，レプトンとクォークとで異なるのは弱いハイパー電荷の大きさだけである．そこで，弱いハイパー電荷の値が Y であるようなディラック粒子を一般に ψ と表記して，ゲージ相互作用を考察しよう．付録の (A.83) に定義したように，左巻き成分を L，右巻き成分を R という添字を付けて表す．

$$\psi_L, \qquad I^L = \frac{1}{2}, \qquad Y = Y_L \tag{9.38}$$

$$\psi_R, \qquad I^L = 0, \qquad Y = Y_R \tag{9.39}$$

ここでの右巻き粒子 ψ_R として，クォークの場合には u と d の2つがある．ラグランジアン密度の中で，このようなディラック粒子のゲージ粒子との相互作用を表す共変微分をもつ項は

9. 自発的対称性の破れとヒッグス機構

$$\mathcal{L} = \overline{\psi_L} i \left(\partial_\mu + ig_2 A_\mu^a \frac{\tau^a}{2} + ig_1 B_\mu \frac{Y_L}{2} \right) \gamma^\mu \psi_L(x)$$

$$+ \overline{\psi_R} i \left(\partial_\mu + ig_1 B_\mu \frac{Y_R}{2} \right) \gamma^\mu \psi_R(x)$$

$$= \mathcal{L}_{\psi \text{ kin}} + \mathcal{L}_{\psi \text{ gauge}} \tag{9.40}$$

$$\mathcal{L}_{\psi \text{ gauge}} = - g_2 \overline{\psi_L} \frac{\tau^a}{2} \gamma^\mu \psi_L(x) A_\mu^a - g_1 \left(\overline{\psi_L} \frac{Y_L}{2} \gamma^\mu \psi_L + \overline{\psi_R} \frac{Y_R}{2} \gamma^\mu \psi_R \right) B_\mu \tag{9.41}$$

となる.ここで $\mathcal{L}_{\psi \text{ kin}}$ とは,ゲージ場との結合定数をゼロにしたときに得られるラグランジアン密度であって,各ディラック粒子 ψ の運動項 (2.76) だけを表している.

上に定義したディラック粒子とゲージ粒子の相互作用項 $\mathcal{L}_{\psi \text{ gauge}}$ は,3つのゲージ粒子とそれぞれ特徴的なカレントを通じて相互作用し,

$$\mathcal{L}_{\psi \text{ gauge}} = - \frac{g_2}{2\sqrt{2}} (J_\mu W^{-\mu} + J_\mu^\dagger W^{+\mu}) - \frac{g_2}{\cos \theta_W} J_\mu^Z Z^\mu - g_2 \sin \theta_W J_\mu^{\text{em}} A^\mu \tag{9.42}$$

となる.ここで,それぞれのゲージ粒子に対するカレントは次のように与えられる.荷電カレントに対するアイソスピン行列を $\tau^\pm$ と表すと

$$\tau^\pm = \frac{\tau^1 \pm i\tau^2}{2}, \quad \tau^- = \begin{pmatrix} 0 & 0 \\ 1 & 0 \end{pmatrix}, \quad \tau^+ = \begin{pmatrix} 0 & 1 \\ 0 & 0 \end{pmatrix} \tag{9.43}$$

荷電ゲージ粒子 $W^\pm$ に対する荷電カレントは,3世代の左巻きレプトン・クォークすべてを ψ_L で代表させれば

$$J_\mu = 2 \overline{\psi_L} \tau^- \gamma_\mu \psi_L, \quad J_\mu^\dagger = 2 \overline{\psi_L} \tau^+ \gamma_\mu \psi_L \tag{9.44}$$

という一般形になる.3世代を取り入れた場合,レプトン,クォークの**荷電カレント** J_μ は具体的に

$$J_\mu^{\text{lepton}} = 2 \left(\overline{e_L} \gamma_\mu \nu_{eL} + \overline{\mu_L} \gamma_\mu \nu_{\mu L} + \overline{\tau_L} \gamma_\mu \nu_{\tau L} \right) \tag{9.45}$$

$$J_\mu^{\text{quark}} = 2 \left(\overline{d_L} \gamma_\mu u_L + \overline{s_L} \gamma_\mu c_L + \overline{b_L} \gamma_\mu t_L \right) \tag{9.46}$$

§9.4 中性カレントと荷電カレント 181

となる．

　光子 A_μ との相互作用を表す**電磁相互作用のカレント**は電荷だけに比例し，右巻きか左巻きかによらない．

$$J_\mu^{em} = \overline{\psi} Q \gamma_\mu \psi, \qquad Q = I_3^L + \frac{Y}{2} \qquad (9.47)$$

$$\psi = \psi_R + \psi_L \qquad (9.48)$$

ここで，右巻きと左巻きのディラック粒子を合せてもとのディラック場 ψ の形に書き表した．この結合定数は**電磁相互作用の結合定数** e のはずで，

$$e \equiv g_2 \sin\theta_W = \frac{g_2 g_1}{\sqrt{g_2^2 + g_1^2}} \qquad (9.49)$$

となる．

　一方，重い中性のゲージ粒子 Z_μ に対する結合を記述する**中性カレント** J_μ^Z は

$$\begin{aligned} J_\mu^Z &= \overline{\psi_L} \frac{\tau^3}{2} \gamma_\mu \psi_L - \sin^2\theta_W \overline{\psi} Q \gamma_\mu \psi \\ &\equiv I_{3\mu}^L - \sin^2\theta_W J_\mu^{em} \end{aligned} \qquad (9.50)$$

と与えられる．この中性カレントに対する表式は $SU(2) \times U(1)$ ゲージ理論の最も重要な予言の一つである．実験データを総合した結果，中性カレントを通じた弱い相互作用の反応によって，$SU(2) \times U(1)$ ゲージ理論の重要な検証が得られた．最も劇的な実験的検証は，$SU(2) \times U(1)$ ゲージ理論の予言通り，1983年にCERNの反陽子・陽子衝突型加速器で，**荷電ゲージ粒子 W と中性ゲージ粒子 Z** が発見されたことである．

クォーク・レプトンの質量と中性カレント

　$SU(2) \times U(1)$ ゲージ理論で残っている部分は，クォークやレプトンとヒッグス粒子との相互作用の項である．現在の $SU(2) \times U(1)$ ゲージ理論で

は，この部分がクォークやレプトンに質量を与え，弱い相互作用でのCPの破れをも与える．§1.6で述べたように，この相互作用を湯川相互作用とよぶ．湯川相互作用を，たとえばクォークについて具体的に書いてみよう．

$$\mathcal{L}_{\text{Yukawa}} = -\overline{d_R}\Gamma^d\phi^\dagger q_L - \overline{u_R}\Gamma^u\tilde{\phi}^\dagger q_L + h.c. \qquad (9.51)$$

ここで，表9.1にまとめたように，u_R や d_R は右巻きクォークの波動関数を表し，左巻きクォークの波動関数は縦ベクトルに並べて q_L と表した．また，湯川結合定数 Γ^d, Γ^u に付けた上付き添字を用いて，結合する右巻きディラック粒子を表している．このラグランジアン密度の最後の $h.c.$ はエルミート共役の部分を表している．

ヒッグス粒子 ϕ の複素共役 ϕ^* を弱いアイソスピンの空間で2軸の周りに180度回転すると，$SU(2)$ の2重項縦ベクトルになる．これを $\tilde{\phi}$ と定義する．

$$\tilde{\phi} = i\tau^2\phi^* = \begin{pmatrix} \overline{\phi^0} \\ -\phi^- \end{pmatrix} \qquad (9.52)$$

レプトンについては右巻きレプトンは e_R だけでニュートリノはないから，湯川結合は $\phi^\dagger$ を含む項（(9.51)の第1項に対応する）とそのエルミート共役だけになる．

湯川結合の物理的意味をみるために，ヒッグス粒子によって，$SU(2) \times U(1)$ ゲージ対称性が自発的に破れるという事実を思い起こそう．ヒッグス場に安定点での値を代入してみると，この湯川相互作用は

$$\mathcal{L}_{\text{Yukawa}} \to -\overline{d_R}\frac{\Gamma^d v}{\sqrt{2}}d_L - \overline{u_R}\frac{\Gamma^u v}{\sqrt{2}}u_L + h.c. \qquad (9.53)$$

となり，クォークの**質量項**を与える．ここまではあたかもクォークが1世代しかないかのように扱ってきたので，湯川結合定数は1つの定数に過ぎなかった．しかし，実際には少なくとも3つの世代があることがわかっている．

§6.5でみたように，くり込み可能であるためには，対称性から許される

結合定数をすべて取り入れる必要がある．湯川結合定数は一般に任意の世代間に存在できるので，湯川結合 Γ は**世代間の行列**として考えなければならない．3世代あるとすれば，3行3列の行列となる．しかし，理論の中のどの相互作用項にも抵触しないで回転したり混合したりできる場合は，もともと物理的な観測可能量ではないから，そうした混合や位相回転で消去できないような部分だけを本当に物理的に意味のあるパラメターと勘定するべきである．たとえば，クォークの波動関数の位相回転や世代間の混合は，理論の他の部分の構造を変えずに行える限り，直接観測に掛からない．

混合や回転の効果を考えるときに便利なのは，クォークの質量項が対角的になるような表示である．一般に，任意の N_g 行 N_g 列の複素行列 M があるときに，2つのユニタリー行列 V_R と V_L を用いて必ず対角的にすることができる．

$$V_L M V_R^\dagger = M_{\text{diagonal}}, \qquad V_L V_L^\dagger = 1, \qquad V_R V_R^\dagger = 1 \quad (9.54)$$

この数学的な定理を用いると，次のようにして，クォークの質量が対角的になるような波動関数の定義に移ることができる．ここでは，一般に世代が N_g あるとして，どれだけ混合や位相回転の自由度があるかを考えてみよう．

確率振幅の規格化を変えないようにしなければならないから，混合および回転はまとめて N_g 個の複素数の2乗の和を不変にして回転する自由度になる．これは N_g 行 N_g 列のユニタリー行列 V で表される（$V \in U(N_g)$）．この混合は u, d クォークのシリーズごとに異なり，しかも，右巻き左巻きごとに異なる行列 $V_{dL}, V_{uL}, V_{dR}, V_{uR}$ で行ってよい．その結果，

$$d_L^{\text{mass}} = V_{dL} d_L, \qquad u_L^{\text{mass}} = V_{uL} u_L \quad (9.55)$$

$$d_R^{\text{mass}} = V_{dR} d_R, \qquad u_R^{\text{mass}} = V_{uR} u_R \quad (9.56)$$

となる．左辺の波動関数に mass という添字を付けたのは，これらの行列を適切に選ぶことによって，左辺の波動関数が**質量の固有状態**になるようにできるからである．すなわち，この混合行列を用いて，湯川結合の行列が対角的になるようにする．

$$V_{dR}\Gamma^d \frac{v}{\sqrt{2}} V_{dL}^\dagger = \begin{pmatrix} m_d & 0 & 0 & \cdots \\ 0 & m_s & 0 & \cdots \\ 0 & 0 & m_b & \cdots \\ \vdots & \vdots & \vdots & \ddots \end{pmatrix} \tag{9.57}$$

この対角線上の値が，d タイプの各世代のクォークの質量である．d タイプクォークの場合と同様にして，u タイプのクォークについてもそれらに対する $U(N_g)$ 回転 V_{uR}, V_{uL} によって，u タイプクォークの質量固有状態に移ることができる．これに対して，もとの波動関数 d_L, u_L などは弱い相互作用のカレントの記述が簡単になる波動関数だから，**弱い相互作用の固有状態**とよぶ．

ただし，このときに弱い相互作用を記述する $SU(2) \times U(1)$ ゲージ相互作用の部分が，この世代間の混合を表す $U(N_g)$ 回転に対して完全に不変ではないことに注意しなければならない．まず，電磁相互作用のカレント (9.47) と弱い相互作用の中性カレント (9.50) の場合を検討しよう．(9.47) に与えられている電磁カレントはクォークの場合

$$\begin{aligned}
J_\mu^{\rm em} &= \frac{2}{3} \bar{u}\gamma_\mu u - \frac{1}{3} \bar{d}\gamma_\mu d \\
&= \frac{2}{3} (\overline{u_L}^{\rm mass} V_{uL}\gamma_\mu V_{uL}^\dagger u_L^{\rm mass} + \overline{u_R}^{\rm mass} V_{uR}\gamma_\mu V_{uR}^\dagger u_R^{\rm mass}) \\
&\quad - \frac{1}{3} (\overline{d_L}^{\rm mass} V_{dL}\gamma_\mu V_{dL}^\dagger d_L^{\rm mass} + \overline{d_R}^{\rm mass} V_{dR}\gamma_\mu V_{dR}^\dagger d_R^{\rm mass}) \\
&= \frac{2}{3} \bar{u}^{\rm mass} \gamma_\mu u^{\rm mass} - \frac{1}{3} \bar{d}^{\rm mass} \gamma_\mu d^{\rm mass}
\end{aligned} \tag{9.58}$$

となるので，**電磁相互作用は世代間で対角的**になっている．

中性カレントの場合にも電磁カレントの場合とまったく同様の操作をしてみると

$$J_\mu^Z = \frac{1}{2} \overline{u_L}\gamma_\mu u_L - \frac{1}{2} \overline{d_L}\gamma_\mu d_L - \sin^2\theta_{\rm W} J_\mu^{\rm em}$$

§9.4 中性カレントと荷電カレント 185

$$= \frac{1}{2}(\overline{u_L}^{\text{mass}} V_{uL}\gamma_\mu V_{uL}^\dagger u_L^{\text{mass}} - \overline{d_L}^{\text{mass}} V_{dL}\gamma_\mu V_{dL}^\dagger d_L^{\text{mass}}) - \sin^2\theta_W J_\mu^{\text{em}}$$

$$= \frac{1}{2}(\overline{u_L}^{\text{mass}}\gamma_\mu u_L^{\text{mass}} - \overline{d_L}^{\text{mass}}\gamma_\mu d_L^{\text{mass}}) - \sin^2\theta_W J_\mu^{\text{em}} \quad (9.59)$$

となる．このように，標準模型では中性カレントについても回転が打ち消し合って世代間で対角的となる．

クォークやレプトンの種類のことを**フレーバー**とよぶ．実験的には，弱い相互作用の中性カレントは高い精度でフレーバーを変えないことが知られている．この事実を"**フレーバーを変える中性カレントの禁止則**"という．標準模型は，この実験事実からの制限を見事に満足する．この**中性カレントが世代間で対角的**であるという標準模型の性質は，自然界で実際に起こっている現象を説明する模型として大変重要な結果である．

このように，クォークやレプトンが弱い相互作用の固有状態から質量の固有状態に移っても，中性カレントの場合には世代間の混合は起こらず，フレーバーを変えるような相互作用が生じない．これに対して，荷電カレント(9.44)は電荷の異なる u タイプ左巻きクォークと d タイプ左巻きクォークの間をつなぐカレントになっているので，d タイプクォークと u タイプクォークの世代間混合の差に相当する部分の回転 U_{KM} が残り，

$$J_\mu = 2\overline{\phi_L}\tau^-\gamma_\mu\psi_L = 2\overline{d_L}\gamma_\mu u_L = 2\overline{d_L}^{\text{mass}}\gamma_\mu U_{\text{KM}}^\dagger u_L^{\text{mass}} \quad (9.60)$$

$$U_{\text{KM}}^\dagger = V_{dL}V_{uL}^\dagger \quad (9.61)$$

となる．ここで，u_L は N_g 成分の縦ベクトル，$\overline{d_L}$ は N_g 成分の横ベクトル，世代間の混合行列 U_{KM} は N_g 行 N_g 列のユニタリー行列である．

しかし，まだ右巻き・左巻きの個々のクォーク波動関数の位相回転の自由度は依然として残っている．したがって，これらの自由度で消去できる部分は物理的なパラメーターではない．また，この位相回転は左巻き N_g 個，右巻

き N_g 個独立にできる．しかし，すべての波動関数の位相を同時に回転するというのは何も回転したことにならないので，その自由度を除くと

$$N_g + N_g - 1 = 2N_g - 1 \tag{9.62}$$

だけの位相回転の自由度が，クォーク波動関数の位相回転によって消去できる自由度である．N_g 行 N_g 列のユニタリー行列から，これだけの自由度を消去した後で

$$N_g \times N_g - 2N_g + 1 \tag{9.63}$$

だけの自由度が残る．結局，これだけの数の湯川結合定数が真のパラメーターとして理論の中にあることになる．

この湯川結合定数のうちで，実数で表される回転角は状態の"**混合**"を与える．この回転は N_g 行 N_g 列の実直交行列で与えられるから，**回転を表すパラメーターは** $N_g(N_g-1)/2$ 個である．残っているパラメーターは回転角とは見なすことのできないパラメーターで，複素数の位相として現れる．この位相の個数は $(N_g-1)(N_g-2)/2$ である．実数に帰着できないこのようなパラメーターは，一般に **CP の破れ**と**時間反転の破れ**を与える．このような位相が残るためには，明らかに最低限 3 つの世代が必要である．この事実を最初に指摘したのが，**小林 誠-益川敏英の理論**である．今日までの実験結果は，ここで与えた湯川結合定数の**世代間混合の位相**によって，CP の破れが記述できることを示している．3 世代の場合に具体的に 1 つの U_{KM} 行列の形を書くと，

$$U_{\text{KM}}^{\dagger} = \begin{pmatrix} c_1 & s_1 c_3 & s_3 \\ -s_1 c_2 & c_1 c_2 c_3 - s_2 s_3 e^{i\delta} & c_1 c_2 s_3 + s_2 c_3 e^{i\delta} \\ -s_1 s_2 & c_1 s_2 c_3 + c_2 s_3 e^{i\delta} & c_1 s_2 s_3 - c_2 c_3 e^{i\delta} \end{pmatrix} \tag{9.64}$$

となる．ここでクォーク混合角度を次のように略記した．

$$c_j \equiv \cos\theta_j, \qquad s_j \equiv \sin\theta_j \tag{9.65}$$

§9.5 アノマリー，閉じ込め，超対称性

第1章の演習問題［3］でみたように，理論の中に次元のあるパラメターが存在しないと，スケール変換のもとでの不変性がある．しかし，くり込みの章で述べたとおり，裸の理論に質量などの次元をもったパラメターが存在しない場合でも，量子論では紫外発散を有限にし，さらにくり込みを行うために，どうしても次元のあるパラメターが必要となる．この事実は，古典論に存在するスケール不変性を量子論では保つことができないことを示している．一般に，古典論での対称性が量子論で破れている場合に，その理論には**アノマリー**がある，または**量子異常**があるという．

スケール変換は大局的な対称性なので，これにアノマリーがあっても，論理的な矛盾は生じない．しかし，§7.4や§7.5でみたように，ゲージ理論の量子化では，ゲージ変換で移るゲージ場を同一視し，ゲージ軌跡についての経路積分を行うことで量子化している．もしもゲージ対称性のような局所的な対称性にアノマリーがあると，ゲージ変換で結びついているゲージ場を同一視できなくなる．そのために，このような通常のゲージ場の量子化そのものに矛盾が生じる．したがって，ゲージ理論を本書に述べたような通常の手続きで量子化するためには，ゲージ対称性にアノマリーがないことが前提条件として必要となる．

付録のA.2.6に，右巻きと左巻きのディラック粒子の間の対称性としてカイラル対称性を定義した．右巻きと左巻きのディラック粒子が対称的に存在していないと，量子論では一般にこのカイラル対称性が破れる．すなわち，**カイラル・アノマリー**が生じる．これが最も有名なアノマリーの一つである．弱い相互作用の特徴はパリティを破る，すなわち右と左を区別するという点である．本章で扱った電弱統一ゲージ理論はこの弱い相互作用を含む理論なので，パリティを破るためにクォークやレプトンは右巻きと左巻きの性質が異なる．たとえば，右巻きと左巻きのクォークやレプトンは異なる

$SU(2) \times U(1)$ ゲージ量子数をもっている．その結果，電弱統一ゲージ理論のゲージ対称性は量子論で破れ，アノマリーをもつ．したがって，このゲージ対称性のカイラルアノマリーがいくつかのクォークやレプトンの間で相殺していなければ，標準模型はゲージ理論の通常の量子化と矛盾する．

前節までの考察では，電弱統一ゲージ理論でクォークやレプトンがいくつあるか，論理的に何も制限は得られなかった．しかし，ちょうどクォークとレプトンが1世代分まとまっていると，このゲージアノマリーが相殺するべしという要請が満たされることがわかる．したがって，クォークとレプトンは世代ごとにまとまって存在しなければならず，クォークが3世代あればレプトンも3世代なければならない．これは実験事実にも合致している．

電弱統一理論で記述される電磁気力と弱い力の他に，自然界には強い力がある．強い力はクォークの間にはたらく $SU(3)$ ゲージ理論として定式化され，これを **QCD (量子色力学)** とよんでいる．実験的にはクォークは単体で取り出せたことはなく，この事実を**閉じ込め**とよんでいる．閉じ込めは現在も未解決の課題であるが，さまざまの定性的な議論が行われており，およその物理的描像は得られている．また，強力な計算機を用いたモンテカルロ・シミュレーションによって，近似的にスペクトルを計算するための方法も発展している．このための強力な武器となっているのが，**格子ゲージ理論**である．閉じ込めのような強い結合定数で起こる現象は，本書で取り上げたファインマン図形を中心とする摂動論の方法ではとらえることができない．このような現象に対しては，**非摂動的な取扱い**が必要である．

電弱統一理論とQCDを合せて**標準模型**とよぶ．標準模型にはいくつかの不満足な点がある．たとえば，観測されている粒子は単位の電荷の整数倍の電荷をもつが，$U(1)$ 群を含む標準模型では，これを説明できない．また，標準模型では3つの力に共通のゲージ原理がはたらいているというだけで，ゲージ結合定数は3つ必要であり，理論のパラメーターとして実験から決める以外に得る方法はない．こうしたいくつかの不満足な点は，3つのゲージ結

合定数が高いエネルギーで統一されていれば解決，ないしは改善される．これを**大統一理論**とよぶ．§6.7で述べたくり込み群の方法で計算してみると，この大統一のエネルギースケールは大変大きいことがわかる．一方，重力と統一したいと考えると，重力の量子効果のスケールが登場してくるはずである．自然単位系の考え方で重力の量子効果のスケールを求めると，ニュートンの万有引力定数を G_N として

$$M = \sqrt{\frac{\hbar c}{G_N}} \approx 1.221047(79) \times 10^{19}\,\mathrm{GeV}/c^2 \qquad (9.66)$$

というスケールになる．大統一理論や量子重力理論で登場する大きなスケールをもつ基本理論から，実際に観測されている $100\,\mathrm{GeV}$ 程度の m_W, m_Z のような粒子がでてくることを対称性の意味で保証するには，**超対称性**が有用である．

　超対称性とは，ボース粒子とフェルミ粒子との間の対称性である．相対論的な量子論では，ボース粒子はスピンが整数，フェルミ粒子は半奇整数でなければならない．したがって，相対論を捨てない限り，場の量子論では超対称性はスピンの異なる粒子の間を結ぶ対称性となる．このように，超対称性は時空の対称性の一部となる．したがって，自然に重力が導入できる．実際，超対称性を局所ゲージ対称性に格上げすると自動的に重力が含まれ，**超重力理論**となる．近年，超対称理論の発展は著しく，超対称性のないゲージ理論では理解が十分進んでいない非摂動効果についても，厳密な結果が多く得られており，閉じ込めについてもいままでにない厳密な知見が得られた．

　本書では，本節で扱った話題に深く立ち入る余裕はなかったので，関心をもつ人のために，巻末に参考書をいくつか挙げておいた．

付　録

A.1　ローレンツ変換

一般に，異なる慣性系の間をつなぐ変換をローレンツ変換とよび，ミンコフスキー計量を不変に保つ．ローレンツ変換の中には，**空間回転**とか，ある方向への等速直線運動をしている系への変換である**ローレンツ・ブースト**という変換のように微少な変換を積み重ねて到達できる変換がある．その他に，**空間反転**や**時間反転**のように微小変換では到達できない離散的変換もある．

A.1.1　3次元空間回転

時間座標は変更しないで，3次元の空間座標だけを回転させる変換も，ミンコフスキー計量を変えないから，ローレンツ変換の一種である．空間回転 $x^i \to x'^i$ を表す3行3列の行列 a

$$dx'^j = \sum_{k=1}^{3} a^j{}_k \, dx^k \tag{A.1}$$

が満たすべき条件は，物理的な長さがどちらの座標系で見ても同じであることだから，

$$\sum_{j=1}^{3} (dx'^j)^2 = \sum_{k=1}^{3} (dx^k)^2 \tag{A.2}$$

である．したがって，変換行列の性質は

$$\sum_{j=1}^{3} a^j{}_l a^j{}_k = \delta_{l,k}, \quad a^t a = 1 \;\to\; \det a = \pm 1 \tag{A.3}$$

となる．このような行列は3行3列の直行行列になり，全体として $O(3)$ という群になる．行列式は ± 1 だが，恒等行列に連続的につながるのは行列式が $+1$ の場合だけで，これらは全体として $SO(3)$ という群になる．空間反転は $a = -1$ で与えられるので，行列式が -1 である．行列式が -1 の行列は，$SO(3)$ の行列に空間反転をさらに付け加えたものとして表すことができる．

具体的に，3軸周りに有限の角度 ω だけ回転する場合を与えておこう．無限小回転としては，$\varDelta\omega \equiv \varDelta\omega^1{}_2$ だから，有限角まで回転すると，

$$a(\omega)^\mu{}_\nu = \begin{pmatrix} 1 & 0 & 0 & 0 \\ 0 & \cos\omega & \sin\omega & 0 \\ 0 & -\sin\omega & \cos\omega & 0 \\ 0 & 0 & 0 & 1 \end{pmatrix} \qquad (A.4)$$

となる．

A.1.2 ローレンツ・ブースト

一般にミンコフスキー計量を不変にする変換 $x^\mu \to x'^\mu$ は，4行4列の行列 a として表され，それが満たすべき条件は次のようになる．

$$dx'^\mu = \sum_{\nu=0}^{3} a^\mu{}_\nu\, dx^\nu \qquad (A.5)$$

$$ds^2 = \sum_{\mu,\nu=0}^{3} \eta_{\mu\nu}\, dx^\mu\, dx^\nu \qquad (A.6)$$

$$ds^2 = ds'^2 \quad \to \quad \sum_{\mu=0}^{3} a^\mu{}_\lambda \eta_{\mu\nu} a^\nu{}_\rho = \eta_{\lambda\rho} \qquad (A.7)$$

$$a^t \eta a = \eta \quad \to \quad \det a = \pm 1 \qquad (A.8)$$

これらの行列のうち，恒等行列に連続的につながる行列は，行列式が $+1$ である．そのような行列は $SO(1,3)$ という群になる．

無限小ローレンツ変換を考えると，

$$a^\nu{}_\mu = \delta^\nu{}_\mu + \varDelta\chi^\nu{}_\mu \qquad (A.9)$$

$$\sum_{\mu=0}^{3} a^\mu{}_\lambda \eta_{\mu\nu} a^\nu{}_\rho = \eta_{\lambda\rho} \quad \to \quad \varDelta\chi^{\mu\nu} = -\varDelta\chi^{\nu\mu} \qquad (A.10)$$

となる．

1軸方向の無限小ローレンツ・ブーストは $d\chi \equiv -\varDelta\chi^0{}_1$ とすると，$-\varDelta\chi^0{}_1 = \varDelta\chi^{01} = -\varDelta\chi^{10} = -\varDelta\chi^1{}_0$ だから

$$a(d\chi)^{\mu}{}_{\nu} = 1 + d\chi \begin{pmatrix} 0 & -1 & 0 & 0 \\ -1 & 0 & 0 & 0 \\ 0 & 0 & 0 & 0 \\ 0 & 0 & 0 & 0 \end{pmatrix} \qquad (A.11)$$

となる．したがって，微小なローレンツ・ブースト $d\chi$ を1軸方向に加えたときに，ローレンツ変換の行列 $a(\chi)$ がどれだけ変るべきかを表す微分方程式が得られる．

$$\frac{da(\chi)}{d\chi} = \begin{pmatrix} 0 & -1 & 0 & 0 \\ -1 & 0 & 0 & 0 \\ 0 & 0 & 0 & 0 \\ 0 & 0 & 0 & 0 \end{pmatrix} a(\chi) \qquad (A.12)$$

この方程式を積分した結果，有限なローレンツ変換 χ だけ行ったときの変換行列が得られる．

$$a(\chi)^{\mu}{}_{\nu} = \begin{pmatrix} \cosh\chi & -\sinh\chi & 0 & 0 \\ -\sinh\chi & \cosh\chi & 0 & 0 \\ 0 & 0 & 1 & 0 \\ 0 & 0 & 0 & 1 \end{pmatrix} \qquad (A.13)$$

$$\tanh\chi = v, \qquad \cosh\chi = \frac{1}{\sqrt{1-v^2}} \qquad (A.14)$$

A.1.3 空間反転，時間反転

空間反転とは，3次元の空間座標だけ符号を変える操作である．

$$x'^0 = x^0, \qquad \boldsymbol{x}' = -\boldsymbol{x} \qquad (A.15)$$

また**時間反転**とは，時間座標だけ符号を変える操作である．

$$x'^0 = -x^0, \qquad \boldsymbol{x}' = \boldsymbol{x} \qquad (A.16)$$

ローレンツ変換の行列は (A.8) で定義される．これらのうち，(A.4) や (A.14) のように恒等行列に連続的につながる行列が $SO(1,3)$ という群を成す．それら以

外のローレンツ変換の行列は，$SO(1,3)$ 行列に続けて空間反転と時間反転のいずれか，あるいは両方を行うことによってすべてを尽くすことができる．

A.2 ディラック場

A.2.1 ディラック行列と方程式

量子力学では，エネルギーは波動関数 $\psi(t,\boldsymbol{x})$ に作用する演算子として時間 t についての微分演算子で表され，運動量は空間座標 $\boldsymbol{x}$ についての微分演算子で表される．

$$E \rightarrow i\frac{\partial}{\partial t}, \qquad p^j \rightarrow \frac{1}{i}\frac{\partial}{\partial x^j} \qquad (\text{A.17})$$

一方，相対性理論では，自由粒子のエネルギー E と運動量 p の間には

$$E^2 = p^2 + m^2 \qquad (\text{A.18})$$

という**アインシュタインの関係式**が成り立っている．この関係式を直接，波動関数に作用する演算子でおきかえると，2階の微分方程式が得られる．これは本文の§1.4で扱ったクライン‐ゴルドン方程式 (1.23) で，スカラー場の方程式を与える．

これに対して，スピン 1/2 の粒子に対する相対論的な波動方程式を 1928 年にディラックが考案した．シュレーディンガー方程式は時間微分について1階で，空間微分について2階の微分方程式であった．クライン‐ゴルドン方程式は，アインシュタインの関係式を微分演算子の間の関係ととらえ，時間についても2階の微分方程式にすることで，相対論的共変性を実現しようとしたものであった．これに対して，相対論的な変換性を正しく取り入れるために，空間微分を1階にしようとするのが，ディラックの立場である．一般に2階の微分方程式を1階にするには，波動関数の成分を増やすとよい．連立微分方程式として1階であっても，余分に入れた成分を消去すると，2階の微分方程式が得られる．この2階の微分方程式として，クライン‐ゴルドン方程式が得られるようになっていればよい．

波動関数の成分の数を指定しないで一般に N 成分あると仮定し，ベクトルのように N 成分を縦に並べて表記することにする．

$$\phi(t, \boldsymbol{x}) = \begin{pmatrix} \phi_1(t, \boldsymbol{x}) \\ \phi_2(t, \boldsymbol{x}) \\ \vdots \\ \phi_N(t, \boldsymbol{x}) \end{pmatrix} \tag{A.19}$$

このとき,微分方程式に現れる空間微分などの作用が波動関数の各成分にどのような割合ではたらくかを指定するために,4種類の N 行 N 列の行列 α^j ($j = 1, 2, 3$) と β を導入する.こうして得られる微分方程式は

$$i \frac{\partial \phi(t, \boldsymbol{x})}{\partial t} = \alpha^j \frac{1}{i} \frac{\partial}{\partial x^j} \phi(t, \boldsymbol{x}) + m\beta \, \phi(t, \boldsymbol{x}) \tag{A.20}$$

となり,これが質量 m のディラック粒子に対する**ディラック方程式**である.このディラック方程式の微分演算を2度くり返すと,2階の微分方程式になる.これがアイシュタインの関係式を表していなければならないから,クライン-ゴルドン方程式に帰着することを要求する.

$$\left(i\frac{\partial}{\partial t}\right)^2 \phi = \left(\alpha^j \frac{1}{i} \frac{\partial}{\partial x^j} + m\beta\right)\left(\alpha^k \frac{1}{i} \frac{\partial}{\partial x^k} + m\beta\right) \phi$$
$$= \left(\frac{1}{i} \frac{\partial}{\partial x^j}\right)^2 \phi + m^2 \phi \tag{A.21}$$

これが成り立つための必要十分条件は,行列 α^j と β とが互いに反交換し,自分自身との積が恒等行列 1 になることである.

$$\alpha^j \alpha^k + \alpha^k \alpha^j = 2\delta^{jk} \tag{A.22}$$

$$\alpha^j \beta + \beta \alpha^j = 0, \qquad \beta^2 = 1 \tag{A.23}$$

また,ハミルトニアンの固有値が実数であるためには,ハミルトニアンがエルミートでなければならない.そのための必要十分条件は,行列 α^j, β がエルミートであることである.

$$\alpha^{j\dagger} = \alpha^j, \qquad \beta^\dagger = \beta \tag{A.24}$$

これらのことから次の点がわかる.

(1) 固有値は $+1$ または -1

(2) 対角線成分の和はゼロ

$$\mathrm{Tr}\, \alpha^i = \mathrm{Tr}\, \beta = 0 \tag{A.25}$$

となり，したがって，偶数次元 ($N=$ 偶数) でなければならない．

α^j, β よりも，次の**ガンマ行列** γ^μ の方が相対論的共変性が明確になる．
$$\gamma^0 = \beta, \qquad \gamma^i = \beta\alpha^i \tag{A.26}$$
行列 γ^μ の反交換関係は，(1.7) に与えたミンコフスキー計量を用いて
$$\gamma^\mu\gamma^\nu + \gamma^\nu\gamma^\mu = 2\eta^{\mu\nu} \tag{A.27}$$
と表せる．この式の右辺では恒等行列を省略してあるので，左辺の N 行 N 列の行列が右辺では $\eta^{\mu\nu}$ という数係数付きの恒等行列になっていることを表している．したがって，時間成分 γ^0 はエルミートだが，空間成分 γ^j は反エルミートである．
$$\gamma^{0\dagger} = \gamma^0, \qquad \gamma^{j\dagger} = -\gamma^j \tag{A.28}$$

このガンマ行列を用いてディラック方程式を書き直すと，次のように相対論的共変性が見やすくなる．
$$(\gamma^\mu i\partial_\mu - m)\,\psi(t, \boldsymbol{x}) = 0 \tag{A.29}$$

(A.27) で定義される行列を一般にガンマ行列とよぶ．反交換する行列は，$N \geq 2$ でなければならない．2 行 2 列の行列としては，**パウリのスピン行列** σ^j という次の 3 つの行列がガンマ行列としての性質 (A.27) を満たしている．
$$\sigma^1 = \begin{pmatrix} 0 & 1 \\ 1 & 0 \end{pmatrix}, \qquad \sigma^2 = \begin{pmatrix} 0 & -i \\ i & 0 \end{pmatrix}, \qquad \sigma^3 = \begin{pmatrix} 1 & 0 \\ 0 & -1 \end{pmatrix} \tag{A.30}$$

反交換する行列の数が 3 つまでならば，パウリのスピン行列 σ^j を使えばよいので，2 行 2 列で作れる．逆に，2 行 2 列のエルミート行列は 4 つしか独立なものはなく，パウリスピン行列と単位行列の線形結合で表せる．したがって，4 次元時空で質量がゼロでないディラック粒子の方程式を作るには，行列の大きさは $N \geq 3$ でなければならない．(A.27) から，γ^0 の固有値は ± 1 であり，γ^j の固有値は $\pm i$ である．また，$\mu \neq \nu$ の場合に (A.27) に γ^ν を掛けてトレース (対角線成分の和) をとり，トレースの中で右端の行列を左端に動かしても構わないことを用いると，自分自身の逆符号と等しくなるから
$$\text{Tr}\,(\gamma^\mu\gamma^\nu\gamma^\nu) = -\text{Tr}\,(\gamma^\nu\gamma^\mu\gamma^\nu) = -\text{Tr}\,(\gamma^\mu\gamma^\nu\gamma^\nu) = 0 \tag{A.31}$$

となる.ここで ν については和をとっていない.一方,$(\gamma^\nu)^2 = \pm 1$ だから,結局ガンマ行列のトレースはゼロになる.
$$\mathrm{Tr}(\gamma^\mu) = 0 \tag{A.32}$$
したがって,N は偶数でなければならない.最も簡単な場合は $N=4$ となる.

以下では,ディラック波動関数は4成分であるとする.
$$\phi(t,\boldsymbol{x}) = \begin{pmatrix} \phi_1(t,\boldsymbol{x}) \\ \phi_2(t,\boldsymbol{x}) \\ \phi_3(t,\boldsymbol{x}) \\ \phi_4(t,\boldsymbol{x}) \end{pmatrix} \tag{A.33}$$

反交換子に対する条件 (A.27) を満たす4行4列の行列として,次のような解がある.

$$\gamma^0 = \begin{pmatrix} 1 & 0 \\ 0 & -1 \end{pmatrix}, \quad \gamma^j = \begin{pmatrix} 0 & \sigma^j \\ -\sigma^j & 0 \end{pmatrix} \tag{A.34}$$

ここで σ^j は2行2列のパウリスピン行列であり,4行4列の γ^0 や γ^j 行列を2行2列のブロック型に分けて表してある.この形のガンマ行列が最もよく用いられる形であり,**ディラック-パウリ表示**とよばれる.本来,ガンマ行列というのは (A.27) の解として定義される.4行4列の場合の一般解は,ディラック-パウリ表示のガンマ行列をユニタリー変換したものとして得られる.すなわち,ディラック-パウリ表示の行列 (A.34) を一般解のガンマ行列と区別して添字 DP を付けて表すと,一般解のガンマ行列は あるユニタリー行列 U を用いて次のように表すことができる.
$$\gamma^\mu = U^\dagger \gamma^\mu_{\mathrm{DP}} U \tag{A.35}$$
これは,一般解のガンマ行列の代りにディラック-パウリ表示を用いても,単に波動関数の成分の間で線形結合を取り直しただけであり,見かけが異なっても物理的内容が同じであることを示している.

A.2.2 静止系での解

波動方程式が4成分だから，3次元空間運動量が $\boldsymbol{p}$ の固有状態としては4つの独立な解がある．そのうち2つは正エネルギー解，残りの2つは負エネルギー解である．正のエネルギーを (2.33) で定義する．

$$\omega_p \equiv \sqrt{\boldsymbol{p}^2 + m^2} \tag{A.36}$$

波動関数として，スピンの成分が s の正エネルギー解は

$$\psi(t, \boldsymbol{x}) = u(p, s) \exp\left[-i\left(\omega_p t - \boldsymbol{p}\cdot\boldsymbol{x}\right)\right] \tag{A.37}$$

となり，4成分の波動関数 $u(p, s)$ は具体的にディラック方程式を解くことによって与えられる．ディラック粒子が静止している座標系 (静止系) での解は特に簡単で，正エネルギー解は

$$u(\boldsymbol{p}=\boldsymbol{0}, s=+) = \sqrt{2m}\begin{pmatrix}1\\0\\0\\0\end{pmatrix}, \quad u(\boldsymbol{p}=\boldsymbol{0}, s=-) = \sqrt{2m}\begin{pmatrix}0\\1\\0\\0\end{pmatrix} \tag{A.38}$$

となる．$u(\boldsymbol{p}=\boldsymbol{0}, s=+)$ はスピン角運動量の z 成分が上向き ($J_z = +1/2$)，$u(\boldsymbol{p}=\boldsymbol{0}, s=-)$ は下向き ($J_z = -1/2$) のディラック粒子を表す解である．

波動関数として，スピンの成分が s の負エネルギー解は

$$\psi(t, \boldsymbol{x}) = v(p, s) \exp\left[i\left(\omega_p t - \boldsymbol{p}\cdot\boldsymbol{x}\right)\right] \tag{A.39}$$

静止系での負エネルギー解は

$$v(\boldsymbol{p}=\boldsymbol{0}, s=-) = \sqrt{2m}\begin{pmatrix}0\\0\\1\\0\end{pmatrix}, \quad v(\boldsymbol{p}=\boldsymbol{0}, s=+) = \sqrt{2m}\begin{pmatrix}0\\0\\0\\1\end{pmatrix} \tag{A.40}$$

となる．

負エネルギー解は**反粒子**の波動関数と解釈され，$v(\boldsymbol{p}=\boldsymbol{0},\ s=+)$ はスピン角

運動量の z 成分が上向き $(J_z = +1/2)$, $v(\boldsymbol{p} = \boldsymbol{0}, s = -)$ は下向き $(J_z = -1/2)$ のディラック反粒子を表す解である. 直交性と規格化因子は

$$\bar{u}(\boldsymbol{p} = \boldsymbol{0}, s)\, u(\boldsymbol{p} = \boldsymbol{0}, s') = 2m\delta_{ss'}, \qquad \bar{v}(\boldsymbol{p} = \boldsymbol{0}, s)\, v(\boldsymbol{p} = \boldsymbol{0}, s') = -2m\delta_{ss'} \tag{A.41}$$

$$\bar{v}(\boldsymbol{p} = \boldsymbol{0}, s)\, u(\boldsymbol{p} = \boldsymbol{0}, s') = \bar{u}(\boldsymbol{p} = \boldsymbol{0}, s)\, v(\boldsymbol{p} = \boldsymbol{0}, s') = 0 \tag{A.42}$$

で与えられる.

A.2.3 ディラック波動関数の共変性

たとえば, 第3軸の周りに角度 ϕ だけ空間回転した慣性系への変換は

$$\psi(x) \rightarrow \psi'(x') = S(\phi)\,\psi(x) \tag{A.43}$$

$$S(\phi) = \exp\left(i\frac{\sigma^3}{2}\phi\right) = \cos\frac{\phi}{2} + i\sigma^3 \sin\frac{\phi}{2} \tag{A.44}$$

で与えられる. 無限小回転の行列 $\sigma^3/2$ がエルミート行列なので, この行列 $S(\phi)$ はユニタリー行列になる.

一方, 第1軸の方向への有限量 χ のローレンツ・ブーストは (A.13), (A.14) に与えられている.

$$\left.\begin{array}{rcl} x^0 & \rightarrow & x'^0 = x^0 \cosh\chi - x^1 \sinh\chi \\ x^1 & \rightarrow & x'^1 = -x^0 \sinh\chi + x^1 \cosh\chi \end{array}\right\} \tag{A.45}$$

この変換のもとでディラック波動関数の変換は

$$\psi(x) \rightarrow \psi'(x') = S(\chi)\,\psi(x) \tag{A.46}$$

$$S(\chi) = \exp\left(-\frac{i}{2}\sigma_{01}\chi\right) = \cosh\frac{\chi}{2} - i\sigma_{01}\sinh\frac{\chi}{2} \tag{A.47}$$

$$\sigma_{01} = \begin{pmatrix} 0 & 0 & 0 & -i \\ 0 & 0 & -i & 0 \\ 0 & -i & 0 & 0 \\ -i & 0 & 0 & 0 \end{pmatrix} \tag{A.48}$$

で与えられる. このローレンツ・ブーストの場合は, 無限小変換の行列 $\sigma_{01}/2$ がエ

ルミートでないので，変換行列 $S(\chi)$ はユニタリー行列ではないことに注意しよう．一般に，x^μ, x^ν 平面内のローレンツ変換の無限小変換の行列はガンマ行列の反対称積で与えられる．

$$\sigma^{\mu\nu} \equiv \frac{i}{2}[\gamma^\mu, \gamma^\nu] \tag{A.49}$$

以上でみたように，空間回転は4行4列のユニタリー行列で表されているが，ローレンツ・ブーストはユニタリー行列ではない．したがって，波動関数のエルミート共役を作ってもローレンツ・ブーストのもとではよい変換性を示さない．相対論的共変性を見やすくするには波動関数の複素共役ではなく，複素共役をとった上で転置し，さらに行列 γ^0 を右から掛けたものが重要な役割を果たす．得られたものは横に4成分並んだ波動関数で，ψ の上に横線を付けて次のように表す．

$$\overline{\psi} = (\psi_1^*, \psi_2^*, \psi_3^*, \psi_4^*)\gamma^0 = (\psi_1^*, \psi_2^*, -\psi_3^*, -\psi_4^*) \tag{A.50}$$

このように定義すると，ローレンツ変換のもとでも空間回転でも，ψ に対する変換行列 S の逆行列で $\overline{\psi}$ は変換されるようになる．

$$\psi'(x') = S\,\psi(x) \iff \overline{\psi}'(x') = \overline{\psi}(x)\,S^{-1} \tag{A.51}$$

したがって，この横4成分の波動関数 $\overline{\psi}$ の右側に縦4成分の波動関数 ψ を行列の意味で掛けて作った内積はローレンツ変換を施しても不変である．すなわち，どの慣性系で見ても同じ値を示す．このような量を**スカラー**量とよぶ．同様に，ベクトルの脚 μ をもつ行列 γ^μ を間に挟んだ量は，ローレンツ変換のもとで4元運動量などと同様に**ベクトル**として変換する．より一般に，ガンマ行列を用いて2つのディラック波動関数 ψ, ψ' の2次形式を作ると，ローレンツ変換のもとでさまざまな**テンソル**量として変換する．ローレンツ変換のもとでの変換性の面から，ディラック波動関数として用いられる ψ や $\overline{\psi}$ を特徴づけた場合，これらの波動関数は**スピノル**とよび，特に ψ をスピノル，$\overline{\psi}$ を**共役スピノル**とよぶ．

ここに導入した共役スピノルを用いて，ディラック場のラグランジアン密度は (2.76) に与えられている．ディラック波動関数 $\overline{\psi}$ について このラグランジアン密度の停留点を求めると，ディラック方程式が得られる．また，このラグランジアン密度には次のような不変性がある．

$$\phi \;\rightarrow\; \phi' = e^{i\alpha}\phi, \qquad \overline{\phi} \;\rightarrow\; \overline{\phi}' = e^{-i\alpha}\overline{\phi} \tag{A.52}$$

この変換の微小変換を考えると，この不変性が粒子数保存に対応することがわかる．

A.2.4　平面波解

静止系（座標 x^μ）に対し速度 $-v$ で動く慣性系（座標 x'^μ）で見ると，静止系でのディラック粒子の波動関数 $\phi(x)$ から，速度 v で動いている波動関数 $\phi'(x')$ が次のように得られる．

$$\phi'(x') = S(\chi(-v))\,\phi(x), \qquad p_\mu x'^\mu = mt \tag{A.53}$$

粒子である場合は，波動関数は

$$\phi'(x') = u(p,s)\exp(-ip_\mu x'^\mu) \tag{A.54}$$

であり，反粒子である場合は，波動関数は

$$\phi'(x') = v(p,s)\exp(ip_\mu x'^\mu) \tag{A.55}$$

である．また，等速運動する方向が x^1 方向である場合には，具体的に行列は次のようになる．

$$S(\chi(-v)) = \exp\left(-\frac{i}{2}\chi\sigma_{01}\right), \qquad \tanh\chi = -v, \qquad \sigma_{01} = -i\alpha^1 \tag{A.56}$$

$$\exp\left(-\frac{i}{2}\chi\sigma_{01}\right) = \cosh\frac{\chi}{2} - \alpha^1 \sinh\frac{\chi}{2}$$

$$= \cosh\frac{\chi}{2}\begin{pmatrix} 1 & 0 & 0 & -\tanh\frac{\chi}{2} \\ 0 & 1 & -\tanh\frac{\chi}{2} & 0 \\ 0 & -\tanh\frac{\chi}{2} & 1 & 0 \\ -\tanh\frac{\chi}{2} & 0 & 0 & 1 \end{pmatrix} \tag{A.57}$$

$$-\tanh\frac{\chi}{2} = \frac{-\tanh\chi}{1+\sqrt{1-\tanh^2\chi}} = \frac{\dfrac{mv}{\sqrt{1-v^2}}}{\dfrac{m}{\sqrt{1-\tanh^2\chi}}+m} = \frac{p}{\omega_p+m} \tag{A.58}$$

$$p = \frac{mv}{\sqrt{1-v^2}}, \qquad \omega_p = \frac{m}{\sqrt{1-v^2}} = \sqrt{(m)^2+(p)^2} \tag{A.59}$$

$$\cosh\frac{\chi}{2} = \sqrt{\frac{\cosh\chi+1}{2}} = \sqrt{\frac{\omega_p+m}{2m}} \tag{A.60}$$

得られた波動関数はディラック方程式を満たすので，

$$(p_\mu\gamma^\mu - m)\,u(p,s) = 0, \qquad \bar{u}(p,s)\,(p_\mu\gamma^\mu - m) = 0 \tag{A.61}$$
$$(p_\mu\gamma^\mu + m)\,v(p,s) = 0, \qquad \bar{v}(p,s)\,(p_\mu\gamma^\mu + m) = 0 \tag{A.62}$$

となる．波動関数の規格化はローレンツ変換のもとで不変な内積をとれば，静止系で求めたものと同じになるので，

$$\bar{u}(p,s)\,u(p,s') = 2m\delta_{ss'}, \qquad \bar{v}(p,s)\,v(p,s') = -2m\delta_{ss'} \tag{A.63}$$
$$\bar{v}(p,s)\,u(p,s') = \bar{u}(p,s)\,v(p,s') = 0 \tag{A.64}$$

となる．また，4元運動量 p^μ を与えたときにディラック方程式の解は4個独立なものがあり，上で与えた解は完全系を成している．

A.2.5　射影演算子

射影演算子 P_r の定義は，

$$P_r P_{r'} = P_r \delta_{rr'} \tag{A.65}$$

で与えられる．次のような4行4列の行列を考え，$p^2 - m^2 = 0$ を用いると

$$(p_\mu\gamma^\mu - m)(p_\mu\gamma^\mu + m) = (p_\mu\gamma^\mu - m)(p_\mu\gamma^\mu + m) = p^2 - m^2 = 0 \tag{A.66}$$

$$\begin{aligned}(\pm p_\mu\gamma^\mu + m)(\pm p_\mu\gamma^\mu + m) &= (p_\mu\gamma^\mu)^2 \pm 2p_\mu\gamma^\mu m + m^2 \\ &= p^2 \pm 2p_\mu\gamma^\mu m + m^2 \\ &= 2m\,(\pm p_\mu\gamma^\mu + m) \end{aligned} \tag{A.67}$$

となるから，ディラック方程式を満たす4元運動量 p^μ の粒子の波動関数に対して，次の演算子 $\Lambda_+(\boldsymbol{p})$ は正エネルギー状態への射影演算子，$\Lambda_-(\boldsymbol{p})$ は負エネルギー状態への射影演算子となる．

$$\Lambda_\pm(\boldsymbol{p}) = \frac{\pm\, p_\mu \gamma^\mu + m}{2m} \tag{A.68}$$

一方，正エネルギー解の2つのスピン状態についての和をとると，正エネルギー解の空間への射影演算子に比例するはずだから，

$$\sum_{s=+,-} u(p,s)\,\bar{u}(p,s) = 2m\,\Lambda_+(\boldsymbol{p}) = p_\mu \gamma^\mu + m \tag{A.69}$$

である．負エネルギー解の2つのスピン状態についての和をとると，負エネルギー解の空間への射影演算子に比例するはずだから，

$$\sum_{s=+,-} v(p,s)\,\bar{v}(p,s) = -2m\,\Lambda_-(\boldsymbol{p}) = p_\mu \gamma^\mu - m \tag{A.70}$$

が得られる．実際の現象ではスピンを測定することは稀なので，ほとんどの場合，ディラック方程式の解の具体形を用いることはなく，このスピンについての和を射影演算子におきかえる操作で計算ができる．

もしもスピンの向きも測定するような場合には，スピンの向きが z 軸の正の向きの射影演算子をさらに考えればよい．射影演算子 $(1+\sigma_z)/2$ は，スピンの方向を表す4元単位ベクトルが $s^\mu = (0,0,0,1)$ というベクトルになったものである．静止系 $p^\mu = (\omega_p,0,0,0)$ で考えると容易にわかるように，スピンの向きを表す単位ベクトルは4元運動量ベクトルと直交する．

$$s^\mu p_\mu = 0 \tag{A.71}$$

この関係式はスカラー量だから，任意の慣性系で成り立つ．一般の運動状態で，4元ベクトル s^μ 方向のスピン成分 $+1/2$ をもつ射影演算子 $\Sigma(s), s^\mu p_\mu = 0$ に一般化すると

$$\frac{1+\sigma_z}{2} = \frac{1+i\gamma^1\gamma^2}{2} = \frac{1+\gamma_5\gamma_3\gamma^0}{2} \;\rightarrow\; \frac{1+\gamma_5 s^\mu \gamma_\mu \gamma^0}{2} \equiv \Sigma(s)$$

$$\tag{A.72}$$

となる．

A.2.6　γ^5 と擬スカラー，擬ベクトル

ローレンツ変換の内で，空間回転や等速直線運動する座標系の間の変換 (狭い意味でのローレンツ変換) は少しずつ変換を積み重ねて構成することができるが，空間反転や時間反転は少しずつ変換を積み重ねても決して到達できない．

テンソルの行列式などのように，空間回転などのもとでは変換しないが空間反転のもとで符号を変えるような量もある．このような量をスカラー量と区別して**擬スカラー量**とよぶ．擬スカラー量を作るには γ^5 という行列が有用である．

$$\gamma^5 = i\gamma^0\gamma^1\gamma^2\gamma^3 \tag{A.73}$$

この行列は行列 γ^μ と反交換し 2 乗すると恒等行列 1 になる．

$$\gamma^5\gamma^\mu + \gamma^\mu\gamma^5 = 0, \qquad \mu = 0,1,2,3, \qquad (\gamma^5)^2 = 1 \tag{A.74}$$

具体的なディラック–パウリ表示 (A.34) では γ^5 は

$$\gamma^5 = \begin{pmatrix} 0 & 0 & 1 & 0 \\ 0 & 0 & 0 & 1 \\ 1 & 0 & 0 & 0 \\ 0 & 1 & 0 & 0 \end{pmatrix} \tag{A.75}$$

となる．

空間反転

$$t \;\rightarrow\; t, \qquad \boldsymbol{x} \;\rightarrow\; -\boldsymbol{x} \tag{A.76}$$

のもとで 4 元ベクトル A^μ は

$$A^0 \;\rightarrow\; A^0, \qquad \boldsymbol{A} \;\rightarrow\; -\boldsymbol{A} \tag{A.77}$$

と変換するべきであるから，ディラック波動関数の 2 次形式では

$$\begin{aligned}\overline{\psi}_1\gamma^0\psi_2 &\;\rightarrow\; \overline{\psi}'_1\gamma^0\psi'_2 = \overline{\psi}_1\gamma^0\psi_2 \\ \overline{\psi}_1\gamma^j\psi_2 &\;\rightarrow\; \overline{\psi}'_1\gamma^j\psi'_2 = -\overline{\psi}_1\gamma^j\psi_2\end{aligned} \tag{A.78}$$

となる必要がある．それには

$$\psi(t,\boldsymbol{x}) \;\rightarrow\; \psi'(t,-\boldsymbol{x}) = \gamma^0\,\psi(t,\boldsymbol{x}) \tag{A.79}$$

と仮定すると

$$\gamma^0 \gamma^\mu \gamma^0 = \begin{cases} \gamma^0 \gamma^0 \gamma^0 & (\mu = 0 \text{ の場合}) \\ -\gamma^0 \gamma^j \gamma^0 & (\mu = j = 1, 2, 3 \text{ の場合}) \end{cases} \tag{A.80}$$

なのでちょうど都合がよい．だから 2 次形式の空間反転のもとでの変換性は

$$\overline{\psi}'_1 \psi'_2 = + \overline{\psi}_1 \psi_2, \qquad \overline{\psi}'_1 \gamma^5 \psi'_2 = - \overline{\psi}_1 \gamma^5 \psi_2 \tag{A.81}$$

となる．したがって，γ^5 行列を間に挟むと，行列式と同じように空間反転のもとで通常の量と反対の符号で変換する量ができる．すなわち回転については変換しないが，空間反転のもとでは逆符号になる．空間反転のもとでの変換性も含めて考えると，$\overline{\psi}_1 \gamma^5 \psi_2$ は**擬スカラー**，$\overline{\psi}_1 \gamma^5 \gamma^\mu \psi_2$ は**擬ベクトル**，$\overline{\psi}_1 \gamma^5 \gamma^\mu \gamma^\nu \psi_2$ は**擬テンソル**として変換する．

行列 γ^5 は 2 乗すると恒等行列になるので，固有値は $+1$ か -1 になる．したがって，次のような行列を定義すると，P_+ が固有値が $+1$ の成分への射影演算子，P_- が固有値が -1 の成分への射影演算子となる．

$$P_+ = \frac{1 + \gamma^5}{2}, \qquad P_- = \frac{1 - \gamma^5}{2} \tag{A.82}$$

γ^5 の固有値が $+1 (-1)$ の場合に，その波動関数の**カイラリティ**が正（負）であるという．質量が無視できるような場合（相対論的な極限）では，正（負）のカイラリティの状態は，ディラック粒子のスピンが運動量方向（運動量と逆方向）を向いている状態と同じである．カイラリティ正は**右巻き**に対応し，添字 R で表す，またカイラリティ負は**左巻き**に対応し，添字 L で表すので

$$\psi_R \equiv P_+ \psi, \qquad \psi_L \equiv P_- \psi, \qquad \psi = \psi_R + \psi_L \tag{A.83}$$

となる．

ディラック粒子の質量がゼロの場合，ディラック場全体の位相回転 (A.52) の不変性があるだけでなく，右巻きと左巻きを逆回転させる回転に対しても不変であり，

$$\psi \rightarrow \psi' = e^{i\alpha_A \gamma^5} \psi, \qquad \overline{\psi} \rightarrow \overline{\psi}' = \overline{\psi} e^{i\alpha_A \gamma^5} \tag{A.84}$$

となる．この変換を**カイラル変換**，不変であることを**カイラル不変性**という．

ガンマ行列の反対称積から，4 行 4 列の行列として，次のような行列を定義することができる．これらは 1 次独立であり，4 行 4 列の行列の基底を張る．

$$\left.\begin{array}{lll} \Gamma^S = 1, & \Gamma^V_\mu = \gamma_\mu, & \Gamma^T_{\mu\nu} = \sigma_{\mu\nu}, \\ \Gamma^A_\mu = \gamma_5 \gamma_\mu, & \Gamma^P = \gamma_5 \equiv i\gamma^0 \gamma^1 \gamma^2 \gamma^3 & \end{array}\right\} \quad (A.85)$$

ここで $\sigma_{\mu\nu}$ は (A.49) に定義された反対称積である．これらの性質については，演習問題［3］を参照のこと．

A.2.7 ディラック波動関数の荷電共役変換

負エネルギー解は反粒子を表している．そのために，粒子・反粒子の変換 C を**荷電共役変換**とよぶ．粒子が加法的に保存する量子数をもっていれば，反粒子の量子数は粒子の量子数と同じ大きさで逆符号となる．(7.11), (7.23) でみたように，電磁場のポテンシャル A_μ はディラック方程式の微分項を通じて次のように結合する．

$$[i(\partial_\mu + ieQA_\mu)\gamma^\mu - m]\psi(x) = 0 \quad (A.86)$$

ここで電磁相互作用の強さを e，ディラック粒子の電荷を Q と表した．反粒子の波動関数は複素共役をとった波動関数から得られるはずだが，どれだけ成分が混合するかはわからないから，成分の混合を表す行列を C とすると

$$\psi^c \equiv C\overline{\psi}^T = C\gamma^{0T}\psi^* \quad (A.87)$$

で与えられる．ここで複素共役スピノルの代りに共役スピノル $\overline{\psi} = \psi^\dagger \gamma^0$ の転置 (T) を用いて縦ベクトルにした．反粒子は電荷の符号が逆になるべきだから，反粒子のディラック方程式は

$$[i(\partial_\mu - ieQA_\mu)\gamma^\mu - m]\psi^c(x) = 0 \quad (A.88)$$

のはずである．この方程式が (A.86) と同じ内容になっていなければならない．そのための必要十分な条件は，ガンマ行列が荷電共役の混合行列 C によって次のように変換されることである．

$$C^{-1}\gamma^\mu C = -\gamma^{\mu T} \quad (A.89)$$

この行列 C はユニタリー行列にとることができる．

$$C^\dagger C = 1 \quad (A.90)$$

このような荷電共役行列 C の具体的な形はガンマ行列の具体的な表示によるが，ディラック-パウリ表示では，たとえば

$$C = i\gamma^2\gamma^0 = \begin{pmatrix} 0 & 0 & 0 & -1 \\ 0 & 0 & 1 & 0 \\ 0 & -1 & 0 & 0 \\ 1 & 0 & 0 & 0 \end{pmatrix} \quad (A.91)$$

で与えられる．また，

$$C^{-1}\gamma^5 C = i\gamma^{0T}\gamma^{1T}\gamma^{2T}\gamma^{3T} = \gamma^{5T} \quad (A.92)$$

だから，たとえばカイラリティ負(正)のスピノルの反粒子は正(負)のカイラリティをもち

$$(\psi_L)^c = C\overline{\left[\left(\frac{1-\gamma^5}{2}\right)\psi\right]}^T = C\gamma^{0T}\left[\left(\frac{1-\gamma^5}{2}\right)\psi\right]^* = C\gamma^{0T}\left(\frac{1-\gamma^{5T}}{2}\right)\psi^*$$

$$= C\left(\frac{1+\gamma^{5T}}{2}\right)\gamma^{0T}\psi^* = \left(\frac{1+\gamma^5}{2}\right)C\gamma^{0T}\psi^*$$

$$= \left(\frac{1+\gamma^5}{2}\right)\psi^c = (\psi^c)_R \quad (A.93)$$

である．空間反転のもとで波動関数は (A.79) のように変換するから，ディラック粒子の空間反転パリティを $\eta(=\pm 1)$ とすると

$$\gamma^0\psi = \eta\psi \quad (A.94)$$

となる．このディラック粒子の反粒子の波動関数 ψ^c のパリティは

$$\gamma^0\psi^c = \gamma^0 C\overline{\psi}^T = \gamma^0 C\gamma^{0T}\psi^* = -C\gamma^{0T}\gamma^{0T}\psi^*$$

$$= -C\gamma^{0T}(\gamma^0\psi)^* = -\eta C\gamma^{0T}\psi^* = -\eta C\overline{\psi}^T = -\eta\psi^c \quad (A.95)$$

となり，**ディラック粒子とその反粒子とでは空間反転のパリティが逆符号**になることがわかる．

電荷がない場合，スピン 1/2 粒子でも，粒子と反粒子とが同じ粒子である場合も考えられる．これは**マヨラナ (E. Majorana) 粒子**とよばれ，次の条件で指定される．

$$\psi = \psi^c \equiv C\overline{\psi}^T = C\gamma^{0T}\psi^* \quad (A.96)$$

A.3 拘束条件のある場合の量子化

第 1 類だけでなく，第 2 類も含んだ一般的な**拘束条件のある場合の量子化**を行い，経路積分公式を与える．簡単のために有限自由度，すなわち量子力学の場合を取り上げる．

A.3.1 第 1 類拘束条件と第 2 類拘束条件

量子論を構成するためには，まず**ハミルトン形式**に移る必要がある．まず，古典論でハミルトン形式に移ることを考えよう．運動量の定義式 (7.52) が与えられたときに，これを速度 $\dot{q}^i$ を運動量 p_i で表す式

$$p_i = \frac{\partial L(q, \dot{q})}{\partial \dot{q}^i} \tag{A.97}$$

と見なし，速度 $\dot{q}^i$ について解く．その結果，**正準ハミルトニアン** $H_c(q, p) = p_i \dot{q}^i - L(q, \dot{q})$ は座標と運動量の関数となる．ハミルトン形式では座標と運動量を合せた**位相空間** (q^i, p_i) $(i = 1, \cdots, N)$ の中で運動が記述され，時間変化は**ハミルトンの運動方程式**に従うので

$$\frac{dq^i}{dt} = \frac{\partial H_c}{\partial p_i}, \qquad \frac{dp_i}{dt} = -\frac{\partial H_c}{\partial q^i} \tag{A.98}$$

となる．

古典力学では，力学変数 q^i, p_i の関数 F_1, F_2 に対して次のような**ポアソン括弧** $\{F_1, F_2\}_\mathrm{P}$ という量を定義しておくと便利である．

$$\{F_1, F_2\}_\mathrm{P} \equiv \frac{\partial F_1}{\partial q^i}\frac{\partial F_2}{\partial p_i} - \frac{\partial F_1}{\partial p_i}\frac{\partial F_2}{\partial q^i} \tag{A.99}$$

任意の物理量は座標と運動量の関数 $F(q, p)$ で与えられる．ハミルトンの運動方程式 (A.98) を用いると，F の時間変化はハミルトニアンとのポアソン括弧で次のように与えられる．

$$\frac{dF(q, p)}{dt} = \{F, H_c\}_\mathrm{P} \tag{A.100}$$

座標とその共役運動量との間のポアソン括弧は $\{q^i, p_j\}_\mathrm{P} = \delta^i_j$ なので，(2.3) に与

えたように，座標と運動量を演算子におきかえ，ポアソン括弧の i 倍を交換子にすることで，力学系が量子化される．

$$i\{q^i, p_j\}_\mathrm{P} \rightarrow [q^i, p_j] = i\delta^i_j \quad (\mathrm{A}.101)$$

ハミルトン形式に移るためには，速度 $\dot{q}$ を運動量 p で表す必要がある．もしも $\det|\partial^2 L(q,\dot{q})/\partial \dot{q}^i \partial \dot{q}^j| = 0$ ならば，行列 $\partial^2 L(q,\dot{q})/\partial \dot{q}^i \partial \dot{q}^j$ の逆行列が存在せず，(A.97) が解けないので，速度 $\dot{q}^i$ を運動量 p_i で表せない．これは，N 個の (A.97) が全部独立ではないことを意味する．すなわち，座標と運動量の間に関係がある．行列 $\partial^2 L(q,\dot{q})/\partial \dot{q}^i \partial \dot{q}^j$ のランクを l_1 とすると，独立な式は l_1 個である．したがって，運動量と座標だけを含み速度を含まない関係式

$$\phi_A(q, p) = 0 \quad (A = 1, \cdots, M_1) \quad (\mathrm{A}.102)$$

が $M_1 \equiv N - l_1$ 個成り立つ．q と p のすべてが独立ではないことを表すこのような関係式が拘束条件である．いまのように，速度を運動量で完全には表すことができないということから出てきた拘束条件は，第 1 段階で出た拘束条件なので，**第 1 次拘束条件**である．

位相空間 (q, p) での運動がどうなるかみるためには，(A.100) のように，ハミルトニアンとのポアソン括弧を考えなければならない．その際，ハミルトニアンとして正準ハミルトニアン $H_c = p_i \dot{q}^i - L$ 以外に，拘束条件の分だけ付け加わっていても構わないはずである．拘束条件 ϕ_A が係数 u^A だけ付け加わったハミルトニアン $\tilde{H}$ を考えると，任意の物理量の時間変化は

$$\tilde{H} = H_c + \phi_A u^A, \quad \frac{dF(q,p)}{dt} = \{F, \tilde{H}\}_\mathrm{P} \quad (\mathrm{A}.103)$$

となる．拘束条件 $\phi_A = 0$，$A = 1, \cdots, M_1$ という条件が成り立っているのは，位相空間の中で $2N - M_1$ 次元部分空間になる．初期条件がこの部分空間に制限されていたとしても，時間発展の結果 この部分空間の外に出て行く場合には，拘束条件が破れる．この力学系の時間発展を知るためには，(A.103) の右辺のポアソン括弧を計算して物理量 F の時間変化を求める．時間が経っても拘束条件が成り立つかどうかを調べるのが目的だから，ポアソン括弧を計算する際には，もちろん拘束条件を用いてはならない．しかし，初期条件として拘束条件が成り立つ場合に，そ

の点での時間変化の微分係数を調べるためには，ポアソン括弧の計算結果の値を求める際に拘束条件を代入して評価してよい．拘束条件を使った結果，初めて成り立つ等式を**弱い等式**とよび，$\approx$ で表す．逆に，拘束条件を使わなくても成り立つ等式は**強い等式**とよぶ．この弱い等式の記法を用いると

$$F(q,p) \approx F(q,p) + \phi_A u^A, \qquad \frac{dF(q,p)}{dt} \approx \{F, H_c\}_{\rm P} + \{F, \phi_A\}_{\rm P} u^A \tag{A.104}$$

となる．したがって，拘束条件の時間変化は

$$\frac{d\phi_A(q,p)}{dt} \approx \{\phi_A, H_c\}_{\rm P} + \{\phi_A, \phi_B\}_{\rm P} u^B \approx 0 \tag{A.105}$$

でなければならない．

ここで u^B の係数行列として，拘束条件の間のポアソン括弧の $M_1 \times M_1$ 行列 C_{AB} が現れる．

$$C_{AB} \equiv \{\phi_A, \phi_B\}_{\rm P} \tag{A.106}$$

もしもこの拘束条件の間のポアソン括弧の行列 C_{AB} の行列式がゼロでないとすると，C が逆行列をもつので条件 (A.105) によって，u^B は $u^B = -C^{-1BA}\{\phi_A, H_c\}_{\rm P}$ と決まる．したがって，ハミルトニアンが確定する．もしも C_{AB} が逆行列をもたない場合には，C_{AB} のランク r_1 は M_1 より小さい．このとき，拘束条件の線形結合を取り直すと，行列式がゼロでない r_1 行 r_1 列の行列 $C_{\alpha\beta}$ 以外は，弱い等式としてゼロとなる形にできる．

$$C_{AB} \approx \begin{pmatrix} C_{\alpha\beta} & 0 \\ 0 & 0 \end{pmatrix} \tag{A.107}$$

このとき，最初の r_1 個の係数 $u^\beta\,(\beta=1,\cdots,r_1)$ を $u^\beta = -C^{-1\beta\alpha}\{\phi_\alpha, H_c\}_{\rm P}$ と決めると，$\phi_\alpha \approx 0\,(\alpha=1,\cdots,r_1)$ は時間が経っても成り立っている．これに対して，残る $M_1 - r_1$ 個の拘束条件については，時間が経ってもそれらの拘束条件が成り立つためには，$\{\phi_A, \tilde{H}\} \approx 0$ が成り立たなければならない．この拘束条件がいままでの拘束条件に帰着する場合にはそれでよいが，もしも新しい条件を与える場合には，その新しい拘束条件を第 2 次拘束条件として取り入れなければならない．

こうして得られたすべての拘束条件を集め，先と同様に，それらの拘束条件が時間が経っても変らず成り立つための条件を求める．もしもその条件が新しい拘束条件を与える場合は，それらを加えて再び同じ手続きをくり返す．こうしてこれ以上新しい拘束条件がもはや得られないようになったとき，拘束条件が全部で M 個あったとしよう．それらをまとめた上で，線形結合を取り直して，(A.107) のように 2 つに分類できる．1 つは拘束条件の間のポアソン括弧の行列 $C_{\alpha\beta}$ の行列式が（ポアソン括弧を計算した結果に拘束条件を用いても）ゼロでないもの．これらの拘束条件が第 2 類拘束条件である．これらに対しては，ハミルトニアンとして

$$H' = H_c - \phi_\alpha C^{-1\alpha\beta}\{\phi_\beta, H_c\}_\mathrm{P} \tag{A.108}$$

をとれば，時間が経ってもこれらの拘束条件は成り立っている．これらの添字は $\alpha = 1, \cdots, r$ を走り，全部で r 個あるとしよう．

もう 1 つは，ポアソン括弧を計算した結果に拘束条件を用いると，すべての拘束条件 $\phi_A = (\phi_a, \psi_\alpha)$ との間のポアソン括弧がゼロになってしまうもので，第 1 類拘束条件である．

$$\{\psi_a, \phi_A\} \approx 0 \tag{A.109}$$

これらの第 1 類拘束条件 ψ_a に対しては，どれだけハミルトニアンに加えるべきかは定まらない．第 1 類拘束条件 $\psi_a(a = r+1, \cdots, M)$ に対する**ラグランジュの未定定数**を v^a とすると，(A.108) のハミルトニアン H' 以外に第 1 類拘束条件の線形結合が不定部分として加わって，

$$\tilde{H} = H' + \psi_a v^a \tag{A.110}$$

となる．これを用いると，拘束条件の時間発展を計算しても，もはや新しい拘束条件が出ないということから

$$\{\phi_A, \tilde{H}\} = c_A{}^B \phi_B \tag{A.111}$$

が成り立っているはずである．したがって，初期時刻に拘束条件が成り立つとき，後の時刻でも拘束条件が成り立つ．

拘束条件が第 1 次であっても，第 2 次以上であっても特に区別する必要はない．しかし，第 1 類か，第 2 類かを区別することは本質的で，重要である．

A.3.2 第1類拘束条件とゲージ固定

第1類拘束条件がある場合に系の時間発展を確定するには，特定のゲージを選んでゲージ変換の自由度を固定する必要がある．したがって，$M-r$ 個の第1類拘束条件のそれぞれに対応して，**ゲージ固定条件** χ_a を選び，新たな拘束条件として手で課す．

$$\chi_a(q,p) = 0 \quad (a=1,\cdots,M-r) \tag{A.112}$$

この新たに加えた拘束条件がゲージ固定という役割を果たすための必要十分条件は，

$$\det\{\chi_a,\phi_b\}_{\mathrm{P}} \not\approx 0 \tag{A.113}$$

である．したがって，ゲージ固定条件と第1類拘束条件とを合せて考えると，(A.109) より $\{\psi_a,\psi_c\}\approx 0$ だから

$$\det\begin{pmatrix}\{\psi_a,\psi_c\}_{\mathrm{P}} & \{\psi_a,\chi_d\}_{\mathrm{P}} \\ \{\chi_b,\psi_c\}_{\mathrm{P}} & \{\chi_b,\chi_d\}_{\mathrm{P}}\end{pmatrix} \approx \det{}^2(\{\chi_a,\phi_b\}_{\mathrm{P}}) \not\approx 0 \tag{A.114}$$

となって，全体として $2(M-r)$ 個の第2類拘束条件となる．もともと第2類拘束条件になっている残りの r 個の拘束条件と合せると，ゲージ固定の結果はすべてが第2類となり，全体として $2M+r$ 個の第2類拘束条件となる．

A.3.3 第2類拘束条件とディラック括弧

第1類拘束条件はゲージ固定すると第2類拘束条件に帰着することがわかったので，第2類拘束条件だけがある場合の量子化を行おう．ポアソン括弧の行列が反対称行列であるから，行列式がゼロでない場合には行と列の数は偶数でなければならない．したがって，これを指定する第2類拘束条件の数 r は偶数でなければならないから $r=2m$ とする．第2類拘束条件だけがある場合には，時間発展を決めるハミルトニアンは (A.108) の H' を使えばよい．この場合をさらに系統的に取扱うためには，(A.108) にならって次のような**ディラック括弧**とよばれるものを定義し，$\{\ ,\ \}_{\mathrm{D}}$ と表記する．

$$\{A,B\}_{\mathrm{D}} \equiv \{A,B\}_{\mathrm{P}} - \{A,\phi_\alpha\}_{\mathrm{P}} C^{-1\alpha\beta}\{\phi_\beta,B\}_{\mathrm{P}} \tag{A.115}$$

第 2 類拘束と任意の力学量とのディラック括弧はゼロになる．したがって，ディラック括弧を使う限り，弱い等式も強い等式としてよい．いまは第 2 類拘束条件しかないと仮定しているから，拘束条件を使ってゼロになる力学量 A は，任意の力学量 B とのディラック括弧がゼロになる（演習問題 [4] 参照）．したがって，$\phi_a = 0$ で定義される部分空間で一致する 2 つの物理量に対して，ディラック括弧は同じ値を与えるので

$$A' \approx A \quad \rightarrow \quad A' = A + c^a \phi_a \quad \rightarrow \quad \{A, X\}_D \approx \{A', X\}_D \quad (A.116)$$

となる．この結果，ハミルトニアンとしてもとの H_c を用いても，それと拘束条件の線形結合だけ異なる H' を用いても同じ結果が得られる．したがって，ディラック括弧を用いることにすれば，第 2 類拘束条件が成り立つ部分位相空間上での時間発展を求めるのにもとのハミルトニアンそのものを用いてよい．

この事実は，$\phi_a = 0$ を解いて $\phi_a = 0$ で指定される部分空間上での独立な正準変数 q^*, p^* を求め，q, p から q^*, p^* に変数変換して，q^*, p^* を用いて定義されるポアソン括弧を作った場合に得られる結果と同じ結果を，ディラック括弧が与えることを示している．この操作を実際に行えばそれでよいのだが，拘束条件 $\phi_a = 0$ を具体的に解くときに対称性などが破れることが多い．それを避け，対称性などを保持したままで量子化できるのが，ディラック括弧の利点である．結局，第 2 類拘束条件だけがある場合に力学系を量子化するには，(A.101) の量子化規則で，ポアソン括弧の代りにディラック括弧を用いればよい．

A.3.4 拘束条件がある場合の経路積分量子化

第 1 類拘束条件はゲージ固定によって第 2 類に帰着できるから，第 2 類拘束条件だけになった力学系を経路積分で量子化することを，まず考えよう．拘束条件を満たす部分空間上の独立な正準変数 q^*, p^* を用いて表したハミルトニアンを H^* とすると，経路積分で与えた遷移振幅は，(7.60) で与えられる．

§7.3 で行ったのと同じ操作をくり返すと，遷移振幅 T は拘束条件が成り立つ部分空間だけの積分ではなく，

$$T = \int \mathcal{D}p^* \mathcal{D}q^* \mathcal{D}p' \mathcal{D}q' \left[\prod_{a=1}^{m} \delta(\chi_a)\, \delta(\phi_a) \right] |\det \{\chi_a, \phi_b\}_{\mathrm{P}}|$$
$$\times \exp\left[i \int dt\, \{p^* \dot{q}^* + p' \dot{q}' - H(p^*, p', q^*, q')\} \right]$$
(A.117)

のように位相空間全体での積分に拡張できる．

さらに，より一般の正準変数での経路積分表式に書き直そう．一般の正準変数で書いた $r = 2m$ 個の拘束条件 $\phi_a\,(a = 1, \cdots, 2m)$ から線形結合を取り直して，互いのポアソン括弧がゼロになる m 個の拘束条件 $\chi_a\,(a = 1, \cdots, m)$ と残り m 個の拘束条件 $\phi_a\,(a = 1, \cdots, m)$ へ移るための $2m \times 2m$ 行列を L とし，

$$L \cdot \phi = \begin{pmatrix} \chi_a \\ \phi_b \end{pmatrix}, \qquad \{\chi_a, \chi_c\}_{\mathrm{P}} \approx 0 \qquad (a, b, \cdots = 1, \cdots, m) \quad (\text{A.118})$$

と表す．このとき，拘束条件の間のポアソン括弧の行列と行列式は

$$L \cdot (\{\phi_\alpha, \phi_\beta\}_{\mathrm{P}}) \cdot L^T \approx \begin{pmatrix} \{\chi_a, \chi_c\}_{\mathrm{P}} & \{\chi_a, \phi_d\}_{\mathrm{P}} \\ \{\phi_b, \chi_c\}_{\mathrm{P}} & \{\phi_b, \phi_d\}_{\mathrm{P}} \end{pmatrix} \quad (\text{A.119})$$

$$|\det L| \cdot \sqrt{\det (\{\phi_\alpha, \phi_\beta\}_{\mathrm{P}})} \approx |\det (\{\chi_a, \phi_b\}_{\mathrm{P}})| \quad (\text{A.120})$$

となる．変数変換 (A.118) から一般の変数で表した拘束条件のデルタ関数を評価し，(A.120) を用いると

$$\prod_{a=1}^{2m} \delta(\phi_a) = |\det L| \prod_{a=1}^{m} \delta(\chi_a)\,\delta(\phi_a) = \frac{|\det \{\chi_a, \phi_b\}_{\mathrm{P}}|}{\sqrt{\det \{\phi_\alpha, \phi_\beta\}_{\mathrm{P}}}} \prod_{a=1}^{m} \delta(\chi_a)\,\delta(\phi_a)$$
(A.121)

となる．

(A.117) に (A.121) を代入すると，一般の**第 2 類拘束条件** $\phi_a \approx 0\,(a = 1, \cdots, 2m)$ がある場合の遷移振幅 T に対する**経路積分**表式が最終的に次のように与えられる．

$$T = \int \mathcal{D}p \mathcal{D}q \left[\prod_{a=1}^{2m} \delta(\phi_a) \right] [|\det \{\phi_\alpha, \phi_\beta\}_{\mathrm{P}}|]^{1/2} \exp\left[i \int dt\, \{p\dot{q} - H(p, q)\} \right]$$
(A.122)

もしも第 1 類だけがあったとすると，もとの拘束条件とゲージ固定条件とを合せ

た拘束条件全体のポアソン括弧の行列式は (A.114) で与えられるから，ゲージ固定した場合の遷移振幅 T の経路積分表示は (7.64) で与えられる．

=== 演習問題 ===

[1] パウリのスピン行列が次の関係式を満たすことを確かめよ．
$$\sigma^j \sigma^k = \delta^{jk} + i\varepsilon^{jkl}\sigma^l, \qquad (\sigma^j)^\dagger = \sigma^j \tag{A.123}$$
ここで ε^{jkl} とは3階完全反対称な数テンソルで
$$\varepsilon^{123} = +1 \tag{A.124}$$
である．また，ディラック–パウリ表現の行列 (A.34) が，ディラックのガンマ行列の条件 (A.27) を満たすことを示せ．

[2] (A.85) の16個のガンマ行列が1次独立であることを示せ．

[3] ディラックのガンマ行列が次の関係式を満たすことを確かめよ．
$$\left.\begin{array}{ll} \gamma^\lambda \gamma_\lambda = 4, & \gamma^\lambda \gamma^\mu \gamma_\lambda = -2\gamma^\mu, \\ \gamma^\lambda \gamma^\mu \gamma^\nu \gamma_\lambda = 4\eta^{\mu\nu}, & \gamma^\lambda \gamma^\mu \gamma^\nu \gamma^\rho \gamma_\lambda = -2\gamma^\rho \gamma^\nu \gamma^\mu \end{array}\right\} \tag{A.125}$$
$$\mathrm{Tr}(\gamma^{\mu_1} \cdots \gamma^{\mu_n}) = 0 \qquad (n\text{ が奇数の場合}) \tag{A.126}$$
$$\mathrm{Tr}\,1 = 4, \qquad \mathrm{Tr}(\gamma^\mu \gamma^\nu) = 4\eta^{\mu\nu} \tag{A.127}$$
$$\mathrm{Tr}(\gamma^\mu \gamma^\nu \gamma^\lambda \gamma^\rho) = 4(\eta^{\mu\nu}\eta^{\lambda\rho} - \eta^{\mu\lambda}\eta^{\nu\rho} + \eta^{\mu\rho}\eta^{\nu\lambda}) \tag{A.128}$$
$$\mathrm{Tr}(\gamma_5) = 0, \qquad \mathrm{Tr}(\gamma_5 \gamma^\mu \gamma^\nu) = 0 \tag{A.129}$$
$$\mathrm{Tr}(\gamma_5 \gamma^\mu \gamma^\nu \gamma^\lambda \gamma^\rho) = 4i\varepsilon_{\mu\nu\lambda\rho} \tag{A.130}$$
ここで $\varepsilon_{\mu\nu\lambda\rho}$ は4階完全反対称テンソルで $\varepsilon_{0123} = -1, \varepsilon^{0123} = 1$.
$$\gamma^\mu \gamma^\nu = \eta^{\mu\nu} - i\sigma^{\mu\nu} \tag{A.131}$$
$$\gamma^\mu \gamma^\nu \gamma^\lambda = \eta^{\mu\nu}\gamma^\lambda + \eta^{\nu\lambda}\gamma^\mu - \eta^{\mu\lambda}\gamma^\nu - i\varepsilon^{\mu\nu\lambda\rho}\gamma_5\gamma_\rho \tag{A.132}$$

[4] 第2類拘束，および拘束条件を使ってゼロになる力学量 A のどちらも，任意の力学量とのディラック括弧がゼロになることを示せ．

演習問題解答

第 1 章

[1] 光速度の次元は $[c] = L/T$，プランク定数の次元は $[\hbar] = ML^2T^{-1}$ だから，空間座標 $[\boldsymbol{x}] = L = M^{-1}\hbar/c$，時間 $[t] = T = M^{-1}\hbar/c^2$，速度 $[\boldsymbol{v}] = LT^{-1} = M^0 c$，加速度 $[d^2\boldsymbol{x}/dt^2] = LT^{-2} = Mc^3/\hbar$，運動量 $[\boldsymbol{p}] = MLT^{-1} = Mc$，エネルギー $[E] = ML^2T^{-2} = Mc^2$，角運動量 $[\boldsymbol{J}] = M^0\hbar$ と与えられる．

[2] $\delta\phi(x) \equiv \phi'(x) - \phi(x) = \phi'(x) - \phi'(x') \approx -(x'^\mu - x^\mu)\partial_\mu\phi(x)$

$$= (a^\mu + \omega^\mu{}_\nu x^\nu)\partial_\mu\phi(x) = -i\left(a^\mu \widehat{P}_\mu - \frac{1}{2}\omega^{\mu\nu}\widehat{J}_{\mu\nu}\right)\phi(x) \quad (B.1)$$

$$\widehat{P}_\mu = i\partial_\mu, \qquad \widehat{J}_{\mu\nu} = i(x_\mu\partial_\nu - x_\nu\partial_\mu) = x_\mu\widehat{P}_\nu - x_\nu\widehat{P}_\mu \quad (B.2)$$

これらの微分演算子の交換関係は

$$[\widehat{P}^\mu, \widehat{P}^\nu] = 0, \qquad [\widehat{P}^\mu, \widehat{J}^{\nu\lambda}] = i(\eta^{\mu\nu}\widehat{P}^\lambda - \eta^{\mu\lambda}\widehat{P}^\nu) \quad (B.3)$$

$$[\widehat{J}^{\mu\nu}, \widehat{J}^{\lambda\rho}] = -i(\eta^{\mu\lambda}\widehat{J}^{\nu\rho} - \eta^{\nu\lambda}\widehat{J}^{\mu\rho} - \eta^{\mu\rho}\widehat{J}^{\nu\lambda} + \eta^{\nu\rho}\widehat{J}^{\mu\lambda}) \quad (B.4)$$

となる．

[3] $$\phi'(x') = e^{\lambda\Delta}\phi(x) \approx (1 + \lambda\Delta)\phi(x) \quad (B.5)$$

$\delta\phi(x) \equiv \phi'(x) - \phi(x)$

$\approx \phi'(x) - (1 - \lambda\Delta)\phi'(x') = \lambda x^\mu \partial_\mu \phi(x) + \lambda\Delta\phi(x)$

$$\approx \lambda(x^\mu\partial_\mu + \Delta)\phi(x) \equiv -i\lambda\widehat{D}\phi(x) \quad (B.6)$$

$$\widehat{D} = i(x^\mu\partial_\mu + \Delta) \quad (B.7)$$

[4] $$\delta\phi(x) = (2c_\nu x^\nu x^\mu - c^\mu x^2)\partial_\mu\phi + 2c_\mu x^\mu \Delta\phi \equiv -ic^\mu \widehat{K}_\mu \phi(x) \quad (B.8)$$

$$\widehat{K}_\mu = i(2x_\mu x^\nu - x^2 \delta_\mu{}^\nu)\partial_\nu + 2ix_\mu\Delta \quad (B.9)$$

微分演算子としての並進 $\widehat{P}^\mu$ とローレンツ変換 $\widehat{J}^{\mu\nu}$ との間の交換関係は演習問題 [2] ですでに求めてある．それらにスケール変換 $\widehat{D}$，特別共形変換 $\widehat{K}^\mu$ を加えた場合の残りの交換関係は

$$[\widehat{D}, \widehat{P}^\mu] = -i\widehat{P}^\mu, \qquad [\widehat{D}, \widehat{J}^{\mu\nu}] = 0, \qquad [\widehat{D}, \widehat{K}^\mu] = i\widehat{K}^\mu \quad (B.10)$$

$$[\widehat{K}^\mu, \widehat{P}^\nu] = -2i(\eta^{\mu\nu}\widehat{D} + \widehat{J}^{\mu\nu}), \qquad [\widehat{K}^\mu, \widehat{J}^{\nu\lambda}] = i(\eta^{\mu\nu}\widehat{K}^\lambda - \eta^{\mu\lambda}\widehat{K}^\nu) \quad (B.11)$$

となる．無限小演算子の交換関係は群の構造だけで決まっているから，この微分演算子の間の交換関係と同じ交換関係が，場の理論での無限小演算子の間にも成り立つ．

[5] 作用は無次元量である．ラグランジアン (1.24) の中のスカラー場 ϕ とパラメター m, λ の次元は，一般の時空 d 次元の場合に次のようになる．特に時空 4 次元の場合にどうなるかを矢印で表す．

$$\left.\begin{array}{l}[\mathcal{L}] = M^d \quad \to \quad M^4, \qquad [\phi(x)] = M^{(d-2)/2} \quad \to \quad M \\ [m] = M, \qquad [\lambda] = M^{4-d} \quad \to \quad M^0 \end{array}\right\} \quad (B.12)$$

[6] $$T^{\mu\nu}(x) = \partial^\mu \phi \partial^\nu \phi - \frac{1}{2} \eta^{\mu\nu} \partial_\rho \phi \partial^\rho \phi + \eta^{\mu\nu} \left(\frac{m^2}{2} \phi^2 + \frac{\lambda}{4!} \phi^4 \right) \quad (B.13)$$

[7] （1） 無限小スケール変換のもとでの場とラグランジアン密度の変分は

$$\delta\phi(x) \approx \lambda (\phi(x) + x^\mu \partial_\mu \phi(x)) \tag{B.14}$$

$$\delta\mathcal{L}(x) \approx \lambda (4\,\mathcal{L}(x) + x^\mu \partial_\mu \mathcal{L}(x)) = \lambda \partial_\mu (x^\mu \mathcal{L}(x)) \equiv \lambda \partial_\mu X^\mu \tag{B.15}$$

である．ラグランジアン密度のパラメターは（自然単位系で）無次元量ばかりになる．このような場合は，ラグランジアン密度は全微分となるので，作用はスケール変換のもとで不変となる．

（2） カレントは，この全微分からの寄与を含んで

$$j_D^\mu(x) = \frac{\partial \mathcal{L}}{\partial \partial_\mu \phi} (1 + x^\nu \partial_\nu) \phi - X^\mu$$

$$= (\partial^\mu \phi)(1 + x^\nu \partial_\nu) \phi - x^\mu \mathcal{L} \tag{B.16}$$

となる．

（3） 略

[8] 改良されたエネルギー運動量テンソルを $\Theta^{\mu\nu}(x)$，改良された Dilatation カレントを $D^\mu(x)$ とすると

$$\Theta^{\mu\nu}(x) = T^{\mu\nu}(x) - \frac{1}{6} \partial_\rho (\eta^{\rho\nu} \partial^\mu - \eta^{\mu\nu} \partial^\rho) \phi^2$$

$$= T^{\mu\nu}(x) - \frac{1}{6} (\partial^\nu \partial^\mu - \eta^{\mu\nu} \partial_\rho \partial^\rho) \phi^2 \tag{B.17}$$

$$D^\mu(x) = j_D^\mu(x) + \frac{1}{6} \partial_\rho (x^\mu \partial^\rho - x^\rho \partial^\mu) \phi^2$$

$$= j_D^\mu(x) + \frac{1}{6} (-3\partial^\mu + x^\mu \partial_\rho \partial^\rho - x^\rho \partial_\rho \partial^\mu) \phi^2 \tag{B.18}$$

である．このとき，オイラー-ラグランジュ方程式を使わずに恒等式として

$$D^\mu(x) = x_\nu \, \Theta^{\mu\nu}(x) \tag{B.19}$$

が成り立つ．この結果，Dilatation カレントの発散は改良されたエネルギー運動量テンソルのトレースに一致して

$$\partial_\mu j_D^\mu(x) = \partial_\mu D^\mu(x) = \Theta^\mu_\mu(x) \tag{B.20}$$

となる．スケール不変性の破れは，エネルギー運動量テンソルのトレースで与えられる．

第 2 章

[1] （1），（2） 積分路 $C_+, C_-, C, C_1, C_F, C_{ret}, C_{adv}$ は図 2.1 のように定義されているとして

$$\Delta_+(x) = \langle 0|\phi(x)\,\phi(0)|0\rangle = \int \frac{d^{d-1}p}{(2\pi)^{d-1}2\omega_p}\, e^{-i\omega_p x^0 + i\mathbf{p}\cdot\mathbf{x}}$$

$$= \int \frac{d^{d-1}p}{(2\pi)^{d-1}2\omega_p} \int_{C_+} dp^0\, \frac{i}{2\pi}\frac{1}{p^0-\omega_p}\, e^{-ipx} = i\int_{C_+}\frac{d^d p}{(2\pi)^d}\frac{1}{p^2-m^2}\, e^{-ipx}$$

$$\hspace{10cm}\text{(B.21)}$$

$$\Delta_-(x) = \langle 0|\phi(0)\,\phi(x)|0\rangle = \int \frac{d^{d-1}p}{(2\pi)^{d-1}2\omega_p}\, e^{i\omega_p x^0 - i\mathbf{p}\cdot\mathbf{x}} = \Delta_+(-x)$$

$$= (\Delta_+(x))^*$$

$$= \int \frac{d^{d-1}p'}{(2\pi)^{d-1}2\omega_{p'}} \int_{C_-} dp'^0\, \frac{i}{2\pi}\frac{-1}{p'^0+\omega_{p'}}\, e^{-ip'x} \qquad (\boldsymbol{p}' \equiv -\boldsymbol{p})$$

$$= i\int_{C_-}\frac{d^d p}{(2\pi)^d}\frac{1}{p^2-m^2}\, e^{-ipx} \hspace{4cm}\text{(B.22)}$$

$$i\,\Delta(x) = \langle 0|\phi(x)\,\phi(0) - \phi(0)\phi(x)|0\rangle = \Delta_+(x) - \Delta_-(x)$$

$$= i\int_C \frac{d^d p}{(2\pi)^d}\frac{1}{p^2-m^2}\, e^{-ipx}$$

$$i\,\Delta_1(x) = \langle 0|\phi(x)\phi(0) + \phi(0)\phi(x)|0\rangle = \Delta_+(x) + \Delta_-(x)$$

$$= i\int_{C_1}\frac{d^d p}{(2\pi)^d}\frac{1}{p^2-m^2}\, e^{-ipx}$$

となる．

d 次元時空の場合も (2.70) と同様にして，

$$\Delta_F(x) = -i\,\theta(x^0)\,\Delta_+(x) - i\,\theta(-x^0)\,\Delta_-(x) = \frac{1}{2}\Delta_1(x) + \frac{1}{2}\varepsilon(x^0)\,\Delta(x)$$

$$= \int_{C_F}\frac{d^d p}{(2\pi)^d}\frac{1}{p^2-m^2}\, e^{-ipx} \hspace{4cm}\text{(B.23)}$$

$$\Delta_{ret}(x) = -\theta(x^0)\,\Delta(x) = -i\,\Delta_-(x) - \Delta_F(x) = \int_{C_{ret}}\frac{d^d p}{(2\pi)^d}\frac{1}{p^2-m^2}\, e^{-ipx}$$

$$\Delta_{adv}(x) = \theta(-x^0)\,\Delta(x) = -i\,\Delta_+(x) - \Delta_F(x) = \int_{C_{adv}}\frac{d^d p}{(2\pi)^d}\frac{1}{p^2-m^2}\, e^{-ipx}$$

となることがわかる．

（3） これらの関係式と Δ_+, Δ_- の反転変換性と複素共役のもとでの性質から

$$\Delta(-x) = -\Delta(x), \qquad \Delta_1(-x) = \Delta_1(x),$$

$$(\Delta(x))^* = \Delta(x), \qquad (i\,\Delta_1(x))^* = i\,\Delta_1(x)$$

となる．

(4) クライン - ゴルドン微分演算子を作用させると，積分路が実軸上で無限遠まで伸びているものだけがデルタ関数となり，他は極からの寄与がなくなるのでゼロになる．

[**2**] ラグランジアン密度 (2.76) は，一般の時空 d 次元では $[\mathcal{L}] = M^d$ だから，ディラック場の次元は $[\psi] = M^{(d-1)/2}$，特に時空 4 次元では $[\psi] = M^{3/2}$ となる．

[**3**] (2.76) から，ネーターの方法でエネルギー運動量テンソルと 4 元運動量は

$$T^{\mu\nu} = \frac{\partial \mathcal{L}}{\partial \partial_\mu \psi} \partial_\nu \psi - \eta^{\mu\nu} \mathcal{L} = \overline{\psi} i \gamma^\mu \partial^\nu \psi - \eta^{\mu\nu} \mathcal{L} \tag{B.24}$$

$$H = \int d^3 x\, \overline{\psi}(-i\gamma^j \partial_j + m)\psi, \qquad P^j = \int d^3 x\, \overline{\psi}(i\partial^j)\psi \tag{B.25}$$

となる．

[**4**] これらの量は，4 元ベクトルの時間成分として変換する．一方，静止系での値が具体的に解 (A.38)，(A.40) を用いて容易に求められ，質量に比例することがわかる．

[**5**] ディラック場とその複素共役を区別する変換は

$$\psi \;\rightarrow\; e^{-i\varepsilon}\psi \approx \psi - i\varepsilon\psi, \qquad \overline{\psi} \;\rightarrow\; e^{i\varepsilon}\overline{\psi} \approx \overline{\psi} + i\varepsilon\overline{\psi} \tag{B.26}$$

という位相変換で与えられ，これに対するカレント j^μ_{Dirac} と保存量 N_{Dirac} は

$$j^\mu_{\text{Dirac}} = \overline{\psi}\gamma^\mu\psi \tag{B.27}$$

$$N^{\text{classical}}_{\text{Dirac}} \equiv \int d^3 x\, \psi\gamma^0\psi = \int d^3 p \sum_{s=+,-} \{b_s(\boldsymbol{p})^\dagger b_s(\boldsymbol{p}) + d_s(\boldsymbol{p})\,d_s(\boldsymbol{p})^\dagger\} \tag{B.28}$$

である．ここでディラック場の生成消滅演算子展開 (2.86)，(2.87) を用いた．この式はハミルトニアン (2.94) の場合と同様に発散するゼロ点振動の寄与を除いて，正規積として定義すると，量子論で意味のある演算子

$$N^{\text{quantum}}_{\text{Dirac}} =: N^{\text{classical}}_{\text{Dirac}} := \int d^3 p \sum_{s=+,-} \{b_s(\boldsymbol{p})^\dagger b_s(\boldsymbol{p}) - d_s(\boldsymbol{p})^\dagger d_s(\boldsymbol{p})\} \tag{B.29}$$

となる．

[**6**] $\qquad\qquad\qquad [P^0 + P^3, A] = [P^0 + P^3, B] = 0 \tag{B.30}$

が得られるから，$p^\mu = (p, 0, 0, p)$ を変えない．

第 3 章

[**1**] ハイゼンベルク描像の相互作用場の平行移動不変性 (2.28) から漸近場の平行移動不変性が得られる．

$$[iP_\mu, \phi_{\text{in}}(x)] = \partial_\mu \phi_{\text{in}}(x) \tag{B.31}$$

この結果，漸近場の生成消滅場とハミルトニアンとの交換関係は自由場の場合の (2.54) と同じになる．したがって，漸近場の消滅演算子が真空に作用した状態は真空よりも低いエネルギーの状態になる．

$$H(a_{\text{in}}(\boldsymbol{p})|0\rangle) = \{a_{\text{in}}(\boldsymbol{p})\, H - \omega_{\boldsymbol{p}}\, a_{\text{in}}(\boldsymbol{p})\}|0\rangle = -\omega_{\boldsymbol{p}}(a_{\text{in}}(\boldsymbol{p})|0\rangle) \tag{B.32}$$

このような状態はスペクトル条件に矛盾するので，消えなければならないから

$$a_{\text{in}}(\boldsymbol{p})\,|0\rangle = 0 \tag{B.33}$$

である．Out-field についても同様なので，真空はハイゼンベルク描像の相互作用場と漸近場で共通になり，安定である．

$$|0\text{ in}\rangle = |0\text{ out}\rangle = |0\rangle = S_{00}|0\rangle, \qquad |S_{00}| = 1 \tag{B.34}$$

1粒子状態についても同様の議論が成り立ち，1粒子状態も3つの状態空間で共通で

$$a_{\text{in}}^\dagger(\boldsymbol{p})\,|0\rangle = a_{\text{out}}^\dagger(\boldsymbol{p})\,|0\rangle = |\boldsymbol{p}\rangle \tag{B.35}$$

が成り立つ．

[2]　ローレンツ変換 a のもとで，$\phi(x)$ はユニタリー演算子 $U(a)$ によって (3.7) のように変換し，

$$\phi(x) = U^\dagger(a)\,\phi(ax)\,U(a) \tag{B.36}$$

となる．$x = 0$ での この式を (3.17) に代入し，状態ベクトルの変換性 (3.5)

$$|m\rangle = U(a)|n\rangle, \qquad ap_n = p_m \tag{B.37}$$

を用いると，状態のラベル n についての全状態の和はローレンツ変換した状態のラベル m についての全状態の和と同じであるから，

$$\bar{\rho}(q) = (2\pi)^3 \sum_n \delta^4(p_n - q)\,|\langle 0|U^\dagger(a)\,\phi(0)\,U(a)|n\rangle|^2$$

$$= (2\pi)^3 \sum_m \delta^4(a^{-1}p_m - q)\,|\langle 0|\phi(0)|m\rangle|^2 \quad (ap_n \equiv p_m)$$

$$= (2\pi)^3 \sum_m \delta^4(p_m - aq)\,|\langle 0|\phi(0)|n\rangle|^2 = \bar{\rho}(aq)$$

となる．ここで変数変換で生じるヤコビアンは $\det a = 1$ となることを用いた．

[3]　ディラック場の場合は波動関数がディラックの波動関数になり，クライン-ゴルドン微分演算子の代りにディラックの微分演算子となる．終状態から運動量 p のディラック粒子を取り出して場の演算子に換える場合，素通しの寄与を除き

$$\langle \beta, (p, s)\text{ out }|T[\phi(x_1)\cdots\phi(x_n)]|\alpha\text{ in}\rangle$$

$$= \frac{-i}{\sqrt{Z_2}} \int d^4x\, \bar{U}_{p,s}(x)(i\gamma^\mu\partial_\mu - m)\langle \beta\text{ out }|T[\phi(x_1)\cdots\phi(x_n)\phi(x)]|\alpha\text{ in}\rangle$$

$$\tag{B.38}$$

$$\bar{U}_{p,s}(x) = \frac{1}{\sqrt{(2\pi)^3\, 2\omega_{\boldsymbol{p}}}}\,\bar{u}(\boldsymbol{p}, s)e^{ipx} \tag{B.39}$$

となる.

第 4 章

[1] $\qquad 1 - a\theta_1\theta_2 - b\theta_3 + 2ab\theta_1\theta_2\theta_3 \qquad$ (B.40)

[2]
$$\int d\theta_1\, d\theta_2 = \exp\left(-\frac{1}{2}\sum_{j,k=1}^{2}\theta_j A_{jk}\theta_k\right)$$
$$= \int d\theta_1\, d\theta_2 \left(1 - \frac{1}{2}\sum_{j,k=1}^{2}\theta_j A_{jk}\theta_k\right)$$
$$= \int d\theta_1\, d\theta_2\, \theta_2 A_{12}\theta_1 = A_{12} \qquad (B.41)$$

$$\int d\theta_1 \cdots d\theta_4 \exp\left(-\frac{1}{2}\sum_{j,k=1}^{4}\theta_j A_{jk}\theta_k\right)$$
$$= \int d\theta_1 \cdots d\theta_4 \left(1 - \frac{1}{2}\sum_{j,k=1}^{4}\theta_j A_{jk}\theta_k + \frac{1}{8}\sum_{j,k=1}^{4}\theta_j A_{jk}\theta_k \sum_{l,m=1}^{4}\theta_l A_{lm}\theta_m\right)$$
$$= \int d\theta_1 \cdots d\theta_4\, \theta_4\theta_3\theta_2\theta_1\,(A_{12}A_{34} - A_{13}A_{24} + A_{14}A_{23})$$
$$= A_{12}A_{34} - A_{13}A_{24} + A_{14}A_{23} \qquad (B.42)$$

第 5 章

[1] まず,ガウス積分の基本公式は次のように与えられる.
$$\int_{-\infty}^{\infty} d\phi\, \exp\left(-\frac{1}{2}\phi^2\right) = \sqrt{2\pi} \qquad (B.43)$$
積分変数のスケールを変えると,
$$\int_{-\infty}^{\infty} d\phi\, \exp\left(-\frac{1}{2}K\phi^2\right) = \sqrt{\frac{2\pi}{K}} \qquad (B.44)$$
となり,1次項が指数に入っていても,平方完成して変数をシフトすると積分できて
$$\int_{-\infty}^{\infty} d\phi\, \exp\left(-\frac{1}{2}K\phi^2 + B\phi\right) = \int_{-\infty}^{\infty} d\phi\, \exp\left[-\frac{1}{2}K(\phi - B)^2 + \frac{1}{2}\frac{B^2}{K}\right]$$
$$= \sqrt{\frac{2\pi}{K}} \exp\left(\frac{1}{2}\frac{B^2}{K}\right) \qquad (B.45)$$
となる.一般の行列についても,いったん行列を対角化して上の公式を各対角化成分について適用すると,問題の公式 (5.4) が得られる.

[2] (5.77) は $J = J(\phi)$ の逆関数 $\phi = \phi(J)$ を定義しているので,$\Gamma(\phi)$ のルジ

第 5 章   221

ャンドル変換を作ると，
$$(-J\phi - \Gamma(\phi))|_{\phi=\phi(J)} = -W(J) \tag{B.46}$$
となり，$\Gamma(\phi)$ のルジャンドル変換が $W(J)$ となってもとにもどる．
$$W(J) \to \Gamma(\phi) \to W(J) \tag{B.47}$$

[3] 相対論的に不変な散乱振幅は
$$\mathcal{M}_{fi} = -\lambda \tag{B.48}$$
であり，微分散乱断面積と全断面積は
$$\frac{d\sigma}{d\Omega} = \frac{\lambda^2}{64\pi^2 s}, \qquad \sigma = \frac{\lambda^2}{16\pi s} \tag{B.49}$$
となる．

[4] ファインマン図形は図 B.1 (a) に示したものだけが寄与する．相対論的に不変な遷移振幅は

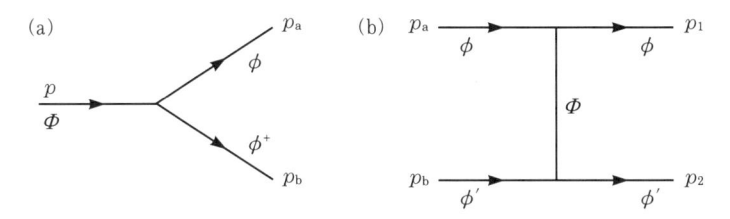

図 B.1 スカラー場 3 点相互作用でのファインマン図形
(a) 崩壊に最低次で寄与するファインマン図形
(b) 2 粒子散乱に最低次で寄与するファインマン図形

$$\mathcal{M}_{fi} = f \tag{B.50}$$
であり，崩壊確率は
$$\Gamma = \frac{\sqrt{M^2 - 4m^2}}{16\pi M^2} f^2 \tag{B.51}$$
となる．

[5] ファインマン図形は図 B.1 (b) に示したものだけが寄与する．相対論的に不変な散乱振幅は
$$\mathcal{M}_{fi} = \frac{ff'}{-(p_1 - p_a)^2 + M^2} = \frac{ff'}{\left(2p_{cm}\sin\frac{\theta}{2}\right)^2 + M^2} \tag{B.52}$$
であり，微分散乱断面積は
$$\frac{d\sigma}{d\Omega} = \frac{1}{64\pi^2 s} \frac{(ff')^2}{\left\{(s - 4m^2)\sin^2\frac{\theta}{2} + M^2\right\}^2} \tag{B.53}$$

第 6 章

[1]
$$\tilde{\Gamma}^{(4)a}(p^2) = \frac{\lambda^2}{2} \int \frac{d^4 l_E}{(2\pi)^4} \int_0^1 dx \frac{1}{\{m^2 + (l_E - xp_E)^2 + x(1-x)\,p_E^2\}^2}$$
$$= \frac{\lambda^2}{2} \int \frac{d^4 l'_E}{(2\pi)^4} \int_0^1 dx \frac{1}{\{m^2 + l'^2_E + x(1-x)\,p_E^2\}^2} \quad (B.54)$$

ここで, $l'_E \equiv l_E - xp_E$ のように, 4元運動量積分の積分変数をシフト†したので, 被積分関数はユークリッド4元運動量の大きさ $|l'_E|$ にしかよらない. この積分を行うために, まず積分の順序を交換して, ファインマンパラメーター積分よりも先に運動量積分を行う. 最初にユークリッド4元運動量空間の角度積分を行い, 次に大きさ $|l'_E|$ について積分を行うと
$\tilde{\Gamma}^{(4)a}(p^2)$
$$= \frac{\lambda^2}{2} \int_0^1 dx \frac{2\pi^2}{(2\pi)^4} \int_0^\Lambda d|l'_E| \, |l'_E|^3 \frac{1}{\{|l'_E|^2 + m^2 + x(1-x)\,p_E^2\}^2}$$
$$= \frac{\lambda^2}{2} \int_0^1 dx \frac{1}{(4\pi)^2} \left[\log\left\{\frac{\Lambda^2 + x(1-x)\,p_E^2 + m^2}{x(1-x)\,p_E^2 + m^2}\right\} + \frac{x(1-x)\,p_E^2 + m^2}{\Lambda^2} - 1\right]$$
$$(B.55)$$

となる. 切断はもともとの4元運動量の大きさ $|l_E|$ の上限として導入したが, この積分では, シフトした4元運動量の大きさ $|l'_E|$ の上限とした. しかし, 切断 Λ の十分大きな極限では, この2つの切断の違いは無視できる. 同様の意味で, 最後の結果では, 切断 Λ のベキで消える項を無視している. ファインマンパラメーター積分も具体的に実行することができる.

第 7 章

[1]
$$j^{a\mu}(x) = \frac{\partial \mathcal{L}_{\text{global}}}{\partial \partial_\mu \phi} T^a \phi \quad (B.56)$$

と, (1.41) のようにカレントは定義されている. 局所対称性をもつためには, 微分を共変微分 $D_\mu \phi = (\partial_\mu + igA^a_\mu T^a)\phi$ に変えねばならない. ゲージ場の1次

---

† 発散の次数がより高い場合には, こうした積分運動量のシフトが一般には許されない場合がある.

の相互作用は
$$\mathcal{L}_{\text{int}} \equiv A_\mu \frac{\partial \mathcal{L}^{\text{gauged}}}{\partial A_\mu}\bigg|_{A_\nu=0} = A_\mu \frac{\partial \mathcal{L}^{\text{global}}}{\partial \partial_\mu \phi} \, igT^a \phi = igA_\mu \, j^{a\mu}(x) \quad \text{(B.57)}$$
となる．

[2]
$$\left.\begin{aligned}\delta A_\mu^a(x) &= \{G[\theta], A_\mu^a(x)\}_{\text{P}} = (D_\mu \theta)^a(x) \\ \delta \pi^{a\mu}(x) &= \{G[\theta], \pi^{a\mu}(x)\}_{\text{P}} = -gf_{abc}\,\pi^{b\mu}(x)\,\theta^c(x) \\ \delta \psi(x) &= \{G[\theta], \psi(x)\}_{\text{P}} = -ig\,\theta^a(x)\,T^a\,\psi(x)\end{aligned}\right\} \quad \text{(B.58)}$$

[3] ファインマン図形は図 B.2 に示したものだけが寄与する．相対論的に不変な散乱振幅は

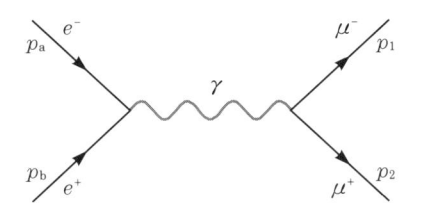

図 B.2 電子・陽電子対消滅によるミュー粒子・反ミュー粒子生成に寄与するファインマン図形

$$\mathcal{M}_{fi} = e^2 \, \bar{u}(p_1) \, \gamma^\mu \, v(p_2) \frac{1}{(p_a+p_b)^2} \, \bar{v}(p_b) \, \gamma_\mu \, u(p_a) \quad \text{(B.59)}$$

となる．スピンを観測しないので，始状態のスピンについては平均し，終状態のスピンについては積分する．微分断面積，全断面積は

$$\frac{d\sigma}{d\Omega} = \frac{\alpha^2}{4s}\left(1+\cos^2\theta + \frac{4m^2}{s}\sin^2\theta\right), \quad \sigma = \frac{4\pi\alpha^2}{3s}\left(1+\frac{1}{2}\frac{4m^2}{s}\right) \quad \text{(B.60)}$$

となる．ここで $\alpha = e^2/4\pi\varepsilon_0 \approx 1/137$ は微細構造定数とよばれる．

第 8 章

[1]
$$\begin{aligned}0 = \delta_{\text{B}}\delta_{\text{B}}\, A_\mu^a(x) &= \delta_{\text{B}}(\partial_\mu c^a(x) - gf_{abc}\,A_\mu^b(x)\,c^c(x)) \\ &= \partial_\mu \delta_{\text{B}}\,c^a(x) - gf_{abc}\,(\delta_{\text{B}}A_\mu^b(x)\,c^c(x)+A_\mu^b(x)\,\delta_{\text{B}}\,c^c(x)) \\ &= D_\mu \delta_{\text{B}}\,c^a(x) - gf_{abc}D_\mu c^b\,c^c(x) = D_\mu\left(\delta_{\text{B}}\,c^a(x) - \frac{g}{2}f_{abc}c^b\,c^c(x)\right)\end{aligned}$$
$$\text{(B.61)}$$

$$\begin{aligned}\delta_{\text{B}}\delta_{\text{B}}\,C(x) &= \delta_{\text{B}}(-igC^2) = -ig(\delta_{\text{B}}CC - C\delta_{\text{B}}C) \\ &= (-ig)^2(C^2C - CC^2) = 0 \quad \text{(B.62)}\end{aligned}$$

[2] ハイゼンベルクの運動方程式に基づくゲージ場 A_i^a の時間変化は

$$i\partial_0 A_i^a(x) = [A_i^a(x), H] = \int d^3y \left[A_i^a(x), \left(\frac{1}{2}(\pi^{bj})^2 - \pi^{bj}D_j\pi_B^b\right)(y)\right]\Big|_{x^0=y^0}$$
$$= i(-\pi_i^a - D_i\pi_B^b)(x) \tag{B.63}$$

となり，運動量 π^{ai} の定義 $\pi^{ai} = -\partial_0 A^{ai} + D^i A_0^a$ を与える．ゲージ場 A_0^a の時間変化は

$$i\partial_0 A_0^a(x) = [A_0^a(x), H] = \int d^3y \left[A_0^a(x), \left(\partial^j B^b A_j^b - \frac{\alpha}{2}(B^b)^2\right)(y)\right]\Big|_{x^0=y^0}$$
$$= -i(\partial^j A_j^a + \alpha B^a)(x) \tag{B.64}$$

となり，共変的ゲージ固定条件 $\partial^\mu A_\mu^a + \alpha B^a = 0$ を与える．ゲージ場の運動量 π^{ai} の時間変化は

$i\partial_0 \pi^{ai}(x)$
$= [\pi^{ai}(x), H]$
$= \int d^3y \Big[\pi^{ai}(x),$
$\quad \left(-\pi^{bj}D_j\pi_B^b + \frac{1}{2}(F^{bjk})^2 + \partial^j B^b A_j^b + j\partial^j \bar{c}^b D_j c^b - \pi_\psi \gamma^0 \gamma^j D_j \psi\right)(y)\Big]\Big|_{x^0=y^0}$
$= i(-gf_{abc}\pi_B^b \pi^{ci} + D_j F^{aji} - \partial^i B^a - igf_{abc}\partial^i \bar{c}^b c^c + ig\pi_\psi \gamma^0 \gamma^i T^a \psi)$
$\tag{B.65}$

となり，ゲージ場の運動方程式の空間成分 $D_\mu F^{a\mu i} - gj^{ai} = \partial^i B^a + igf_{abc}\partial^i \bar{c}^b c^c$ を与える．中西 - ロートラップ場 B^a の時間変化は

$i\partial_0 B^a(x)$
$= [B^a(x), H]$
$= \int d^3y [B^a(x), (-\pi^{bj}D_j\pi_B^b - gf_{bcd}\pi_c^b \pi_{\bar{c}}^c c^d - i\pi_\psi g T^b \pi_B^b \psi)(y)]|_{x^0=y^0}$
$= i(D_j\pi^{aj} - gf_{bac}\pi_c^b c^c + g\psi^\dagger T^a\psi) \tag{B.66}$

となり，ゲージ場の運動方程式の時間成分 $D_\mu F^{a\mu 0} - gj^{a0} = \partial^0 B^a + igf_{abc}\partial^0 \bar{c}^b c^c$ を与える．ゴースト場 c^a の時間変化は

$$i\partial_0 c^a(x) = [c^a(x), H] = \int d^3y [c^a(x), (-i\pi_c^b \pi_{\bar{c}}^b - gf_{bcd}\pi_c^b \pi_{\bar{c}}^c c^d)(y)]|_{x^0=y^0}$$
$$= \pi_{\bar{c}}^a - igf_{abc}\pi_B^b c^c \tag{B.67}$$

となり，反ゴースト場の運動量の定義 $iD_0 c^a = \pi_{\bar{c}}^a$ を与える．反ゴースト場 $\bar{c}^a$ の時間変化は

$$i\partial_0 \bar{c}^a(x) = [\bar{c}^a(x), H] = \int d^3y [\bar{c}^a(x), -i\pi_c^b \pi_{\bar{c}}^b(y)]|_{x^0=y^0} = -\pi_c^a$$
$$\tag{B.68}$$

となり，ゴースト場の運動量の定義 $i\partial_0 \bar{c}^a = -\pi_c^a$ を与える．ゴースト場の運動量 π_c^a の時間変化は (B.68) と合せて

$$i\partial_0 \pi_{\bar{c}}^a(x) = [\pi_{\bar{c}}^a(x), H]$$
$$= \int d^3y \left[\pi_{\bar{c}}^a(x), (-gf_{bcd}\pi_{\bar{c}}^b\pi_B^c c^d + i\partial^j \bar{c}^b D_j c^b)(y)\right]\Big|_{x^0=y^0}$$
$$= -igf_{abc}\pi_B^b c^c - D_j \partial^j \bar{c}^a \tag{B.69}$$

となり，反ゴースト場の運動方程式 $D_\mu \partial^\mu \bar{c}^a = 0$ を与える．反ゴースト場の運動量 $\pi_{\bar{c}}^a$ の時間変化は (B.67) と合せて

$$i\partial_0 \pi_c^a(x) = [\pi_c^a(x), H] = \int d^3y \left[\pi_c^a(x), i\partial^j \bar{c}^b D_j c^b(y)\right]\Big|_{x^0=y^0} = \partial^j D_j c^a \tag{B.70}$$

となり，ゴースト場の運動方程式 $\partial^\mu D_\mu c^a = 0$ を与える．ディラック場 ψ の時間変化は

$$i\partial_0 \psi(x) = [\psi(x), H]$$
$$= \int d^3y \left[\psi(x), \pi_\psi(igT^a \pi_B^a \psi - \gamma^0 (\gamma^j D_j + im)\psi)(y)\right]\Big|_{x^0=y^0}$$
$$= -gT^a \pi_B^a \psi - i\gamma^0 (\gamma^j D_j + im)\psi \tag{B.71}$$

となり，ディラック場の運動方程式 $(i\gamma^\mu D_\mu - m)\psi = 0$ を与える．

[3] BRS 電荷が BRS 変換の生成子になることを示すには，次のように正準交換関係を用いればよい．

$$\begin{aligned}
[iQ_{\text{B}}, A_j^a(x)] &= i\int d^3y \left[\pi^{bi}(y) D_i c^b(y), A_j^a(x)\right]_{x^0=y^0} = D_j c^a(x) \\
[iQ_{\text{B}}, A_0^a(x)] &= i\int d^3y \left[-iB^b(y) \pi_{\bar{c}}^b(y), A_0^a(x)\right]_{x^0=y^0} = -i\pi_{\bar{c}}^a(x) = D_0 c^a(x) \\
\{iQ_{\text{B}}, c^a(x)\} &= i\int d^3y \left\{-\frac{1}{2} gf_{bcd}\pi_c^b c^c c^d(y), c^a(x)\right\}_{x^0=y^0} = \frac{1}{2} gf_{abc} c^b c^c(x) \\
\{iQ_{\text{B}}, \bar{c}^a(x)\} &= i\int d^3y \left\{-iB^b \pi_{\bar{c}}^b(y), \bar{c}^a(x)\right\}_{x^0=y^0} = iB^a(x) \\
[iQ_{\text{B}}, B^a(x)] &= 0 \\
\{iQ_{\text{B}}, \psi(x)\} &= i\int d^3y \{igc^a \pi_\psi T^a \psi(y), \psi(y)\}_{x^0=y^0} = -igc^a T^a \psi(x)
\end{aligned} \tag{B.72}$$

[4] たとえば，ゲージ場について BRS 変換を 2 度続けて行うと，BRS 変換 (8.2), (8.5), (8.6) のベキ零性からゼロになる．

$$\{Q_{\text{B}}, [Q_{\text{B}}, A_\mu^a(x)]\} = 0 \tag{B.73}$$

この結果から，ヤコビの恒等式によって Q_{B}^2 とゲージ場の交換子はゼロになるので

$$0 = \{Q_{\text{B}}, [Q_{\text{B}}, A_\mu^a(x)]\}$$
$$= Q_{\text{B}}(Q_{\text{B}} A_\mu^a(x) - A_\mu^a(x) Q_{\text{B}}) + (Q_{\text{B}} A_\mu^a(x) - A_\mu^a(x) Q_{\text{B}}) Q_{\text{B}}$$

$$= [Q_B^2, A_\mu^a(x)] \tag{B.74}$$

である．これがすべての場の演算子について成り立つので，実は BRS 電荷そのものがベキ零性をもつ．

$$\{Q_B, Q_B\} = 2Q_B^2 = 0 \tag{B.75}$$

[5] $\quad [iQ_B, \pi^{aj}(x)] = i\int d^3y \left[-\pi^{bi} g f_{bcd} A_i^c\, c^d(y), \pi^{aj}(x)\right]_{x^0=y^0}$

$\qquad\qquad = g f_{bad} \pi^{bj}\, c^d(x) = -g f_{bac} c^b\, \pi^{cj}(x)$

$\{iQ_B, D_j\, c^a(x)\} = \{iQ_B, [iQ_B, A_j^a(x)]\} = 0$

$\{iQ_B, \pi_c^a(x)\} = i\int d^3y \left\{\pi^{bi} D_i\, c^b(y) - \dfrac{g}{2} f_{bcd}\pi_c^b c^c\, c^d(y)\right.$

$\qquad\qquad\qquad\qquad\qquad \left. - igc^b \pi_\phi T^b\, \psi(y), \pi_c^a(x)\right\}_{x^0=y^0}$

$\qquad\qquad = D_i\, \pi^{ai}(x) + g f_{abc} \pi_c^b\, c^c(x) + ig\pi_\phi T^a\, \psi(x)$

$\{iQ_B, \pi_{\bar c}^a(x)\} = 0$

$\{iQ_B, \pi_\psi(x)\} = i\int d^3y \{-igc^a\pi_\phi T^a\, \psi(y), \pi_\psi(x)\}_{x^0=y^0} = igc^a\, \pi_\psi(x)\, T^a$

$$\tag{B.76}$$

これらの結果を用いると，ベキ零性 $Q_B^2 = 0$ が得られ

$$i2Q_B^2 = \int d^3x \left\{iQ_B, \left(\pi^{aj}D_j c^a - \frac{1}{2} g f_{abc}\pi_c^a c^b c^c - iB^a \pi_{\bar c}^a - igc^a\pi_\phi T^a\psi\right)(x)\right\}$$

$$= \int d^3x \left\{-\frac{g}{2} \partial_i(f_{abc}\pi^{ai} c^b c^c)\right\} = 0 \tag{B.77}$$

となる．この途中で，ヤコビ恒等式から得られる結果

$$c^b c^c c^d f_{abe} f_{ecd} = c^b c^c c^d \frac{1}{3}(f_{abe}f_{ecd} + f_{ace}f_{edb} + f_{ade}F_{ebc}) = 0 \tag{B.78}$$

を用いた．

付録の解答

[1]　具体的に 2 行 2 列の行列の掛算を行うとよい．

[2]　（1）　16 個のガンマ行列 Γ^n ($n = 1, \cdots, 16$) は次の関係式を満たす．

$$(\Gamma^n)^2 = \pm 1 \tag{B.79}$$

（2）　Γ^s 以外の Γ^n には，反交換する Γ^m がある．

$$\Gamma^n \Gamma^m = -\Gamma^m \Gamma^n \tag{B.80}$$

（3）　Γ^s 以外の Γ^n のトレースをとるとゼロである．

$$\mathrm{Tr}\, \Gamma^n = 0 \tag{B.81}$$

付録の解答   227

（4） 16個のガンマ行列の任意の積は他のどれかのガンマ行列になる．ただし，絶対値1の複素数 η が係数として付く可能性がある．
$$\Gamma^n\Gamma^m = -\Gamma^m\Gamma^n = \eta\Gamma^l \tag{B.82}$$

（5） もしも16個のガンマ行列が1次独立でないとすると，すべてはゼロでない係数 a_n を用いて
$$\sum_{n=1}^{16} a_n\Gamma^n = 0 \tag{B.83}$$
となるはずである．これに γ^s 以外の γ^m を掛けてトレースをとると (B.82)，(B.79) より $a_m = 0$ となる．Γ^s を掛けてトレースをとれば $a_s = 0$ となる．したがって，1次独立でなければならない．

[3]
$$\eta_{\mu\nu}\left(\gamma^\mu\gamma^\nu + \gamma^\nu\gamma^\mu\right) = \eta_{\mu\nu}2\eta^{\nu\mu} = 8 \tag{B.84}$$
$$\gamma^\lambda\gamma^\mu\gamma_\lambda = \gamma^\lambda\left(-\gamma_\lambda\gamma^\mu + 2\delta_\lambda^\mu\right) = -4\gamma^\mu + 2\gamma^\mu = -2\gamma^\mu \tag{B.85}$$
$$\gamma^\lambda\gamma^\mu\gamma^\nu\gamma_\lambda = \gamma^\lambda\gamma^\mu\left(-\gamma^\lambda\gamma_\nu + 2\delta_\lambda^\nu\right) = 2\left(\gamma^\mu\gamma^\nu + \gamma_\nu\gamma^\mu\right) = 4\eta^{\mu\nu} \tag{B.86}$$
$$\gamma^\lambda\gamma^\mu\gamma^\nu\gamma^\rho\gamma_\lambda = \gamma^\lambda\gamma^\mu\gamma_\nu\left(-\gamma^\lambda\gamma_\rho + 2\delta_\lambda^\rho\right) = -4\eta^{\mu\nu}\gamma^\rho + 2\gamma^\rho\gamma^\mu\gamma^\nu$$
$$= -4\eta^{\mu\nu}\gamma^\rho + 2\gamma^\rho\left(-\gamma^\nu\gamma^\mu + 2\eta^{\mu\nu}\right) = -2\gamma^\rho\gamma^\nu\gamma^\mu \tag{B.87}$$

ガンマ行列は同じ添字のものがあれば反交換していって最終的に恒等行列にできる．したがって，異なる添字のものばかりだと仮定して一般性を失わない．このうち奇数個の積はベクトルか擬ベクトルで，これらはトレースをとるとゼロになる．
$$\mathrm{Tr}\left(\gamma^{\mu_1}\cdots\gamma^{\mu_n}\right) = 0 \quad (n\text{ が奇数の場合}) \tag{B.88}$$
$\mathrm{Tr}\,1 = 4$ は自明．前問の結果から $\mathrm{Tr}\,\gamma_5 = 0$ も得られる．一方，反交換関係のトレースをとれば直ちに
$$\mathrm{Tr}\left(\gamma^\mu\gamma^\nu\right) = \mathrm{Tr}\left(\frac{\gamma^\mu\gamma^\nu + \gamma^\nu\gamma^\mu}{2}\right) = 4\eta^{\mu\nu} \tag{B.89}$$
$$\mathrm{Tr}\left(\gamma^\mu\gamma^\nu\gamma^\lambda\gamma^\rho\right) = \mathrm{Tr}\left[\left(2\eta^{\mu\nu} - \gamma^\nu\gamma^\mu\right)\gamma^\lambda\gamma^\rho\right]$$
$$= 8\eta^{\mu\nu}\eta^{\lambda\rho} - 8\eta^{\mu\lambda}\eta^{\nu\rho} + \mathrm{Tr}\left(\gamma^\nu\gamma^\lambda\gamma^\mu\gamma^\rho\right)$$
$$= 8\eta^{\mu\nu}\eta^{\lambda\rho} - 8\eta^{\mu\lambda}\eta^{\nu\rho} + 8\eta^{\mu\rho}\gamma^{\lambda\nu} - \mathrm{Tr}\left(\gamma^\nu\gamma^\lambda\gamma^\rho\gamma^\mu\right)$$
が得られ，最後の項は左辺と同じ項だから，移項して2で割ると
$$\mathrm{Tr}\left(\gamma^\mu\gamma^\nu\gamma^\lambda\gamma^\rho\right) = 4\left(\eta^{\mu\nu}\eta^{\lambda\rho} - \eta^{\mu\lambda}\eta^{\nu\rho} + \eta^{\mu\rho}\eta^{\nu\lambda}\right) \tag{B.90}$$
と解が得られる．γ_5 が入っていると，4つのガンマ行列がすべて揃っているわけだから，これに掛けてトレースをとってゼロでないのは，4つのガンマ行列がすべて揃っている場合であり，
$$\mathrm{Tr}\left(\gamma_5\gamma^\mu\gamma^\nu\right) = 0 \tag{B.91}$$
$$\mathrm{Tr}\left(\gamma_5\gamma^0\gamma^1\gamma^2\gamma^3\right) = \mathrm{Tr}\left(i\gamma^0\gamma^1\gamma^2\gamma^3\gamma^0\gamma^1\gamma^2\gamma^3\right) = -4i = 4i\varepsilon_{0123} \tag{B.92}$$
である．したがって，一般の場合は

$$\mathrm{Tr}\,(\gamma_5\gamma^\mu\gamma^\nu\gamma^\lambda\gamma^\rho) = 4i\varepsilon_{\mu\nu\lambda\rho} \tag{B.93}$$

$$\gamma^\mu\gamma^\nu = \frac{1}{2}\{\gamma^\mu,\gamma^\nu\} + \frac{1}{2}[\gamma^\mu,\gamma^\nu] = \eta^{\mu\nu} - i\sigma^{\mu\nu} \tag{B.94}$$

となる. (A.132) は μ,μ,ν,λ のどれか 1 つでも同じ場合には,反交換関係を用いて 1 つのガンマ行列に帰着するので容易に示せる. $\mu \neq \nu \neq \lambda \neq \mu$ の場合を考察するには,具体的に

$$\gamma^0\gamma^1\gamma^2 = -i\varepsilon^{0123}i\gamma^0\gamma^1\gamma^2\gamma^3\gamma_3 = -i\varepsilon^{01234}\gamma_5\gamma_3 \tag{B.95}$$

とすればよい.

[4]
$$\{A, \phi_a\}_\mathrm{D} = \{A, \phi_a\}_\mathrm{P} - \{A, \phi_\beta\}_\mathrm{P} C^{-1\beta\gamma}\{\phi_\gamma, \phi_a\}_\mathrm{P}$$
$$= \{A, \phi_a\}_\mathrm{P} - \{A, \phi_\beta\}_\mathrm{P} C^{-1\beta\gamma} C^{\gamma a} = 0 \tag{B.96}$$

$$\left.\begin{array}{c} A \approx 0 \;\;\to\;\; A = c^a\phi_a \\ \{A, B\}_\mathrm{D} = \{c^a\phi_a, B\}_\mathrm{D} \approx c^a\{\phi_a, B\}_\mathrm{D} \approx 0 \end{array}\right\} \tag{B.97}$$

参 考 書

　本書では，ディラック方程式などの相対論的量子力学は付録にまとめた．非相対論的な量子力学の基礎は本書の前提となっている．例として，次のような教科書のレベルをめどにしている．

1) 坂井典佑 著：「量子力学 I, II」（培風館, 1999, 2000）
2) 猪木慶治，川合 光 共著：「量子力学 I, II」（講談社, 1994）

　　さらに勉強したい人のために，場の量子論で，特色ある参考書をいくつか挙げる．
3) 柏 太郎 著：「演習 場の量子論」（サイエンス社, 2001）
　は，特色ある演習書形式で，場の理論の基礎的な点を丁寧に解説している．
4) 日置善郎 著：「場の量子論 摂動計算の基礎」（吉岡書店, 1999）
　は，摂動論の計算法を簡明に与えている．
5) 九後汰一郎 著：「ゲージ場の量子論 I, II」（培風館, 1989）
　は，ゲージ理論を中心とする本格的な教科書．本書でもゲージ理論の記述など，この教科書を参考にした点が多い．
6) M. E. Peskin and D. V. Schroeder : "An Introduction to Quantum Field Theory" (Addison-Wesley, New York and Tokyo, 1995)
　は，第1部は直観的導入でファインマン図形まで計算できるようにし，第2部以下でその基礎を固める．
7) ワインバーグ 著，青山秀明・有末宏明・杉山勝之 訳：「場の量子論1～6」（吉岡書店, 1997）

この本は，S. Weinberg: *"The Quantum Theory of Fields I, II, III"* (Cambridge University Press, 1995) の翻訳書．場という概念からではなく，粒子という概念から場の理論を構成していく．超対称性にまで至る大部の本格的教科書．

8) 藤川和男 著：「ゲージ場の理論」（岩波書店, 1996)

は，ゲージ場をくわしく述べている教科書．

9) 大貫義郎 著：「場の量子論」（岩波書店, 1996)

では変換性がくわしい．

10) C. Itzykson and J-B. Zuber: *"Quantum Field Theory"* (McGraw-Hill, 1980)

は，さまざまな技術が載せられている．

11) J. D. Bjorken and S. D. Drell: *"Relativistic Quantum Mechanics"* (1964), *"Relativistic Quantum Fields"* (1965) (McGraw-Hill)

は，少し前のアメリカの大学院生の標準的教科書．第1巻は相対論的量子力学から始めて具体的な計算を多く書いてあり，くり込みなどの詳細は第2巻にある．量子電磁力学はくわしいが，非可換ゲージ理論は含まれていない．

12) E. S. Abers and B. W. Lee: Phys. Rep. **C9** (1973) 1.

は，第1部は弱い相互作用のまとめ，第2部は経路積分から始めて，ゲージ理論の量子化を簡明に与えている．

索　引

ア

Out-field　48
アインシュタイン既約　4
アインシュタインの関係式　193
アノマリー　187
アーベル型ヒッグス模型　172
アーベル群(可換群)　128

イ

In-field　48
1粒子可約　96
1粒子既約　95
　――なグリーン関数の生成汎関数　97
1粒子状態　43
1ループ　101
　――図形　105
異常次元　122
位相空間　207
　――での経路積分　58
因果律　7, 43
　局所――　29, 43

ウ

ウィック回転　103

梅沢－亀淵－チェレン－レーマン表示　46
運動項　7
運動量空間でのファインマン図形　83
運動量空間での連結グリーン関数　84
運動量の固有関数　24
運動量保存則　85

エ

n点グリーン関数　54
n粒子状態への単位時間当りの遷移確率　87
$SU(N)$群　128
S行列　49
　――のユニタリー性　50
　――要素　86
エネルギー運動量テンソル　13
　改良された――　16
エルミート　165
　――性　7
　反――　165
演算子形式　161
　相互作用描像での――　75
演算子のT積の真空期待値　50
演算子の順序　24

オ

$O(N)$群　128
オイラー－ラグランジュ方程式　8
重み因子　85

カ

解析接続　108
外線　85
　――運動量　103
階段関数　29
回転群の表現　37
回転を表すパラメター　186
カイラリティ　204
カイラル・アノマリー　187
カイラル不変性　204
カイラル変換　204
ガウス積分　72
ガウスの法則　136
ガウス法則拘束条件　136
カラー電荷密度　136
カレント　10
　――の定義の不定性　11
　――の保存　11
BRS――　163
Dilatation――　16

232　索　引

改良した —— 11
荷電 —— 180
ゴースト数 —— 164
中性 —— 181
電磁相互作用の —— 181
ネーター・ —— 11
ガンマ行列 195
—— の反対称積 199,204
改良された Dilatation カレント 16
改良されたエネルギー運動量テンソル 16
改良したカレント 11
可換群(アーベル群) 128,170
非 —— 128
角運動量 129
粒子固有の —— 38
確率の保存 7,43
—— と散乱行列のユニタリー性 163
重ね合せ 9
仮想的粒子 168
荷電カレント 180
荷電共役の混合行列 205
荷電共役変換 205
荷電ゲージ粒子 177,181
関数行列式 143,144
慣性系 3,200
完全系 42,49,59,201
観測操作 50

キ

QCD(量子色力学) 188
q 数 19
擬スカラー 14
—— 量 203
擬テンソル 204
擬ベクトル 14,204
基底状態 26,60,64
境界条件 8,73
共形場理論 124
共変 130
—— ゲージ 148
—— 固定条件 161
—— 固定の経路積分 149
—— 的ゲージ 151
—— でのファインマン則 151
—— 微分 130
共役スピノル 199
行列要素 45
局所因果律 29,43
局所性 7
局所相互作用理論 43
局所的な不変性(ゲージ不変性) 157
局所的変換 129

ク

空間回転 190
空間的 29
空間反転 190,192
クォーク 178
クライン - ゴルドン微分

演算子 73
クライン - ゴルドン方程式 8
—— の平面波解 25
グラスマン奇の量 158
グラスマン数 67,79,82
—— でのガウス型積分 68
—— での微分 68
—— ベキ級数展開 67
微小な —— 157
グラビティーノ 15
グリーン関数 31,36,50,73
—— の運動量表示の質量次元 97
—— の生成汎関数 62,93
—— の経路積分表示 64,151
n 点 —— 54
先行 —— 32
遅延 —— 31
連結 —— 66
クーロンゲージ 140
くり込まれたゲージパラメター 152
くり込まれた結合定数での摂動論 111
くり込み 109
—— 可能な相互作用ラグランジアン密度 117
—— 群 121

索　引　233

――の固定点　124
――方程式　123
――条件　117
――スケール　108, 111, 120
――の処方　120
結合定数の――　109
波動関数の――　110
有限な――　117
群の構造定数　129

ケ

計量行列　4
経路積分　213
　　――表示　140
　　遷移振幅の――　150
　　位相空間での――　58
　　共変ゲージ固定の――　149
　　座標空間での――　59
ゲージ軌跡　143
ゲージ結合定数　130
ゲージ固定関数　159
ゲージ固定条件　138, 140, 211
ゲージ固定するためのラグランジアン密度　150
ゲージ場　14, 130
　　――の縦波成分　174
　　――の伝播関数　152
　　――の強さ　131

――のファインマン則　151
ゲージパラメター　149
　　くり込まれた――　152
ゲージ不変性（局所的な不変性）　138, 157
ゲージ不変な状態　147
ゲージ変換　173
　　――を生成する母関数　138
ゲージ粒子の質量　169
結合定数のくり込み　109
　　――因子　112
結合定数の次元　114

コ

交換子関数　29
光子　178
光速度　3
格子ゲージ理論　188
拘束条件　134, 208
　　――のある場合の量子化　207
　　ガウス法則――　136
　　第1次――　208
　　第2次――　136
　　第1類――　137, 210
　　第2類――　139, 210, 213
コーシーの定理　30
ゴースト数　159
　　――演算子　165
　　――カレント　164

ゴースト電荷　165
ゴースト場　150
　　――が相互作用する　160
　　――のBRS変換　158
　　――, 反――のエルミート共役　163
　　――, 反――の伝播関数　153
反――　150
ゴールドストン模型　153, 170
コンプトン長　168
小林 誠‐益川敏英の理論　186
固有時間　107
混合　186

サ

3点相互作用の頂点　153
最小作用の原理　6
最低エネルギー状態　42
座標空間での経路積分　59
作用　6, 18
散乱振幅　85
　　相対論的に不変な――　89
散乱断面積　85, 90

シ

CPの破れと時間反転の破れ　186
c数　19

234 索引

紫外固定点 124
紫外発散 108
紫外領域 108
時間順序積(T積) 19
時間について順序づけした積 59
時間発展 19
　——の演算子 19
時間反転 192
次元解析 125
次元正則化 107
次元のずれ 126
自己エネルギー 101
自然単位系 6
自然定数 5
自由ディラック場 32
自由場 9
　——のグリーン関数の生成汎関数 73
　——部分 112
次数勘定 114
実数場(実場) 1
実スカラー場 1
質量 8
　——がある中性ベクトル粒子 177
　——殻上のくり込み条件 118
　——項 182
　——次元 15
　——ゼロのベクトル粒子 141, 174
　——によらない対称なくり込み条件 119

　——の2乗のシフト 112
　——のくり込み 110
　——の固有状態 183
　ゲージ粒子の—— 169
　裸の—— 45, 110
磁場 133
射影演算子 201, 204
　正エネルギー状態への—— 202
　負エネルギー状態への—— 202
重心系 90
重力子 14
重力の量子効果 189
縮約 80
シュレーディンガー描像(シュレーディンガー表示) 19
シュレーディンガー方程式 19
状態空間の正定値性 43
状態の数 87
消滅演算子 26
真空 26
　——泡グラフ 83
　——期待値 65
　——状態 64
　——に留まっている確率振幅 63
　——のエネルギー 27, 35

ス

随伴表現 132
スカラー 4
　——場の次元 114
　——量 199
　凝—— 14
スケール変換 164
スピノル 199
　共役—— 199
スピン 13, 15, 38
　——の方向を表す4元単位ベクトル 202
スペクトル関数 46
　——に対する和則 47
スペクトル条件 42
スペクトル表示 46
素通し 9
　——の項 83
　——の効果 51, 66

セ

正エネルギー解 197
正エネルギー状態への射影演算子 202
正規積 28
正準共役運動量 133
正準ハミルトニアン 207
　——密度 134
正準量子化 19
正振動数解 25
生成演算子 26

生成子 12
生成消滅演算子 26, 33
正則化 106
赤外固定点 124
赤外発散 108, 118
赤外領域 108
積分 68
　——核 72, 146
　——の逆 73
　——での特異点 102
世代 179
　——間混合の位相 186
　——間の行列 183
切断 101
摂動展開 78
　——の計算法 85
摂動論 75
　くり込まれた結合定数での—— 111
ゼロ点振動エネルギー 27
遷移振幅の経路積分表示 150
漸近条件 51
漸近状態の規格化定数 48
漸近的完全性 49
漸近的に自由な理論 124
線形 8
先行グリーン関数 32
全遷移確率 86
全ハミルトニアン 134
前方光円すい 42

ソ

相互作用項 112
相互作用描像(相互作用表示) 21
　——での演算子形式 75
相互作用ラグランジアン密度 85
相殺項 112
相似変換 24, 44, 84
相対速度 91
相対論的共変性 195
相対論的に不変な散乱振幅 89
相対論的量子力学 2

タ

第1次拘束条件 208
第2次拘束条件 136, 209
第1類拘束条件 137, 210
第2類拘束条件 139, 210, 213
対角化する表示 38
対称性 10
　——の自発的な破れ 169
対称な波動関数 26
対数発散 103
大局的不変性 157
大局的変換(Rigid 変換) 10, 129
代表元 144

多重項 37
単位時間当りの遷移確率 87, 89

チ

遅延グリーン関数 31
遅延デルタ関数 31
力を媒介するゲージ粒子 169
中性カレント 181
　——を通じた弱い相互作用 181
中性ゲージ粒子 181
超重力理論 15, 189
超対称性 14, 35, 189
頂点 78, 81
　——因子 85, 153
調和振動子 26

ツ

強い力 188
強い等式 52, 209

テ

Dilatation カレント 16
　改良された—— 16
T行列 86
T積(時間順序積) 19, 30, 59, 64
ディラック括弧 211
ディラック場 13, 32
　——の伝播関数 86
　——のポアソン括弧 135
　自由—— 32

236 索引

ディラック‐パウリ表示 196
ディラック微分演算子 36
ディラック方程式 33, 194, 201
ディラック粒子 32
 ──の正エネルギー平面波解 33
 ──の負エネルギー平面波解 33
 ──のループの符号因子 82
テンソル量 199
電磁相互作用のカレント 181
電磁相互作用の結合定数 181
電場 133
天頂角 91

ト

同一時空点での場の演算子の積 23
同時刻交換関係 23
同時刻での正準交換関係 22
同種粒子の波動関数 26
トレース 86

ナ

内線 85
内部対称性 12
中西‐ロートラップ場 149

──のBRS変換 159
南部‐ゴールドストンの定理 172
南部‐ゴールドストン粒子 172

ニ

2粒子終状態への崩壊確率 90
入射粒子のフラックス 90

ネ

ネーター・カレント 11
ネーターの定理 11
ネーターの方法 163
熱力学関数の変換 93

ノ

ノルム 19

ハ

場 1
 ──の演算子の規格化因子 110
 ──の古典論 2
 ──の量子論 2
 ──の理論 2
 ゲージ── 14, 130
 ゴースト── 150
 実数── 1
 実スカラー── 1
 ディラック── 13, 32

電── 133
中西‐ロートラップ── 149
ヒッグス── 172
ベクトル── 14
補助── 149
ハイゼンベルクの運動方程式 20
ハイゼンベルク場 21
ハイゼンベルク表示（ハイゼンベルク描像） 20
パウリのスピン行列 129, 195
ハミルトニアン 18
 ──密度 23
 正準── 207
 全── 134
ハミルトン形式 93, 207
ハミルトンの運動方程式 207
パリティを破る 187
走る結合定数 123
裸の結合定数から作った無次元量 120
裸の質量 45, 110
裸の量 109
発散 106
 ──の指数 114
波動関数因子 88
波動関数が反対称 34
波動関数のくり込み 110
 ──因子 54, 88, 111
反エルミート 165

索　引　237

反交換関係　33, 34
反交換する数　67
反ゴースト場　150
　——に対するBRS変換　159
反対称テンソル　11
反粒子　33, 197
　——の波動関数　197
汎関数　6, 61
　——微分　62

ヒ

BRSカレント　163
BRS電荷　164
BRS変換　158
　——の生成子　164
　——ベキ零性　160
　ゴースト場の——　158
　中西‐ロートラップ場の——　159
　反ゴースト場に対する——　159
ビアンキ恒等式　131
ヒッグス機構　174
ヒッグス場　172
　物理的な——　178
ヒッグス粒子　172
非可換群(非アーベル群)　128
非可換ゲージ理論　124
非摂動的な取扱い　188
非線形シグマ模型　7
非線形の変換　173
非物理的な自由度　173

微小なグラスマン数　157
微小変換　146
左微分　135
左巻き　204
微分断面積　91
標準的な4元運動量　38
標準模型　188

フ

ファインマン・ゲージ　151
ファインマン図形　85
　運動量空間での——　83
ファインマン則　85
　共変的ゲージでの——　151
　ゲージ場の——　151
ファインマン伝播関数　30, 36, 73
　——の逆行列　94
ファインマンパラメター　106
ファデーエフ‐ポポフ行列式　146
ファデーエフ‐ポポフのゴースト場　150
フェルミ統計　35, 83
フェルミ場の次元　114
フェルミ粒子　35
フォック空間　26, 49
プファフィアン　69
プランク定数　5
フレーバー　185

　——を変える中性カレントの禁止則　185
負エネルギー解　197
負エネルギー状態への射影演算子　202
負振動数解　25
負のノルムの状態　166
複素数次元　107
　——の極　120
複素数の位相　186
　——回転の対称性　170
符号関数　29
物理的質量　45
物理的状態　37, 42
　——の空間　166
　——を選び出す補助条件　166
物理的な自由度　141, 173
物理的なヒッグス場　178
不定計量の状態ベクトル　165
不変測度　144
不変デルタ関数　31
部分のループ積分だけで発散　114

ヘ

平行移動　12
並進不変性　12
ベキ零性　158, 164
ベクトル　199

── 場　14
ベータ関数　122
　──のゼロ点　124
ヘリシティ　39,141
変数の掛け算　121

ホ

ポアソン括弧　135,137, 207
　──の行列　138
　ディラック場の──　135
ポアンカレ群　36,37
　──の表現　37
　──のユニタリー表現　174
ボース‐アインシュタイン統計(ボース統計)　26
ボース粒子(ボソン)　27
ポテンシャル　7
　──の曲率　171
崩壊確率　90
　2粒子終状態への──　90
母関数　63
　ゲージ変換を生成する──　138
補助場　149
保存する電荷　11
保存量(電荷)　11

マ

マクスウェルのラグランジアン密度　132

マクスウェル方程式　132
マヨナラ粒子　206

ミ

見かけの発散の次数　115
右微分　134,135,162
右巻き　204
源　45
ミンコフスキー空間　4
ミンコフスキー計量　4, 190

ム

無限個の自由度　21
無限次元　72
無限小変換　10,12
　──の生成子　128
無限小ローレンツ変換　191
無限体積の極限　89

メ

メキシコ帽子形　170

ヤ

ヤコビアン　68
ヤコビの恒等式　129

ユ

$U(N)$群　128
$U(1)$群　128,170
$U(1)$ヒッグス模型　172

有限項　110
ユークリッド化　60
ユークリッド空間　103
ユニタリー演算子　23, 44
ユニタリーゲージ　173, 176
有限なくり込み　117
有効結合定数　123
有効作用　97
湯川相互作用(湯川型相互作用)　14,182

ヨ

4元運動量　3,5,13
　──が空間的　5
　──が時間的　5
　──が光的　5
　標準的な──　38
4元ベクトル　3
4次元交換関係　28
4次元デルタ関数　31
4行4列の行列基底　202
4成分ベクトル　3
4点相互作用の頂点　154
弱いアイソスピン　175
弱い相互作用の固有状態　184
弱い相互作用の混合角(ワインバーグ角)　177
弱い相互作用を媒介　178

弱い等式　52, 137, 209
弱いハイパー電荷　175

ラ

ラグランジアン　6, 18
　——密度　7
　　くり込み可能な相互
　　　作用——　117
　　ゲージ固定するため
　　　の——　150
　　相互作用——　85
　　マクスウェルの
　　　——　132
ラグランジュ形式　93
ラグランジュの未定定数
　210
ランダウ・ゲージ　151

リ

Rigid 変換(大局的変換)
　10
離散スペクトル　43

離散的な対称性　8
立体角　90
粒子固有の角運動量　38
粒子数保存　200
粒子の生成・消滅現象
　2
量子異常　187
量子色力学(QCD)　188
量子化　208
量子効果が相殺　35

ル

ルジャンドル変換　92
ループ運動量　85
ループ積分の独立な
　運動量の数　115
ループ符号因子　86, 153

レ

レプトン　178
レーマン‐ジマンチック
　‐チンマーマンの簡約

公式　54
レーマン‐ジマンチック
　‐チンマーマンの漸近
　条件　49
連結グリーン関数　66
　——の生成汎関数
　　66, 83, 93
　運動量空間での——
　　84

ロ

ローレンツ共変性　29
ローレンツ群の位相的な
　性質　39
ローレンツ・ブースト
　190, 198
ローレンツ変換　4, 190
　無限小——　191

ワ

ワインバーグ角(弱い相
　互作用の混合角)　177

著者略歴
 1944 年　生まれ
 1967 年　東京大学理学部物理学科卒業
 1972 年　東京大学大学院理学系研究科博士課程修了（理学博士）
 1975 年　東北大学理学部助手
 1981 年　高エネルギー物理学研究所助教授
 1983 年　東京工業大学理学部助教授
 1990 年　同教授
 2008 年　東京女子大学現代教養学部教授
 2014 年　慶應義塾大学自然科学研究教育センター訪問教授（現在に至る）
 マックス・プランク（ミュンヘン），ラザフォード，セルン，ニールス・ボーア，フェルミ 各研究所，ハーバード大学 他にて研究．専門は素粒子理論．
 主な著書：「素粒子物理学」，「量子力学Ⅰ，Ⅱ」（以上 培風館）

裳華房フィジックスライブラリー　**場の量子論**

検印省略	2002 年 11 月 20 日　第 1 版発行	
	2007 年 7 月 25 日　第 6 版発行	
	2021 年 6 月 5 日　第 6 版 6 刷発行	

定価はカバーに表示してあります．

著作者　　坂　井　典　佑
発行者　　吉　野　和　浩
発行所　　〒102-0081
　　　　　東京都千代田区四番町 8-1
　　　　　電　話　　03－3262－9166
　　　　　株式会社　裳　華　房
印刷所　　横山印刷株式会社
製本所　　牧製本印刷株式会社

増刷表示について
2009 年 4 月より「増刷」表示を「版」から「刷」に変更いたしました．詳しい表示基準は弊社ホームページ
http://www.shokabo.co.jp/
をご覧ください．

一般社団法人
自然科学書協会会員

JCOPY 〈出版者著作権管理機構 委託出版物〉
本書の無断複製は著作権法上での例外を除き禁じられています．複製される場合は，そのつど事前に，出版者著作権管理機構（電話 03-5244-5088，FAX 03-5244-5089，e-mail: info@jcopy.or.jp）の許諾を得てください．

ISBN 978-4-7853-2212-0

Ⓒ坂井典佑，2002　　Printed in Japan

量子力学選書

坂井典佑・筒井 泉 監修

相対論的量子力学

川村嘉春 著　A5判上製／368頁／定価 5060円（税込）

【主要目次】第Ⅰ部 相対論的量子力学の構造（1. ディラック方程式の導出　2. ディラック方程式のローレンツ共変性　3. γ行列に関する基本定理，カイラル表示　4. ディラック方程式の解　5. ディラック方程式の非相対論的極限　6. 水素原子　7. 空孔理論）　第Ⅱ部 相対論的量子力学の検証（8. 伝搬理論 −非相対論的電子−　9. 伝搬理論 −相対論的電子−　10. 因果律，相対論的共変性　11. クーロン散乱　12. コンプトン散乱　13. 電子・電子散乱と電子・陽電子散乱　14. 高次補正 −その1−　15. 高次補正 −その2−）

場の量子論 −不変性と自由場を中心にして−

坂本眞人 著　A5判上製／454頁／定価 5830円（税込）

【主要目次】1. 場の量子論への招待　2. クライン‐ゴルドン方程式　3. マクスウェル方程式　4. ディラック方程式　5. ディラック方程式の相対論的構造　6. ディラック方程式と離散的不変性　7. ゲージ原理と3つの力　8. 場と粒子　9. ラグランジアン形式　10. 有限自由度の量子化と保存量　11. スカラー場の量子化　12. ディラック場の量子化　13. マクスウェル場の量子化　14. ポアンカレ代数と1粒子状態の分類

場の量子論（Ⅱ）−ファインマン・グラフとくりこみを中心にして−

坂本眞人 著　A5判上製／592頁／定価 7150円（税込）

【主要目次】1. 場の量子論への招待 −自然法則を記述する基本言語−　2. 散乱行列と漸近場　3. スペクトル表示　4. 散乱行列の一般的性質とLSZ簡約公式　5. 散乱断面積　6. ガウス積分とフレネル積分　7. 経路積分 −量子力学−　8. 経路積分 −場の量子論−　9. 摂動論におけるウィックの定理　10. 摂動計算とファインマン・グラフ　11. ファインマン則　12. 生成汎関数と連結グリーン関数　13. 有効作用と有効ポテンシャル　14. 対称性の自発的破れ　15. 対称性の自発的破れから見た標準模型　16. くりこみ　17. 裸の量とくりこまれた量　18. くりこみ条件　19. 1ループのくりこみ　20. 2ループのくりこみ　21. 正則化　22. くりこみ可能性

経路積分 −例題と演習−

柏 太郎 著　A5判上製／412頁／定価 5390円（税込）

【主要目次】1. 入り口　2. 経路積分表示　3. 統計力学と経路積分のユークリッド表示　4. 経路積分計算の基礎　5. 経路積分計算の方法

多粒子系の量子論

藪 博之 著　A5判上製／448頁／定価 5720円（税込）

【主要目次】1. 多体系の波動関数　2. 自由粒子の多体波動関数　3. 第2量子化　4. フェルミ粒子多体系と粒子空孔理論　5. ハートリー‐フォック近似　6. 乱雑位相近似と多体系の励起状態　7. ボース粒子多体系とボース‐アインシュタイン凝縮　8. 摂動法の多体系量子論への応用　9. 場の量子論と多粒子系の量子論

裳華房ホームページ　https://www.shokabo.co.jp/